RECHERCHES

POUR SERVIR

A L'HISTOIRE NATURELLE.

4267
-
S
22656

IMPRIMERIE DE V° THUAU,
rue du cloître saint-benoît, n° 4.

RECHERCHES

POUR SERVIR

A L'HISTOIRE NATURELLE

DU

LITTORAL DE LA FRANCE,

OU

RECUEIL DE MÉMOIRES

SUR L'ANATOMIE, LA PHYSIOLOGIE, LA CLASSIFICATION ET LES MŒURS
DES ANIMAUX DE NOS CÔTES;

OUVRAGE ACCOMPAGNÉ DE PLANCHES FAITES D'APRÈS NATURE

PAR MM. AUDOUIN ET MILNE EDWARDS.

VOYAGE

A GRANVILLE, AUX ILES CHAUSEY ET A SAINT-MALO.

TOME PREMIER.

INTRODUCTION.

BIBLIOTHÈQUE ROYALE

Paris.

CROCHARD, LIBRAIRE,

ÉDITEUR DES ANNALES DES SCIENCES NATURELLES,

RUE ET PLACE DE L'ÉCOLE-DE-MÉDECINE, N° 13.

1832.

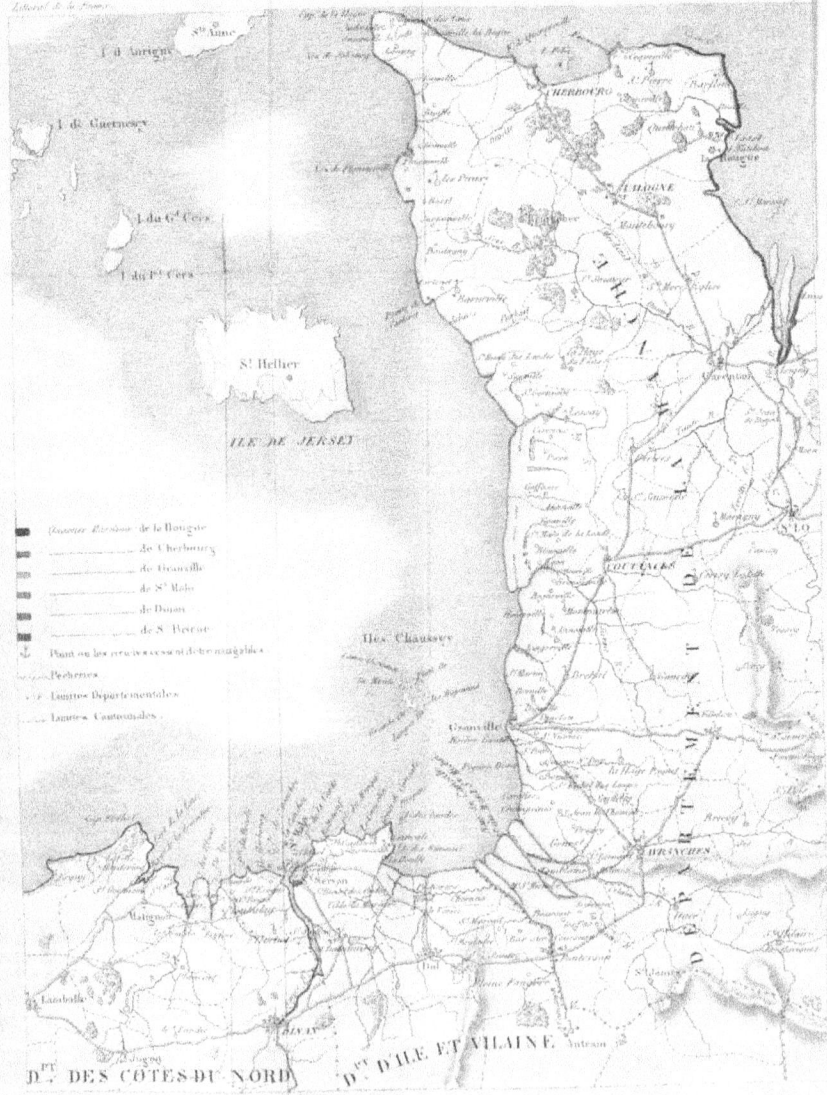

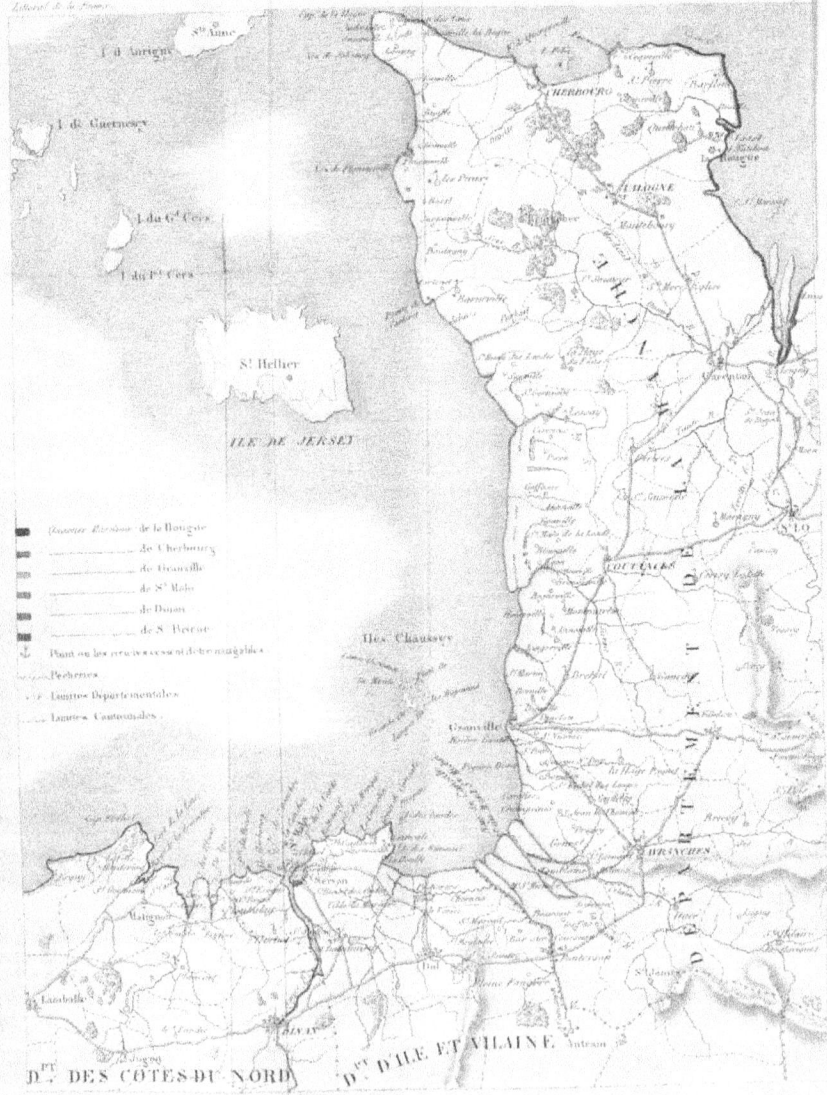

Carte des Côtes des Départemens de la Manche d'Ille et Vilaine &c.

TABLE DES MATIÈRES.

CHAPITRE IV.

CHAPITRE V.

ADDITIONS AUX CHAPITRES IV ET V.

CHAPITRE VI.

BUT DE L'OUVRAGE.

Tout le monde reconnaît l'utilité des voyages lointains ; les Gouvernemens éclairés rivalisent entre eux
dans ces nobles entreprises, et de toutes parts on y
applaudit, parce que l'on conçoit facilement que plus
les faits recueillis seront nombreux et variés, plus il
deviendra facile à l'esprit de s'élever aux généralités de
la science. L'HISTOIRE NATURELLE est plus spécialement
redevable de ses progrès à ces expéditions scientifiques ;
mais il serait fâcheux que le désir d'observer et de
réunir des objets étrangers nous fît négliger notre
propre sol ; car il peut fournir en ce genre des tré-
sors non moins précieux que ceux qu'on va chercher à de grandes distances, et il faut avouer que,
loin de les avoir épuisés, on n'a fait tout au plus que
constater leur existence.

L'Océan et la Méditerranée qui baignent nos côtes,
sont riches en animaux très-remarquables par la
vivacité de leurs couleurs, par la bizarrerie de leurs
formes et par leurs mœurs curieuses ; personne cependant ne s'est encore attaché à les faire connaître
d'une manière spéciale. Le naturaliste ou le voyageur
qui fréquente les rivages de nos mers, n'a presque
aucun moyen de les étudier ; il ne trouve dans aucun

livre des renseignemens satisfaisans sur leur organisation et sur leurs habitudes ; souvent même il ne
peut arriver à savoir leur nom, car un grand nombre
d'entre eux n'en ont pas encore reçu.

Ce défaut d'ouvrages s'explique par la disette des
matériaux les plus nécessaires pour les composer ;
en effet, on ne possède encore dans les Musées les
plus riches, sans en excepter celui du Jardin du Roi,
que très-peu d'espèces indigènes, et la plupart de celles
qui ne peuvent être conservées que dans des liqueurs
spiritueuses, y perdent tellement de leur forme et de
leurs couleurs, qu'elles deviennent presque méconnaissables. Mais, fût-il possible de bien les décrire, ces
descriptions n'apprendraient rien sur leurs mœurs,
leur mode de reproduction et sur leur développement,
en un mot sur toutes les parties les plus intéressantes
de leur histoire. Ce n'est donc pas au milieu des collections et dans le silence du cabinet qu'on peut entreprendre un travail semblable ; pour l'exécuter convenablement, il faut se transporter sur les lieux que
ces espèces habitent, et les observer à l'état de vie.

Au premier abord, on pourrait croire que l'unique
intérêt de ces voyages entrepris sur nos côtes, serait
de procurer un catalogue plus complet des richesses
zoologiques du littoral de la France ; mais cet avantage, déjà très-grand, n'est pas le seul qu'on aurait
droit d'en attendre. En effet, le navigateur qui parcourt des mers lointaines, et qui visite des localités
très-diverses, a tout au plus le temps de recueillir
les espèces nombreuses et variées que chacune d'elles
lui fournit. Quel que soit le zèle qui l'anime, il lui est
difficile de faire un examen approfondi de leur struc-

ture, et il peut encore plus rarement étudier leurs fonctions et observer les particularités de leurs mœurs. Au contraire, le naturaliste qui explore nos côtes est placé dans des conditions favorables à ces recherches intéressantes et fécondes en résultats importans; les animaux qu'il rencontre sont assez différens entre eux pour lui fournir des exemples de presque toutes les modifications principales de l'organisation ; et, comme il est le maître de choisir les localités et les circonstances, il peut se livrer sans obstacle à des travaux anatomiques et physiologiques, étudier les mœurs, tout observer à loisir, et multiplier ses expériences en ne négligeant aucune des précautions nécessaires à leur réussite.

Depuis long-temps nous avions senti l'importance que pourraient avoir, surtout pour l'étude des animaux marins, des voyages de ce genre, et ce motif nous a décidés à parcourir successivement toutes nos côtes, afin de recueillir des matériaux pour servir à l'histoire naturelle zoologique du littoral de la France. Déjà nous en avons exploré plusieurs points, et à diverses reprises nous avons déposé, dans les collections du Jardin du Roi, les récoltes que nous avons faites.

L'ouvrage que nous publions est le fruit de trois de ces voyages entrepris sur les côtes de la Manche ; il renferme des recherches spéciales d'anatomie et de physiologie, des remarques sur le développement et sur les mœurs, un catalogue méthodique des animaux marins (1) qui habitent ces rivages et la des-

(1) Nous n'avons pas cru, pour le moment, devoir comprendre dans notre

cription, ainsi que la figure des espèces qui ont paru
nouvelles ou mériter davantage d'être connues (1).
Les circonstances dans lesquelles nous plaçaient sans
cesse nos voyages sur la côte nous ont engagés à entreprendre aussi quelques recherches statistiques sur les
localités que nous visitions; plusieurs de ces recherches
sortent du domaine de l'histoire naturelle, et particulièrement de la zoologie; mais nous n'avons pas cru
que ce motif devait nous les interdire, car elles nous
ont semblé curieuses, et nous avons pensé que le public
pourrait y prendre aussi quelque intérêt. Outre les travaux purement anatomiques, physiologiques ou zoologiques qui forment la partie principale de cet ouvrage,
on y trouvera donc des observations sur la pêche des
huîtres et de la morue, des renseignemens statistiques
sur la pêche du poisson frais qui se fait le long de nos
côtes, des données sur les divers engrais fournis par
la mer, et des recherches sur quelques autres points
d'un intérêt général.

La plupart de ces travaux ont été communiqués, en

travail l'histoire naturelle des Poissons; nous nous sommes bornés à recueillir
tous ceux que nous avons rencontrés, et nous les avons communiqués à M. le
baron Cuvier, qui publie avec M. Valenciennes une *Histoire naturelle des Poissons*, où l'on trouvera décrites toutes les espèces connues, et particulièrement
celles de nos côtes.

(1) Nous aurions beaucoup désiré pouvoir décrire et figurer toutes les
espèces de Mollusques, d'Annélides, de Crustacés et de Zoophytes que nous
avons rencontrées dans nos voyages; mais ces descriptions et ces nombreux
dessins, exécutés avec tout le soin que nous exigeons de la gravure et du
coloriage, eussent rendu notre ouvrage beaucoup trop cher. Le regret que
nous éprouvons de n'avoir pu suivre ce plan est cependant affaibli par l'espoir
que nous avons de donner à nos recherches plusieurs suites qui, se liant toutes
entre elles, offriront un jour la description et la représentation des diverses
espèces d'animaux du littoral de la France.

manuscrit, à l'Académie royale des Sciences, et ce corps savant, qui les a honorés de son approbation (1), a bien voulu nous aider dans l'exécution des gravures ; nous nous empressons de signaler à la reconnaissance des savans ce généreux service.

En publiant cet ouvrage et en nous engageant presque à en donner une suite, nous ne nous sommes pas dissimulé les difficultés nombreuses de la tâche que nous nous imposions. Voulant non-seulement recueillir, figurer sur le vivant et décrire chaque espèce d'animal, mais de plus, faire connaître son organisation et, autant que possible, ses mœurs, c'est-à-dire, les points les plus curieux de son histoire, nous pensons bien qu'il ne nous sera pas toujours possible d'atteindre complètement ce but. Cependant nous espérons que des excursions souvent répétées, et qu'une marche régulière suivie dans nos recherches, nous permettra de nous en approcher. Pour y parvenir plus certainement, nous nous sommes astreint dans chacun de nos voyages à n'embrasser qu'une petite étendue de côtes, à l'explorer dans ses contours et jusqu'à une assez grande distance en mer, puis à faire choix du lieu le plus favorable à des travaux sédentaires, pour y établir le siége de nos expériences. Cette manière de procéder nous a paru la plus avantageuse ; on jugera si elle nous a réussi. Malgré tous

(1) L'Institut a couronné, en 1828, nos Recherches anatomiques et physiologiques sur les Crustacés, et dans leurs divers rapports sur nos travaux, MM. Cuvier, Geoffroy Saint-Hilaire, Latreille et Duméril, ont conclu à leur insertion dans les Mémoires des savans étrangers que publie l'Académie des Sciences. Le dessein que nous avions de les réunir en un corps d'ouvrage nous a empêchés de profiter de cette honorable distinction.

ces soins, nous ne pouvons nous flatter de faire une
histoire naturelle complète de tous les animaux qui
vivent dans nos mers ; car le plus souvent c'est au
hasard seulement qu'on doit l'avantage de se les procurer, et les espèces qu'on rencontre sont différentes
suivant les localités, les saisons et une foule d'autres
circonstances ; c'est presque toujours aussi un hasard
heureux qui apprend quelque chose sur leurs habitudes, et le voyageur, quelque prolongé que soit son
séjour, ne doit pas toujours compter sur ses faveurs ;
mais il dépendra des personnes qui habitent les divers
points de nos côtes, de faciliter notre travail et de le
rendre plus complet. Si, de toutes parts, on voulait
bien répondre à cet appel, il nous deviendrait même
possible d'entreprendre un jour une *Histoire naturelle
du littoral de la France*, ouvrage vraiment national,
dont ce voyage n'est que le premier essai. Déjà des
naturalistes et des personnes instruites ont bien voulu
nous communiquer des observations curieuses et des
renseignemens précieux ; nous espérons que cet
exemple de coopération généreuse trouvera des imi-
tateurs (1).

(1) Ces amis de la science, dont nous aurons souvent occasion de rappeler
les noms dans le courant de nos recherches, sont :

A Granville. . MM. de Beaucoudrey, propriétaire. — Fueg, chirurgien en
chef honoraire de l'hôpital de Saint-Pierre, à Terre-Neuve.
— Hugon de Hautmènil, inspecteur des pêches. — Fol-
lain, docteur en médecine. — Harasse et Hugon, propriétaires des îles Chausey. — de la Rochejacière et De-
launay, officiers de la marine royale, commandant la
station de Granville.

A Avranches. MM. le chevalier Castillon de Saint-Victor, propriétaire.
— Housard, docteur en médecine. — Ragnouf, sous-
préfet.

A Cancale . . . . M. LAMARRE, inspecteur des pêches.

A Saint-Malo. . MM. GODFROY, vice-président de la chambre de commerce. — DE BOISHAMOND, sous-préfet. — SOLLICOFFRE, directeur des douanes. — BONAMY, contrôleur des contributions directes. — JOUANJAN, notaire.

A Saint-Servan. MM. MARTIN, chef maritime. — LOUVEL, propriétaire. — DE BELLEFONDS, inspecteur des douanes. — BLANCHARD, ingénieur du département.

A Valognes. . . . M. DE GERVILLE, membre de plusieurs Sociétés savantes.

A Caen. . . . . . MM. LAIR, conseiller de préfecture. — DESLONCHAMPS, professeur d'histoire naturelle. — LESAUVAGE, docteur en médecine. — HERAULT, ingénieur des mines du département. — DE CAUMONT, secrétaire de la Société Linnéenne.

A Courseulles. . M. HERVIEU-DUCLOS, propriétaire d'un des plus beaux établissemens que l'on connaisse pour le parcage des huitres.

Nous devons aussi exprimer ici notre vive reconnaissance pour les services importans qu'il nous a rendus, dans notre dernier voyage, à M. BEAUTEMPS BAUPRÉ, ingénieur en chef du corps des hydrographes, membre de l'Académie des Sciences, ainsi qu'à MM. les ingénieurs Bailly, Fayolle, Collin, qui l'accompagnaient, et à MM. Monnier et Bégat, qui avaient leur station à Cancale.

Enfin, nous ne saurions passer sous silence l'empressement qu'ont mis LL. Exc. les MINISTRES DE L'INTÉRIEUR et DE LA MARINE à nous aider de tout leur pouvoir dans nos recherches, en nous recommandant d'une manière spéciale aux diverses autorités des lieux que nous avons visités. M. de VAUVILLIERS, conseiller-d'état, et secrétaire-général du département de la marine, auquel nous avons été spécialement redevables de ces puissantes recommandations, a bien voulu faciliter encore nos travaux en nous mettant depuis en relation directe avec M. MAREC, chef du bureau des pêches. Nous devons au zèle éclairé et à l'obligeance extrême de ce dernier un grand nombre de documens statistiques que nous n'aurions pu nous procurer ailleurs.

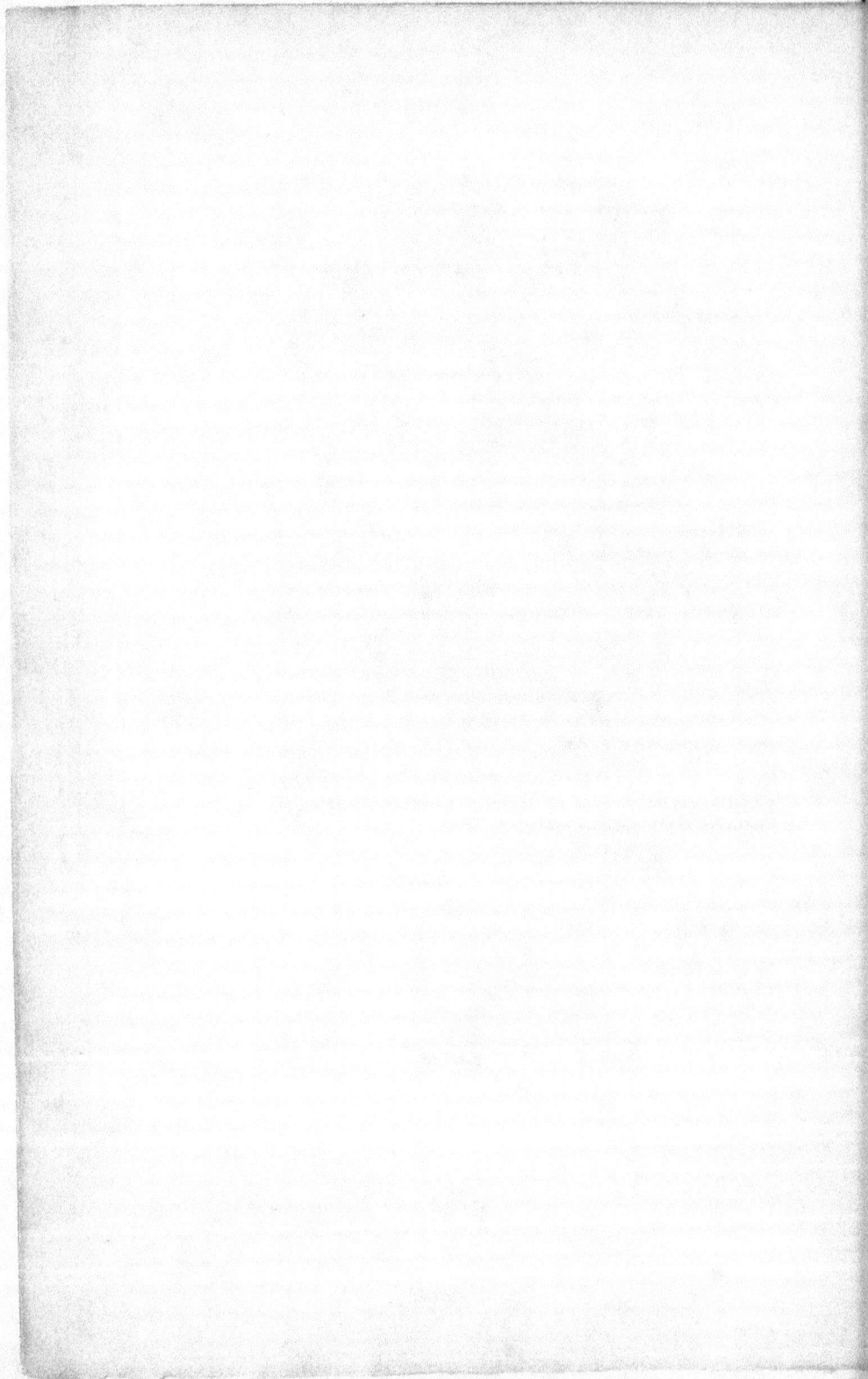

VOYAGE

A GRANVILLE, AUX ILES CHAUSEY

ET A SAINT-MALO.

INTRODUCTION.

CHAPITRE PREMIER.

Premier voyage sur les côtes. — Coup-d'œil sur le département de la Manche. — Séjour à Granville. — Recherches sur l'anatomie et la physiologie des Crustacés. — Excursion aux îles Chausey.

Le premier voyage que nous entreprimes, dans la vue d'étudier d'une manière spéciale le littoral de la France et ses productions naturelles, eut lieu pendant l'automne de 1826. En quittant Paris, nous nous rendîmes à Caën, et après être resté quelques jours dans cette ville, où nous aurions désiré pouvoir nous arrêter davantage, nous continuâmes notre route vers la côte occidentale de la Normandie, que nous nous proposions d'examiner d'abord. Ce choix était princi-

palement motivé par la hauteur considérable des marées, qui sont plus fortes dans ces parages que dans
toute autre partie de notre littoral, et qui, lorsque la
mer se retire, laissent à sec une grande étendue de
terrain de nature variée et riche en animaux de tous
genres.

Coup-d'œil
sur le départem.
de la Manche.
Parmi nos départemens maritimes, celui de la
Manche, dans lequel nous entrâmes bientôt, est un de
ceux qui offrent la plus grande longueur de côtes (1),
relativement à sa superficie, qui est d'environ 578,000
hectares (2). A partir de l'embouchure de la Douve, il
forme, en se prolongeant vers le nord, une sorte de
promontoire très-avancé dans la mer; et ce promontoire, qui à son extrémité porte le nom de Cap de la
Hogue, semble diviser le grand détroit de la Manche
en deux golfes ou vastes baies, dont l'une, moins profonde, se terminerait au Pas-de-Calais, et l'autre,
plus enfoncée, finirait aux îles d'Ouessant, situées vers
le couchant et à l'entrée du détroit.

La pêche et le cabotage qui se font journellement
sur la côte, les constructions maritimes qu'on exécute
à Cherbourg, le commerce qui anime, à une certaine
époque de l'année, le port de Granville, sont pour
les villes du littoral la source de très-grandes richesses;

(1) On y compte environ 60 lieues de côtes.

(2) Jusqu'à ce que le département ait été cadastré en entier, on ne peut en
indiquer d'une manière rigoureuse la superficie. L'évaluation que nous avons
rapportée est celle adoptée dans l'annuaire du département de la Manche pour
1829; mais dans les ouvrages moins récens, on trouve un chiffre plus élevé.
Ainsi, d'après l'atlas des divisions militaires de la France, l'étendue en serait de
675,713 hectares, et d'après le nouvel atlas du royaume de France, par
MM. PERROT et AUPICK, de 602,981 hectares.

dans l'intérieur aussi, l'industrie à laquelle se livre une population nombreuse et active, lui procure la fortune et l'aisance (1).

Dans l'année 1801, on y comptait 528,787 habitans, nombre qu'on regardait comme bien supérieur à celui qui existait dix ans avant (2), et depuis lors, l'accroissement de la population n'a pas cessé. En 1819, elle s'élevait à 581,429 âmes (3), et, en 1827, à 611,206 (4); ce département est donc un des plus peuplés de la France; car il n'en est que quatre dont les habitans soient plus nombreux, savoir : les départemens de la Seine, du Nord, de la Seine-Inférieure et du Pas-de-Calais. Enfin nous ajouterons encore que pour tout le royaume on compte, terme moyen, environ 604 habitans par 1000 hectares (5), et qu'ici la même étendue de terre en renferme 1036. *Population.*

Le sol, divisé en un grand nombre de propriétés, *Agriculture.*

(1) La commission chargée, en 1815, par le ministre des finances de faire des recherches sur la valeur des propriétés foncières, estima le revenu du département à 32,000,000 fr.; mais d'après le produit moyen de l'arpent, suivant le cadastre, il s'élèverait à 37,650,134 fr. (voyez de l'Industrie française, par M. Chaptal, t. 1, p. 274), ce qui, divisé parmi tous les habitans, répond à 61 fr. 27 cent. par tête, somme bien supérieure au revenu moyen de la population dans la majeure partie de la France. Par exemple, dans un des départemens limitrophes, celui d'Ille-et-Vilaine, le revenu total, comme nous le verrons par la suite, n'est évalué qu'à 19,477,000 fr., ou 31 fr. 18 cent. par habitant.

(2) Voyez le Moniteur, an 9 de la république, n° 200.

(3) Ordonnance du Roi pour la levée de la classe de 1819, Moniteur du 10 mars 1820.

(4) Ordonnance du Roi du 15 mars 1827; Annuaire du bureau des longitudes, 1828.

(5) D'après M. Charles Dupin, la population moyenne de la France serait encore moins élevée, et on ne compterait que 568 habitans pour 1000 hectares de terrain. Voy. Force commerciale de la Grande-Bretagne, et Bulletin des Sciences géographiques et statistiques, 1824, t. 11, p. 204.

et souvent en petites parcelles, est cultivé avec beaucoup de soin ; il deviendra plus productif encore lorsque l'esprit d'amélioration aura remplacé l'esprit de
routine, et lorsque des canaux établis dans l'intérieur
des terres, et les rivières rendues navigables, permettront un transport facile et peu dispendieux de la
tangue et des autres engrais marins.

Les landes, les bruyères et les terres vaines et vagues, occupent à peu près 12,000 hectares, et représentent environ les quatre centièmes de la superficie
du sol ; les marais en occupent à peu près les deux
centièmes. On voit dans ce département peu de bois ;
leur étendue totale est de 16,357 hectares, c'est-à-dire
environ trois centièmes de la superficie (1) : nulle part il
n'existe de vignes, mais, en revanche, les autres objets
de culture sont assez variés. Ici ce sont, comme dans
toutes les autres parties de la Normandie, des pom-
miers qui donnent un cidre fort estimé, ou bien des
poiriers qui fournissent le poiré, dont on fait surtout
usage dans l'arrondissement de Mortain, soit comme
boisson, soit pour la fabrication de l'eau-de-vie : là,
on découvre des prairies naturelles ou artificielles
baignées par des ruisseaux ; ces pâturages abondans
et de bonne qualité permettent qu'on y engraisse
le gros bétail (2) ; les vaches qui y paissent produisent

(1) Voy. Petit Mémorial statistique et administratif des forêts du royaume de
France pour 1824, par M. HERBIN DE HALLE, un vol. in-16, Paris. La majeure
partie de ces bois (savoir, 13,446 hect.) appartiennent à des particuliers, et
l'État n'en possède que 2,856 hectares. Les plus considérables sont ceux de
Cherbourg, de Bricquebec et de Saint-Sauveur.

(2) Les bœufs du Cotentin sont renommés pour leur force et leur beauté. En
1812, on comptait dans le département 2,661 taureaux, 42,061 bœufs,

généralement un lait excellent, et le beurre est,
dans quelques endroits, une branche de commerce
importante; depuis long-temps celui d'Isigny jouit
d'une réputation méritée. Ailleurs on voit, entourées
de haies et de fossés, des terres labourables, où sont
semés ordinairement du froment, du blé noir ou
sarrasin, de l'orge, et quelquefois de l'avoine et du
seigle. Dans ce département, de même que dans presque toute la France, la théorie des assolemens était
ignorée il y a une trentaine d'années (1), et pendant une
année sur cinq, au moins, les terres étaient laissées
sans culture; il en est encore de même dans une grande
partie du royaume; mais dans la Normandie on a généralement reconnu que la terre ne demande pas de
repos et qu'elle peut produire sans interruption,
pourvu qu'on la prépare convenablement, et qu'on
la consacre alternativement à la culture de diverses céréales et des prairies artificielles. Un principe incon-
testable en agriculture, c'est que les plantes qu'on
coupe en fourrage au moment de leur floraison engraissent la terre, tandis que celles qu'on laisse grai-
ner l'appauvrissent et l'épuisent; de sorte qu'en y culti-
vant les premières on la dispose à donner d'abondantes
récoltes des secondes; mais ce n'est pas le seul fruit
que l'on retire de cette pratique. En même temps que
les assolemens ameublissent et engraissent la terre, les
prairies artificielles fournissent une nourriture abondante aux bestiaux, ce qui donne le moyen d'en élever un grand nombre, d'augmenter par conséquent les

84,432 vaches, 22,034 génisses; total, 151,188 têtes de bétail. (Chaptal,
ap. cit., t. 1, p. 198.)

(1) Analyse des procès-verbaux des conseils-généraux, an IX, p. 116.

engrais et de multiplier les labours (1). Les avantages
qui résultent de cette innovation dans l'agriculture
sont, comme on le voit, immenses, et seraient peut-
être encore plus grands si l'on variait davantage les
cultures, de façon que le retour de la même espèce
n'eût lieu qu'après plusieurs années. Ici, dans le voisinage de la mer, les assolemens sont en général
de trois ans, et se composent de la culture alternative
du froment, de l'orge et des prairies artificielles ; dans
l'intérieur du département, au contraire, ils sont souvent de quatre ans ; savoir : une année de sarrasin, une
de froment, une d'avoine ou de seigle, et une de prairies artificielles. Près du littoral, le sol est généralement
trop léger pour la culture du sarrasin, ou de l'avoine,
et les prairies artificielles sont semées en luzerne dont
le produit est très-considérable. Dans l'intérieur, le
défaut des divers engrais fournis par la mer ne per-
mettant pas la culture de la luzerne, on y substitue le
trèfle, la vesce, etc. Le sainfoin, qu'on voit en si
grande abondance dans le département du Calvados,
est extrêmement rare dans celui de la Manche (2) ;
enfin la culture de la pomme de terre et des plantes
légumineuses y est assez répandue.

La quantité de céréales et de légumes secs cultivés
dans ce département est considérable. D'après les
calculs de M. Chaptal, elle s'élevait, il y a une quinzaine d'années, au terme moyen de 3,088,289 hectolitres, ce qui répond à 534 litres par hectare de ter-

(1) Voyez M. Chaptal, *op. cit.*, t. 1, p. 142, etc.

(2) Notes communiquées par M. de Beaucoudray, propriétaire à Granville.

rain, tandis qu'à la même époque la France entière n'en produisait que dans la proportion de 268 litres pour la même étendue de sol. Depuis cette époque, les produits paraissent être devenus encore plus forts : pendant l'année de notre voyage dans ce département, par exemple, la récolte a été d'environ 3,995,908 hectolitres ; aussi, malgré la densité croissante de la population, est-elle plus que suffisante pour la consommation intérieure. Quant à la proportion qui existe entre les diverses espèces de céréales, les légumes secs, etc., cultivées dans ce département, on peut en juger par l'évaluation suivante des produits de la récolte de 1827 (1).

ESPÈCES DE GRAINS, etc.	Nombre d'hectares ensemencés.	Évaluation des produits.	Évaluation des besoins.
		hectol.	hectol.
Froment.	74,804	1,150,590	1,075,451
Méteil.	6,077	88,481	73,525
Seigle.	14,840	177,515	177,954
Orge	56,632	1,037,599	1,004,516
Sarrasin.	63,480	909,525	963,541
Avoine	26,640	550,200	416,596
Légumes secs et autres menus grains.	3,548	66,202	46,546
Totaux. . . .	246,041	3,939,903	3,757,677

D'après ce tableau on voit que, si l'on suppose le

(1) Les élémens de ce tableau ainsi que du suivant nous ont été fournis par l'état des récoltes dressé d'après les ordres de M. le préfet, et publié dans l'annuaire du département de la Manche pour l'année 1828.

terrain consacré à ces diverses cultures divisé en quatre-vingts parties,

Le froment en occupera environ 24 parties.
Le sarrasin,   21
L'orge,   19
L'avoine,   8
Le seigle,   5
Le méteil,   2
Et les légumes secs, etc.,   1

Il est facile aussi de déduire de ces chiffres l'évaluation du produit fourni par un hectare de terre, suivant
qu'on le consacre à la culture de telle ou telle espèce
de céréales : en effet, si nous comparons les deux premières colonnes de ce tableau, nous verrons que,
terme moyen, l'hectare produit,

19 hectolitres d'avoine.
18   de froment.
17 ½   d'orge.
14 ¾   de sarrasin.
12   de seigle (1).

Le prix moyen de ces diverses céréales sur les principaux marchés du département a été, pendant 1828,

De 17 fr. 28 c. l'hectolitre pour le froment.
   12   81   le méteil.
   11   3   le seigle.
    8   57   l'orge.
    7   6   le sarrasin.
Et 7   »   l'avoine.

(1) Pour que ces évaluations fussent établies sur des bases plus larges, nous
aurions désiré pouvoir comprendre dans nos calculs les récoltes de plusieurs
années, mais les matériaux nous ont manqués pour faire ce travail.

Il en résulte que la récolte totale du département peut être évaluée de la manière suivante :

Froment.	13.526,295 fr.
Méteil	1,138,272
Seigle	1,957.968
Orge.	8.853,003
Avoine.	3,711,400

Total. . . . 29,186,938 fr.

Ainsi, le produit brut de la culture des céréales, dans le département de la Manche, à en juger par la récolte de 1827, doit s'élever annuellement à plus de vingt-neuf millions, et celui de chaque hectare de terre consacré à cet usage, peut être évalué, terme moyen, à environ 118 francs. Pour connaître d'une manière précise le revenu net des terres ainsi cultivées, il faudrait également connaître d'une manière exacte les frais d'exploitation, mais nous n'avons pu nous procurer ces chiffres (1). D'après les renseignemens que nous avons recueillis à Granville, il paraîtrait que, dans l'intérieur du département, la valeur moyenne de l'hectare serait d'environ 1500 fr., et qu'il se louerait 24 à 30 fr. par an, tandis que dans les communes situées à peu de distance de la mer, la valeur en serait d'environ 5,000 fr., et le loyer de 150 à 250 fr. Cette différence énorme ne dépend pas, à ce que l'on assure, de la fertilité plus ou moins grande des terres, mais bien des frais qu'occasionne le transport des en-

(1) MM. Perrot et Aupick (op. cit.) évaluent le produit moyen de l'hectare de terrain dans ce département à 62 fr. 44 cent.; mais d'après les travaux du cadastre il ne s'élèverait qu'à 40 fr. 33 cent. (Voy. Chaptal, op. cit., t. 1, p. 210.)

1.   2

grais marins qui sont nécessaires à la culture de la luzerne dont on forme les prairies artificielles les plus productives.

Parmi les produits agricoles du département de la Manche, on doit citer encore le colza, le lin et le chanvre, dont la culture appartient plus spécialement au canton de Quettehou, situé dans l'arrondissement de Valognes et à celui de Cérisy, qui dépend de l'arrondissement de Coutances. Enfin certains lieux ont acquis, dans le département, une renommée pour leurs productions ; on cite les fruits des environs d'Avranches, et le cidre de Lolif, d'Hébé-Crevon, etc. Les villes de Torigny et de Valognes sont également connues par le commerce considérable qu'elles font en volaille, et par la quantité prodigieuse d'œufs qu'elles expédient à l'intérieur du royaume, ou qu'elles exportent en Angleterre.

La côte, généralement peu favorable à la culture des céréales, est souvent couverte de genêt épineux (*ulex Europeus*), qu'on nomme dans le pays *Jonc marin*, *Ajonc* et *Bois jan*. Les sommités de cette plante fournissent un très-bon pâturage ; pendant l'hiver, ses tiges conservent de la verdure, et chaque jour on les coupe et on les broie pour le les donner fraîches aux bestiaux (1) et aux chevaux, qui les mangent avec plaisir ; enfin, quand on l'a desséchée, elle sert de combustible pour les fours à chaux,

(1) D'après M. Thiebaud de Bernaud, il paraîtrait que pour nourrir une vache pendant tout une année sans addition d'autre nourriture, il suffit d'un arpent (51 ares) de terrain semé en genêt épineux, tandis qu'il faut au moins deux arpens et demi (128 ares) de bonne prairie pour arriver au même résultat. (Voyez son Mémoire sur le GENÊT, br. in-8°. Paris, 1810.)

et on assure qu'un champ de genêt, qui donne une bonne récolte, rapporte autant que s'il eût produit le meilleur froment.

Souvent on voit le gros bétail paître sur ces coteaux, et se frayer un passage à travers les buissons touffus et épineux qui les couvrent. Si le sol, en s'abaissant, devient sablonneux (1), ou si la côte ne présente plus que des dunes, le genêt disparaît, et se trouve remplacé par des herbes rares; au gros bétail succèdent alors des troupeaux de moutons qui broutent çà et là sur la plage. C'est entre Granville et Regnéville qu'on en rencontre davantage; on les nomme *Moutons de Mielles;* ils sont constamment d'une petite taille, leur chair est très-estimée, mais on fait peu de cas de leur laine.

Le commerce des chevaux qui, autrefois, était si florissant dans toute la Normandie, a beaucoup perdu de son importance : cependant l'arrêté du gouvernement, qui établit à Saint-Lô un dépôt de remonte, et l'ordonnance du Roi qui statue, qu'à l'avenir la cavalerie de la Garde royale se fournira de chevaux dans les cinq départemens qui constituaient autrefois l'ancienne Normandie, ont ravivé cette grande branche d'industrie. Déjà on peut remarquer des améliorations notables, et, depuis quelques années, la concurrence qui commence à s'établir a produit d'heureux effets. On voit, d'après le recensement des chevaux dans le département de la Manche, fait en 1825 par ordre du préfet (2), qu'il y existait alors 79,575 chevaux, dont le plus grand nombre appartenaient aux arron-

Chevaux.

(1) On donne dans le pays le nom de mielle à ces côtes sablonneuses.
(2) Voyez l'annuaire déjà cité.

2.

dissemens de Coutances, Valognes et Saint-Lô. Depuis
la création du dépôt dont nous venons de parler (le 1ᵉʳ
décembre 1825) jusqu'au 7 septembre 1828, l'état
en a acheté 1,316, au prix moyen de 423 fr. 91 cent.
par cheval.

Si l'on compare le nombre des mâles et des femelles,
on remarque que les dernières prédominent de beaucoup sur les premiers; ainsi, il est né en 1825, dans
le département de la Manche, 9,150 chevaux, dont
4,772 femelles et 4,378 mâles, ce qui répond à environ 23 femelles pour 21 mâles. En général, ce rapport est de 12 à 13 (1). Si les agriculteurs qui se livrent à ce genre de commerce, trouvaient de l'avantage
à augmenter ou à diminuer la proportion de l'un ou
de l'autre sexe, ils pourraient tenter les moyens
qui ont été employés dans cette vue par M. Girou de
Buzareingues, et qui paraissent exercer une influence
très-marquée sur les conceptions (2).

Les mulets sont aussi l'objet d'un commerce fort
étendu; chaque année, les armateurs de Cherbourg
expédient plusieurs navires pour en transporter aux
Antilles et à l'Ile de Bourbon.

Indépendamment des productions variées qui tiennent à l'agriculture, l'industrie manufacturière du
département de la Manche s'exerce sur des objets très-
différens.

Manufactures.   Dans quelques villages voisins de Cherbourg, on a

(1) M. Chaptal, op. cit., t. 1, p. 193.
(2) Les travaux de ce savant tendent à prouver que la proportion des mâles
et des femelles dépend en grande partie de l'âge et de la vigueur de l'étalon et
de la jument. Il en est de même pour le bétail, etc. (Voyez ses Mémoires dans
les Annales des Sciences naturelles, t. v, p. 21; t. viii, p. 108; t. xi, p. 127;
t. xiii, p. 134, etc.)

établi des filatures de coton qui occupent plusieurs
centaines d'ouvriers, et qui sont d'autant plus utiles
au pays que non seulement les hommes, mais aussi
les femmes et les enfans, y trouvent de l'emploi. Des
fabriques, assez nombreuses, de coutils, de rouen-
neries et d'autres étoffes, donnent de l'activité à la
population de Saint-Lô, de Canisy, de Cerisy-la-
Salle, etc. (1); ailleurs, on fait exclusivement de la
dentelle, et, dans quelques villes, ainsi que dans plusieurs villages, ce travail occupe presque toutes les
femmes (2).

Dans l'arrondissement de Mortain, on compte 90
papeteries, qui sont disséminées dans les différens
cantons, et qui emploient plus de 800 ouvriers; leur
produit s'élève à environ 147,000 rames de papier, et

(1) A Saint-Lô, et dans les environs, la fabrication de l'étoffe de laine et de fil
comme sous le nom de *droguet*, occupe trois à quatre cents ouvriers, qui travaillent chez eux, et font annuellement environ 3,600 pièces de 60 aunes chacune; les tisserands gagnent, terme moyen, un franc par jour, et les dévi-
deuses ainsi que les fileuses 40 centimes. A Canisy, canton de l'arrondissement
de Saint-Lô, il existe environ huit cents ouvriers qui travaillent de la même
manière à la fabrication du coutil; ils en produisent par an environ 700 pièces
de 80 aunes. Une partie des coutils vendus aux marchés de Canisy proviennent
de Coutances, où l'on compte dix fabricans qui occupent chacun 5 ou 6 ouvriers, et produisent 100 à 130 pièces. Les toiles se font principalement à
Saint-Pierre-Eglise, arrondissement de Cherbourg, et à Coutances; on exporte annuellement environ 10,000 aunes du premier de ces endroits pour les
îles anglaises voisines de la Normandie. Dans le canton de Cerisy-la-Salle, il
existe pour la fabrication de la mousseline et du basin 160 métiers, qui sont
disséminés chez les particuliers, et fournissent environ 280 pièces de 80 aunes
chacune. Enfin, au Mont-Saint-Michel, on emploie, comme nous le verrons
plus tard, un grand nombre de prisonniers à la fabrication de la toile, des co-
tonnades, etc.

(2) A Cherbourg, par exemple, il existe une manufacture considérable de
dentelle. On en fabrique aussi à Villedieu et dans l'arrondissement de Saint-Lô;
mais cette branche d'industrie ne donne aux ouvriers guère plus de 40 c. par jour.

s'envoie à Paris; il existe aussi à Saint-Lô, Coutances, etc., plusieurs établissemens importans de tannerie, de parcheminerie, etc. (1).

La métallurgie occupe également les habitans de ce département. Près de Valognes, on voit des usines pour la préparation du zinc, et, à Bourberouge, une fonderie où l'on fait des ustensiles de cuisine, de pêche, etc. A Saint-Lô, il existe depuis long-temps des fabriques de coutellerie; et, à Villedieu, des chaudronneries qui étaient jadis très-florissantes, mais qui ont perdu de leur importance depuis que l'on se sert de mécaniques pour travailler le cuivre, et que l'usage des vases en fonte est devenu plus général dans la Bretagne.

La soude, que les habitans de la côte et des îles voisines exploitent pendant une certaine saison de l'année, en faisant brûler le varec (2), suffit pour entretenir plusieurs raffineries.

La nature minéralogique de la contrée fournit la matière de plus d'une industrie : on extrait, dans l'arrondissement de Mortain, de l'argile, avec laquelle se fabrique un très-grand nombre de poteries (3), qui

(1) On compte dans l'arrondissement de Saint-Lô, cinquante à soixante établissemens consacrés à la préparation des cuirs, où l'on s'occupe en même temps de la tannerie, de la corroierie, de la mégisserie, etc.: mais les produits ne sont pas très-estimés. A Coutances, la mégisserie occupe neuf ateliers, et la tannerie, quatre. Il y a aussi dans cette ville trois ateliers de parcheminerie, dont les produits s'envoient principalement dans la Belgique et la Hollande.

(2) Voyez le chapitre suivant.

(3) C'est principalement à Vindefontaine, dans l'arrondissement de Coutances, et à Ger, dans celui de Mortain, que se trouvent ces fabriques de poterie; dans la première de ces communes, il existe neuf fabriques qui emploient chacune trois ouvriers à environ 1 fr. 50 cent. par jour, et dans la seconde dix-sept établissemens avec 150 ouvriers.

non seulement suffisent aux besoins du pays, mais dont on fait, avec les départemens voisins, un assez grand commerce. La manufacture de porcelaine de Bayeux emploie aussi avec avantage un kaolin qui se trouve aux environs du Bourg des Pieux (1).

On exploite, pour l'usage habituel, quelques mar- Carrières. bres connus sous le nom de *Marbres de Regnéville*; ils sont gris, blanchâtres ou noirs. M. Héricart de Thury, qui les a cités dans son intéressant rapport sur l'état actuel des carrières de marbre en France (2), mentionne encore, parmi ceux qui pourraient servir à l'architecture monumentale, le marbre de Lestre qui est blanc, gris jaspé; celui de Camprond, d'un gris noir varié de blanc, et celui de Montmartin, gris spa-thique, traversé de belles bandes blanches cristal-lines. D'autres calcaires, qui ne méritent plus le nom de marbres, servent aux constructions les plus ordi-naires, ou à faire de la chaux.

Plusieurs localités fournissent des micaschistes dont on se sert aussi pour bâtir. On exploite à Flamanville, à Freminville, à Coulouvray, à Mont-Huchon, à Cher-bourg, à Chausey, etc., des granites de diverses va-riétés qu'on emploie de préférence pour les monu-mens et pour élever les digues; enfin, on retire du sol des ardoises, des pierres à meules et à aiguiser, etc.

D'après cet exposé rapide, il est aisé de conclure que la nature minéralogique et géologique du dépar-

(1) Voyez la notice de M. Hérault, ingénieur en chef du département de la Manche, insérée dans les Mémoires de la Soc. d'hist. nat. de Paris, tome IV, p. 194, et la note de M. de Caumont sur le même sujet, Mém. de la Société Linnéenne de Normandie, années 1826 et 1827, p. 248.

(2) Annales des mines, t. VIII.

tement de la Manche est assez variée. Les terrains
primitifs dominent au sud et à l'ouest. Vers le nord
on voit paraître les formations secondaires, et tout-à-
fait à l'est on observe les dépôts tertiaires. Des savans distingués ayant publié des descriptions exactes
de ces divers terrains, nous renverrons pour plus de
détails à leurs ouvrages (1), nous réservant seulement
de parler, lorsque l'occasion se présentera, de quelques faits relatifs à la géologie de la côte.

Navigation.   Plusieurs rivières parcourent le département ; quelques-unes sont, pour ainsi dire, des ruisseaux ; d'autres sont assez fortes pour être navigables dans une
étendue plus ou moins grande. La Vire se place en
première ligne, la Douve vient ensuite, puis la Taute,
la Magdelaine, la Sée et la Cellune. Le commerce
gagnerait immensément à la canalisation de ces petites rivières ; le projet en existe, et déjà on a terminé,
pour les plus importantes, les études préliminaires
de cette opération.

Tandis que l'on projette d'améliorer la navigation
intérieure, celle des côtes fixe encore davantage l'attention du gouvernement ; un système général d'éclairage au moyen de phares de différens ordres, s'exécute avec activité ; nos plus habiles ingénieurs com-
plètent leur exploration de la Manche, et bientôt ils
en auront fait connaître, avec une rare précision, les
nombreux rescifs. On agrandit le port de Granville,
on parle enfin d'achever celui de Cherbourg.

(1) Mémoire sur la craie et les terrains tertiaires du Cotentin, par M. Jules
Desnoyers ; Mém. de la Soc. d'hist. nat. de Paris, tome II, page 176 ; Mémoire
minéralogique sur le département de la Manche, et Essai sur la lithologie du
même département, par M. Duhamel ; Journal des mines, t. II, an 3, n° 7, p. 25,
et t. IX, an 7, n° 52, p. 249, etc.

Les villes de l'intérieur se ressentent de ce désir général de mieux faire; de toutes parts de nouveaux établissemens s'élèvent, on améliore ceux que la bienfaisance publique ou la sollicitude des administrateurs philanthropes avaient érigé, et de quelque côté qu'on jette les yeux, on est frappé du bien-être général et de l'aisance qui semble régner parmi toutes les classes.

Chacun des chefs-lieux d'arrondissemens possède un collége communal fréquenté par un nombre plus ou moins grand d'élèves, et dans quatre d'entre eux il existe une bibliothèque publique; celle d'Avranches possède 25,000 volumes et 204 manuscrits; Valognes a 15,000 volumes; Coutances, 4000, et Saint-Lô, 2,500. *Instruction.*

L'instruction élémentaire est moins généralement répandu qu'on pourrait le croire. L'examen du tableau de recensemens dressé au ministère de la guerre pour l'appel de la classe de 1827 (1), montre que sur 100 conscrits appartenant au département de la Manche, 38 ne savent ni lire ni écrire. Cet état de choses est loin d'être satisfaisant; cependant il paraîtrait que l'instruction est encore ici bien supérieure à ce qu'elle est dans la plus grande partie de la France, car d'après ce même tableau, on voit que plus de la moitié de la population du royaume est encore plongée dans une ignorance profonde; en effet, sur 100 conscrits, le nombre de ceux qui ne savent ni lire ni écrire s'élève, terme moyen, à 57.

(1) Voyez le Temps, journal des progrès politiques, scientifiques, etc., 9 novembre 1829.

Dans le département de la Manche, le peuple est
un peu moins éclairé que dans celui du Calvados,
mais l'instruction y est plus générale que dans la plupart des départemens voisins, même dans ceux formés
par les autres parties de l'ancienne Normandie. On
pourra en juger par le tableau suivant, qui montre
l'état de l'instruction élémentaire parmi les conscrits
de 1827.

DÉPARTEMENS.	Sachant lire et écrire.	Sachant seulement lire.	Ne sachant ni lire ni écrire.
	sur cent.	sur cent.	sur cent.
Calvados.	52	11	37
Manche.	47	15	38
Eure.	46	8	46
Seine-Inférieure.	45	3	52
Orne.	41	7	52
Terme moyen pour toute la France.	37	6	57

Depuis quelques années l'instruction élémentaire
s'étend davantage ; il existe dans la plupart des villes
et des chefs-lieux de cantons, des écoles primaires
qui reçoivent annuellement un grand nombre d'élèves. Pour donner sur ce sujet des notions précises,
nous emprunterons à l'annuaire du département de
la Manche, publié à Saint-Lô en 1829, le tableau
suivant qui est extrait des documens recueillis par
l'autorité administrative pendant le dernier trimestre
de 1828.

ARRONDISSEMENS.	NOMBRE D'ÉCOLES DE		NOMBRE D'ELÈVES DES ÉCOLES DE				TOTAL des ÉLÈVES par arrondissement.
			GARÇONS.		FILLES.		
	garçons.	filles.	payant.	gratuit.	payant.	gratuit.	
Avranches...	»	»	3,390	1,481	3,535	1,289	9,695
Cherbourg..	67	77	2,402	1,221	2,069	1,563	7,655
Coutances..	116	118	5,160	1,869	2,920	1,950	9,899
Mortain....	44	78	1,363	409	2,169	655	4,796
Saint-Lô....	101	94	3,298	1,509	2,525	1,430	8,562
Valognes...	101	99	2,446	2,579	1,965	2,570	9,438
			16,261	8,668	14,979	9,033	48,965
			24,929		24,054		

TOTAL, 48,965

D'après ce tableau, on voit que le nombre d'étudians mâles est ici dans le rapport d'un sur 24 habitans, mais cette proportion est au-dessous de la vérité, car un assez grand nombre de garçons sont envoyés de ce département aux écoles de Caen. Le terme moyen pour la France entière est d'un écolier sur 23 habitans (1).

Quant à l'instruction scientifique, elle est loin d'être très-répandue; il existe, il est vrai, dans plusieurs villes, des hommes d'un grand mérite et même

(1) Voyez le tableau comparatif de l'état de l'instruction et du nombre des crimes publiés par MM. Balbi et Guerry. D'après ce travail, il paraît que dans l'arrondissement de l'académie de Caen, c'est-à-dire dans toute l'ancienne Normandie, on ne compte qu'un écolier sur 28,9 habitans, ce qui est au-dessous du terme moyen, tandis qu'à en juger d'après l'état de l'instruction parmi les conscrits, il semblerait que la population doit y être beaucoup plus éclairée que dans le reste de la France considérée collectivement.

des savans distingués; mais le nombre n'en est pas
assez grand pour qu'ils aient pu se réunir dans le but
d'encourager les sciences et de travailler en commun à leur perfectionnement. Tandis qu'un département voisin, celui du Calvados, compte une Société
Linnéenne, une Société des Antiquaires, une Société
d'Agriculture et une Académie des Sciences, le département de la Manche ne possède aucun corps savant,
car on ne peut citer comme tel la Société Royale Aca-
démique de Cherbourg qui, fondée assez ancienne-
ment et réorganisée en 1818, a cessé de se réunir depuis plus de huit ans.

Cependant, on trouve dans toutes ces villes une ou
plusieurs associations qui prennent le titre de *sociétés*
ou de *chambres littéraires*, mais elles ne sont que des
cabinets de lecture très-bien fournis en journaux, fort
pauvres en ouvrages de littérature ou d'histoire, et
complètement dépourvus de livres de sciences.

En visitant le département de la Manche, nous
n'avions pas l'intention de nous arrêter long-temps
dans les villes de l'intérieur, le but de notre voyage
étant l'exploration du littoral. Nous traversâmes donc
assez rapidement Saint-Lô et Coutances, et nous al-
Granville. lâmes nous établir à Granville, port de la côte occidentale de la Normandie, situé à 75 lieues de Paris,
à 6 de Coutances et à 6 d'Avranches.

Cette ville, construite sur un rocher élevé qui s'a-
vance dans la mer, et qui abrite une petite anse où
vient se jeter le ruisseau du Bosc, date de l'année 1440.
Lord Scale ou Escall, sénéchal de la Normandie pour
le roi d'Angleterre, entreprit de construire sur ce
promontoire une forteresse qui put protéger le hâvre

situé auprès, et tenir en respect la garnison du Mont-
Saint-Michel, la seule place forte de la province qui
restait encore à la France. Les moyens qu'il employa
pour remplir ce but caractérisent si bien ces temps
de violence et de barbarie, que nous ne pouvons les
passer sous silence. La ville était alors placée sur la
Pointe-Gauthier, mais le général anglais jugeant que la
situation sur le rocher serait plus convenable pour une
forteresse, obligea les habitans à détruire leurs maisons,
et à se servir des matériaux pour en bâtir de nouvelles
sur le terrain qu'il leur désigna et qu'elle occupe actuellement (1). Cependant il ne recueillit pas de cet acte
d'oppression tout le fruit qu'il en attendait, car l'année
suivante, avant que les fortifications qu'il élevait ne
fussent terminées, Louis d'Estoutville, à la tête de la
garnison du Mont-Saint-Michel, vint surprendre la
place et s'en empara. Depuis lors, Granville est toujours restée à la France ; Charles VII fit achever les
travaux commencés et y ajouta une seconde enceinte ;
aussi cette ville devint-elle une des plus fortes de
la Normandie jusqu'en 1689, époque à laquelle
Louis XIV fit démolir une partie de ses murailles.
Depuis, Granville a soutenu, pendant la guerre de la révolution, un siége mémorable contre l'armée des ven-
déens, et plus tard elle a été bombardée par une flotte
anglaise, mais sans tomber au pouvoir de l'ennemi.

Aux abords de Granville, du côté du nord, la côte est
très-basse et la mer est bordée de dunes sablonneuses

---

(1) Voyez M. DE GERVILLE, Recherches sur les anciens châteaux du département de la Manche, dans les Mém. de la Soc. des antiquaires de Normandie,
M. MANET, de l'État ancien, etc., de la baie du Mont-Saint-Michel, 1829. On
peut consulter aussi *Gall. Christ.*, XI, col. 559 ; *Neustria pia*, p. 800, etc.

qui s'étendent assez loin dans l'intérieur des terres,
mais derrière ces dunes le terrain s'élève beaucoup, et
présente une chaîne de collines qui a une direction
oblique et se rapproche de plus en plus du rivage. A
environ une demi-lieue de la ville, ce sont les falaises de
Donville, rochers quarzeux souvent tout-à-fait nus, qui
constituent cette ligne élevée et qui séparent la petite
vallée du Bosc de la grève dont nous venons de parler.
Bientôt la nature du terrain change pour devenir schisteuse, mais il ne s'abaisse pas notablement, et forme
en s'avançant dans la mer un petit promontoire long
et étroit qui porte le nom de cap Lihou. La route qui
conduit de Coutances à Granville suit le sommet de
cette chaîne de collines, et la situation de cette dernière ville la fait apercevoir d'assez loin ; elle semble
dominer toute la baie qui se déploie derrière elle,
et de presque tous les côtés, le rocher noir et escarpé
qu'elle couronne, est battu par les vagues. Elle est
construite sur un col étroit qui lie le cap Lihou à la
terre, et dans le point où la grande route paraît devoir y aboutir, elle en est séparée par une brèche profonde taillée dans le roc et destinée à rendre l'abord
de la place plus difficile, en même temps qu'elle établit une communication entre les deux grèves situées
au nord et au sud de Granville. Il en résulte que le
rocher dont nous venons de parler est isolé de toutes
parts, et qu'on ne peut arriver à la ville qu'après avoir
descendu dans la petite baie où se termine la vallée
du Bosc, et où se trouvent les faubourgs et le port.

La ville, elle-même, est très-petite et n'offre aucun monument qui puisse fixer l'attention du voyageur ; l'église en occupe l'extrémité occidentale, et

c'est dans la principale rue que se tient le marché.
Depuis peu on a commencé la construction d'une
halle au poisson, et on vient de terminer un petit édifice où siége le tribunal. Au nord, le mur d'enceinte
occupe le bord du rocher qui est très-élevé et taillé à
pic; il en est à peu près de même du côté du sud où
se trouve la porte principale défendue par un fossé,
un pont-levis, et quelques ouvrages avancés. A l'extrémité occidentale de la ville, on sort par une autre
porte qui conduit sur la partie du rocher située au-
delà. On remarque auprès d'elle des casernes très-
grandes construites en granite de Chausey, et plus
loin quelques maisons appartenant, pour la plupart,
à l'administration de la marine, ainsi qu'une corderie.
La superficie de cette portion avancée du promontoire, que les Granvillois appellent le Roc, est assez
grande; l'herbe qui y croit sert de pâturage à quelques moutons. Les jours de fête, les habitans en font
quelquefois un lieu de promenade malgré la violence
des vents qui y régnent habituellement, et cela ne
doit pas étonner, car on y jouit d'une vue des plus
étendues, qui, embellie par le soleil couchant, devient admirable. Entouré par la mer de presque toutes
parts, on distingue dans le lointain l'île de Jersey,
et à une moins grande distance les rochers nombreux
de Chausey; plus au sud, l'horizon est borné par
la côte élevée de Cancale et par le fond de la baie du
même nom; au nord de Granville, la côte paraît
formée par une ligne prolongée de dunes solitaires,
et au sud elle est au contraire hérissée de rochers, au
milieu desquels on distingue plusieurs villages. De
nombreux bateaux pêcheurs animent souvent cette

scène, et au pied du roc, qui s'élève de 29 mètres
au-dessus du niveau des moyennes eaux, on voit du
côté du midi le port où ils viennent chercher un abri.

Lorsque nous visitâmes cette ville pour la première fois, il n'y existait pas encore de phare, mais
depuis lors on en a construit un de second ordre sur
la partie la plus avancée du roc; le feu qu'on y
allume chaque soir est fixe et se distingue à une distance d'environ 6 lieues en mer.

Le port de Granville est petit; le roc dont nous
venons de parler l'abrite des vents du nord, et une
ancienne jetée en pierre sèche le protège du côté de
l'ouest. A chaque marée, la mer en se retirant le
laisse complètement à sec et n'y rentre qu'à environ
moitié flot; cependant elle y monte de dix-huit à vingt-
deux pieds, et au plein de la marée il y a assez de
fond pour recevoir des navires de 450 tonneaux.
Pendant l'été on n'y voit guère que des bateaux
pêcheurs et de petits bâtimens destinés au cabotage,
mais vers la fin de l'automne il y arrive un grand
nombre de navires employés à la pêche de la morue;
et alors ce hâvre, qui est beaucoup trop petit pour les
besoins du commerce, devient tout-à-fait encombré.

Dans la vue de faire cesser cet inconvénient, des
travaux considérables ont été entrepris, et on es-
père les voir achever dans l'année 1832. Depuis
long-temps il existait au sud-ouest de l'ancienne
jetée un Môle isolé qui, commencé en 1751 et ter-

(1) Voyez le rapport contenant l'exposition du système adopté par la com-
mission des phares, par le contre-amiral de ROSSEL. Paris, 1825. Le phare de
Granville est élevé de 16 mètres au-dessus du roc, et construit en granite de
Chausey; on l'a allumé pour la première fois le 1er novembre 1828.

miné vers 1782, a résisté aux tempêtes les plus vio-
lentes ; aujourd'hui on construit une nouvelle jetée
qui du roc ira joindre ce môle ; sa longueur sera
de 260 mètres, et celle du môle est de 220, en sorte
que le tout opposera à l'impétuosité des flots une
barrière de 480 mètres de long, et rendra le hâvre,
qui est situé derrière elle et qu'on se propose de
creuser, aussi vaste qu'on peut le désirer (1). On établit aussi au fond du port un nouveau quai qui en
rendra l'accès plus facile et permettra d'agrandir beaucoup la partie voisine des faubourgs de la ville.

La population de la commune de Granville est de
7212 âmes, mais elle paraît plus considérable, ses
faubourgs se continuant sans interruption avec le village de Saint-Nicolas où l'on compte 2374 habitans.
La marine y emploie presque tous les hommes, et un
grand nombre de femmes s'occupent aussi de la pêche
à pied, qui se fait à basse mer, de la fabrication des
filets, etc.

Dans la partie méridionale du hâvre, on voit quelques chantiers de construction, mais les travaux qu'on
y exécute ne sont pas très-importans. Pendant l'année
1827, on n'a construit dans tout le quartier maritime
de Granville que 4 navires et on en a radoubé 24. Le
prix des nouveaux bâtimens est évalué, coque et armement compris, à 223 fr. par tonneau de jaugeage (2),

---

(1) Ce fut en 1828 qu'on commença cette jetée. L'adjudication des travaux
a été faite pour la somme de 1.005,733 fr., et l'état y consacre annuellement
100,000 fr. Mais afin d'activer les travaux, la ville a été autorisée à faire un
emprunt de 600,000 fr. pour y être appliqués. Cette somme sera remboursée
dans les six années qui suivront l'achèvement des travaux, au moyen d'une
imputation annuelle et spéciale de 100,000 fr.

(2) Nous sommes redevables de ces renseignemens et de beaucoup d'autres

et le salaire des ouvriers qu'on y emploie est, terme moyen, de 2 fr. 25 c. Pendant la même année, on comptait dans ce quartier 181 bâtimens, dont 59 employés à la pêche de la morue, 1 aux voyages de long cours, 2 au grand cabotage, 40 au petit cabotage, et 67 à la pêche du poisson sur nos côtes.

Pêche.   La pêche, comme on le voit, constitue la principale, on pourrait presque dire l'unique branche de commerce exploitée à Granville ; mais l'idée qu'on s'en formerait serait au-dessous de la réalité, si on avait uniquement égard au nombre de bateaux qui y sont employés, car, dans toutes les parties voisines de la côte, elle occupe non-seulement la plupart des marins, mais aussi la presque totalité de la population indigente du littoral. Lors des grandes marées, on voit les grèves couvertes de femmes et d'enfans qui cherchent dans le sable ou parmi les rochers les poissons, les mollusques et les crustacés, que la mer, en se retirant, a laissés à leur portée. M. Hugon de Hautmesnil, inspecteur des pêches à Granville, qui a eu la complaisance de nous accompagner dans plusieurs de nos excursions le long de la côte, et de nous fournir quelques renseignemens, nous a assuré que le nombre de ces pêcheurs à pied s'élève à plus de mille.

Pêche
à la bêche, etc.   Le plus grand nombre de ces pêcheurs sont armés de bêches, à l'aide desquelles ils creusent le sable du rivage et retirent les animaux qui s'y enfouissent. Les

---

qui se rattachent plus directement au sujet principal de cet ouvrage, à M. Marée, chef du bureau de la police de la navigation et des pêches au ministère de la marine, qui a mis à nous être utile une obligeance que nous ne saurions trop reconnaître. Dans plus d'une occasion nous aurons à rappeler les services qu'il a bien voulu nous rendre.

uns se bornent à retourner une couche de sable de
deux ou trois pouces d'épaisseur et découvrent ainsi
un petit poisson fort estimé qu'on appelle le Lançon (1). C'est principalement sur la plage située au nord
de Granville et à l'ouest du roc qu'on pratique cette
pêche, car le sable y étant fin et pur, le poisson qu'on
y trouve est d'un goût plus agréable qu'au midi, où
la grève devient vaseuse. D'autres vont chercher, à
une profondeur plus ou moins grande, des mollusques
qui vivent également dans le sable, tels que les *Coques* (2), le *Mansot* ou *Manche de couteau* (3), et
une grande espèce de Mactre (4). Enfin, il en est
aussi qui s'appliquent à déterrer avec leur bêche divers
annélides, dont les pêcheurs font un grand usage pour
amorcer leurs lignes.

Une pêche bien moins productive que celle du
lançon et des mollusques dont nous venons de parler,
mais qui emploie néanmoins un certain nombre de
femmes et d'enfans, se pratique autour du roc de
Granville et sur divers écueils où vivent fixés quelques
huîtres et un grand nombre de *Bénis* ou Patelles
qu'on détache avec un couteau; on y prend aussi

---

(1) Ce nom est donné indistinctement à deux espèces d'EQUILLES également
communes sur nos côtes, et qui pendant long-temps ont été confondues sous
le nom d'*Ammodytes tobianus*, Linn. C'est à M. Lesauvage, médecin à Caen,
que l'on doit la distinction de ces deux espèces; mais la synonymie qu'il
indique n'est pas celle adoptée par M. Cuvier. Son *Ammodytes tobianus* est
l'Équille, ou *Amm. lancea* de M. Cuvier (PENNANT, Brit. zool., pl. 25, fig. 66);
celui-ci a conservé le nom d'*Ammodytes tobianus* pour le Lançon proprement dit
(BLOCH, Ichthyologie, 3e partie, pl. 75, fig. 2).

(2) *Venus pullastra*, de Linné.

(3) *Solen ensis* et *Solen vagina*, L.

(3) *Mactra glauca*, connu à Granville sous le nom de *Flas*.

3.

beaucoup de *Vignettes* ou Turbos (1), et de *Rans*
ou Buccins (2). D'autres pêcheurs s'arment d'un croc
en fer à l'aide duquel ils soulèvent le varec et retournent les pierres au-dessous desquelles on trouve
souvent divers crustacés, tels que le Carcin menade,
ou *Crabe enragé*, le Crabe tourteau, qu'on désigne
ici sous le nom de *Houvet*, et la Portune étrille, ou
Crabe à laine des Granvillais. Dans certaines localités on prend aussi par ce moyen des congres d'une
taille plus ou moins grande. Quelquefois, au lieu d'un
croc, ces pêcheurs se munissent d'un bâton de quatre
à cinq pieds de long, dont l'extrémité est garnie d'un
hameçon, afin de fouiller dans les creux des rochers,
et en retirer les homards et les congres qui s'y cachent.

Pêche au
boutoux, etc. Il est d'autres pêcheurs à pied qui ne se contentent
pas de rester sur la plage, mais qui entrent dans l'eau
quelquefois jusqu'aux aisselles, et emploient principalement deux espèces de filets connus sous les noms
de *bichette* et de *boutoux* (*V*. la planche). La bichette,
ou havenet, est composée de deux perches de six à
huit pieds de long, croisées et tenues écartées par une
petite barre transversale ; à leur extrémité inférieure
est attachée une corde, et autour du triangle ainsi
formé est fixé un grand sac en filet, tandis que les
deux autres bouts des perches servent de manche.
Le boutoux, qu'on appelle encore *chevrottière*, ne
diffère de la bichette que par la manière dont il
est monté ; le filet en forme de chausse qui le constitue est porté sur une barre de bois transversale,

(1) *Turbo littoreus*, L.
(2) *Buccinum undatum*, L.

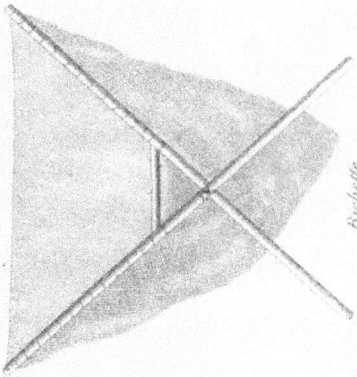

Bichette
ou Havenet

Boliquet-a

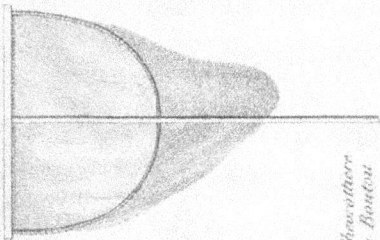

Chausotherr
ou Bouton

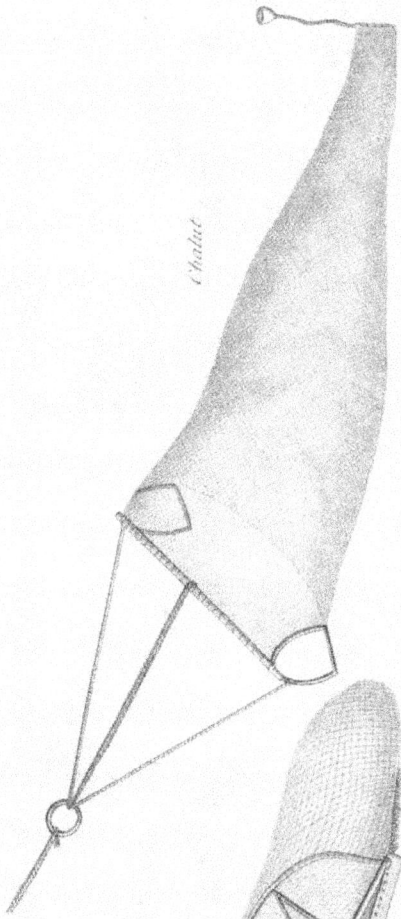

Chalut

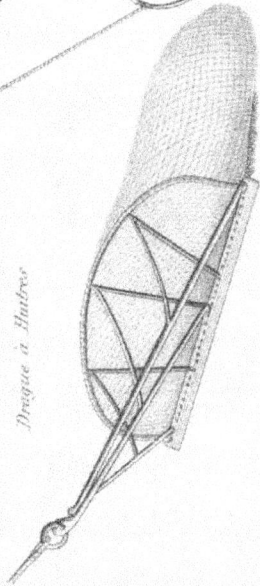

Drague à Huitres

au milieu de laquelle est fixée une perche ; et, pour tenir ce sac ouvert, on attache son bord supérieur à un cerceau qu'on fixe par son milieu à cette espèce de manche. Le pêcheur pousse cet instrument devant lui, de manière à le faire glisser sur le fond, et recueille ainsi les animaux qu'il rencontre sur son passage. C'est de la sorte, ou en raclant le fond des mares laissées par la mer, avec une machine assez semblable à une grande raquette garnie d'un sac en serpillière, et que l'on appelle dans le pays un *bouquetoux*, que l'on prend les petits crustacés connus sous le nom de *Crevettes*, *Bouquets*, etc. La *Chevrette* des Granvillais, qui n'est autre chose que le Crangon commun, se rencontre principalement sur les grèves du sud et se prend avec le Havenet, tandis que le Palémon squille, qu'ils appellent *Bouquet*, paraît habiter de préférence la côte située au nord du roc.

Enfin cette pêche du rivage se fait encore à l'aide des enclos permanens établis sur la grève et connus sous le nom de Pêcheries ou Bouchots, ou bien au moyen de lignes de fond ou de filets soit fixes, soit traînans.

Les pêcheries sont bâties en pierres sèches, c'est-à-dire en pierres placées les unes sur les autres sans être jointes par du ciment, et consistent en deux petits murs réunis à angle aigu, de manière à représenter les deux côtés d'un triangle, dont le sommet est dirigé vers le large, et percé d'une ouverture étroite garnie d'un filet ou d'une cloison en clayonnage. Les pêcheries qu'on désigne plus particulièrement sous le nom de Bouchots, ont la même forme, mais sont construites en clayonnage très-serré, et ressemblent à des haies dont la base est souvent renforcée par quelques grosses pierres. Lorsque la mer est haute,

Pêcheries.

ces pêcheries sont couvertes d'eau, et les poissons
peuvent y arriver sans obstacle; mais lorsqu'elle baisse,
ils s'y trouvent emprisonnés, et à mesure qu'elle se
retire ils se rassemblent à l'extrémité anguleuse de la
pêcherie, qui, en raison de sa position, assèche le
dernier.

Les pêcheries construites en pierres sèches ou pêcheries proprement dites, ne présentent aucun inconvénient bien grave lorsqu'elles ne sont pas trop élevées ;
leur ouverture ou égoût est ordinairement fermé à
l'aide d'une espèce de porte qui s'oppose à l'écoulement trop rapide de l'eau, en sorte que le poisson
ne reste pas à sec aussitôt que la mer s'est retirée.
Lorsque le pêcheur veut s'en emparer, il lève cette
petite porte et place derrière elle un filet en forme de
sac, dont la loi a déterminé la grandeur des mailles,
afin qu'il puisse toujours livrer passage au frai et au
très-jeune poisson. Mais il n'en est pas de même des
bouchots, où tout le petit poisson qui s'y engage ne
tarde pas à être arrêté et à périr dans les branches
touffues dont ces espèces de haies sont garnies. Depuis long-temps on a senti combien ces pêcheries
pouvaient nuire à la reproduction du poisson, et la
modicité des produits qu'on en retire en rendrait le
sacrifice léger ; cependant leur nombre a beaucoup
augmenté depuis quelques années. En 1814 on comptait dans le quartier de Granville 61 pêcheries, dont
41 bouchots, savoir : 1 à Bréhal, 15 à Lingreville et
Annoville, 9 à Agon et Coutainville, 9 à Blainville et
Gouville, et 7 à Geffosses, Pirou et Creances (1). Au-

(1) Document officiel communiqué par M. Marec, chef du bureau des
pêches au ministère de la marine.

jourd'hui, au contraire, il existe sur cette côte 96 pêcheries, dont 58 en clayonnage. Celles en pierres se
trouvent toutes près de Granville ; 17 sont situées au
sud, et 21 au nord de cette ville (1).

Quant aux filets que les Granvillais emploient sur
le rivage pour arriver au même but, ils sont de deux
espèces ; les uns, appelés *rets de pied*, forment des
espèces de cloisons verticales qui se tendent en travers
de l'entrée des petites anses, et y arrêtent le poisson
lorsque la mer se retire. Le second, qu'on désigne
sous le nom de *dranet*, est un Engin de pêche analogue, mais que l'on traîne dans l'eau à mer basse,
et qui ressemble à une Seine dont chaque bout serait
garni d'une perche placée transversalement.

La pêche qui se fait en mer sur cette partie de la
côte, occupe un assez grand nombre de bateaux. Dans
le quartier maritime de Granville on en compte environ
soixante-dix. Leur port est en général de 8 à 12 tonneaux, et ils sont montés par 4 ou 5 hommes d'équipage.
La pêche du poisson ne les occupe guère que depuis
le milieu d'avril jusqu'au commencement d'octobre ;
pendant le reste de l'année, celle des huîtres les emploie presque entièrement. Les moyens de pêche les
plus usités dans ces parages sont le Chalut, le Rets à
maquereau et la Ligne.

Le Chalut, dont l'usage est interdit près de la
côte, est un grand filet traînant en forme de sac dont
le bord supérieur de l'embouchure est attaché à une
perche transversale, et l'inférieur garni de plomb ; à
chaque extrémité de cette perche est fixée une anse

(1) Notes communiquées par M. Hugon-Hautménil, inspecteur des pêches,
à Granville.

de fer qui sert à tenir écartés les bords du filet , et des
cordes y sont attachées pour faire manœuvrer la machine (*V*. la planche). On la jette à la mer ; lorsqu'elle
est tombée au fond , on met à la voile et on la traîne
ainsi pendant environ une heure , puis on l'amène à
bord et on retire le poisson qui y est engagé. C'est
principalement au nord de Granville que les pêcheurs
emploient le chalut , et ils prennent par ce moyen
beaucoup de Soles , de Plies , de Barbues , de Li-
mandes , etc.

Le Rets n'est employé que pour la pêche du maquereau , sur laquelle nous reviendrons par la suite.

Les Lignes sont de deux espèces : les unes se tiennent à la main et servent principalement pour la pêche
du Lieu , du Maquereau , etc. ; les autres , qu'on appelle lignes de fond , et qu'on emploie aussi en les
fixant sur la grève à mer basse , sont destinées à prendre les Raies , les Turbots , les Soles , les Plies , les
Squales , etc. ; on amorce les nombreux hameçons qui
y sont fixés avec des *Margades* ou Seiches , des *Encornets* ou Calmars , des *Minas* ou Poulpes , ou bien
avec de jeunes Anguilles , etc. Enfin , dans certaines
localités , quelques pêcheurs tendent aussi , pour prendre des Homards , des piéges qu'on nomme Casiers ,
et dont nous aurons l'occasion de parler dans le courant de cet ouvrage.

La valeur des produits obtenus par ces diverses
espèces de pêches , s'est élevée dans les dernières
années à environ 90,000 francs.

Pêche
des Huîtres.

La pêche des Huîtres emploie un nombre plus considérable de bateaux que celle du poisson frais ; elle est
aussi une source de richesses bien plus grande. En 1817,
par exemple , cette dernière n'a occupé que 52 bateaux,

tandis que la première en a employé 72. Cette pêche
commence dans les premiers jours d'octobre pour se
terminer vers le milieu d'avril, et pendant tout ce
temps elle donne du travail non-seulement aux pêcheurs, mais aussi à un grand nombre de femmes et
d'enfans.

Quand les bateaux rentrent dans le port, ils y
jettent dans un lieu déterminé les Huîtres dont ils
sont chargés, et lorsque la mer s'est retirée, une foule
de femmes et d'enfans viennent en faire le triage et
les porter dans les parcs où on les conserve jusqu'à ce
qu'ils soient transportés ailleurs. Ces parcs sont situés
dans la partie sud du port, entre le môle neuf et la
roche Gauthier, à environ trois cents pas des maisons
qui bordent la grève. La mer les recouvre à toutes les
marées, et des femmes y viennent souvent pour y retourner les huîtres et en retirer celles qui sont gâtées;
enfin, ce sont encore des femmes et des enfans qui
embarquent ces huîtres sur les bateaux destinés à
les porter à Courseulles et ailleurs. Le produit de
cette branche de commerce s'élève annuellement à 2
ou 300 mille francs; et, pendant toute sa durée, le
port de Granville est très-animé (1).

Pendant la longue guerre qui a suivi la révolution,
la pêche était peu importante dans le quartier maritime
de Granville. Aujourd'hui, cette industrie est dans un
état très-différent; et pour donner une idée aussi
exacte que possible de son état actuel, ainsi que des
modifications qu'elle a subies depuis la paix, nous avons
cru utile de dresser le tableau suivant :

(1) Voyez pour plus de détails à ce sujet le Mémoire sur la pêche des huîtres, par M. Audouin, dans la suite de cet ouvrage.

Statistique
de la pêche.

*Tableau de l'état de la pêche dans le quartier maritime de
Granville , depuis 1816 jusqu'en 1828 (1).*

ANNÉES.	NOMBRE de BATEAUX.	TOTAL de leur TONNAGE.	NOMBRE des hommes composant leurs équipages.	Estimation approximative des produits bruts de leur pêche.	OBSERVATIONS.
1816	77	380	380	525,000	La pêche du poisson n'a employé que 67 bateaux montés par 387 hommes. Le produit en a été d'environ 25,000 fr. La pêche des huîtres, qui a employé 77 bateaux, est évaluée à 500,000 f., mais ce chiffre nous paraît beaucoup exagéré. Ce sont les mêmes bateaux qui font les deux pêches.
1817	72	372	552	550,000	Pêche du poisson, 67 bateaux montés par 405 hommes; produit, 50,020 fr. Pêche des huîtres, 72 bateaux; produit, 500,000 fr. Même observation.
1818	119	662	836	530,080	Malgré l'augmentation dans le nombre des armemens, les produits sont évalués comme en 1817.
1819	126	681	692	450,000	
1820	84	463	439	450,000	
1821	92	504	480	560,000	On observe que pendant les dernières années, la reproduction des huîtres n'avait pas été convenablement ménagée, et que les bancs étaient devenus très pauvres; mais en 1821, la stricte observation des réglemens de 1816 a produit une amélioration sensible; les bancs commencent, dit-on, à se repeupler.
1822	90	502	406	410,000	Savoir : Poisson frais , 80,000 fr. Huîtres , 550,000
1823	87	504	418	390,000	
1824	84	456	410	390,000	Poisson , 90,000 fr.
1825	82	450	415	390,000	Huîtres , 500,000
1826	70	560	552	520,000	
1827	67	543	536	290,000	Poisson frais , 90,000 fr. Huîtres , 500,000
1828	68	550	542	290,000	

(1) Quoique ce tableau soit, comme la plupart de ceux que nous produisons,
basé sur des documens officiels adressés au gouvernement, nous n'oserions ga-

Pendant notre séjour à Granville, la pêche des Huitres a dû, comme on le pense bien, fixer d'une manière spéciale notre attention ; nous nous sommes appliqués à recueillir sur ce point des notions précises que nous avons cherché à compléter dans nos voyages subséquens, et l'un de nous se propose d'en faire le sujet d'un travail particulier.

Il en est de même de la pêche de la morue à Terre-Neuve, qui exerce une influence encore plus grande sur la prospérité de ce pays. Cette branche de notre industrie maritime est trop importante pour que plusieurs auteurs n'en aient déjà traité, mais aucun de leurs ouvrages ne nous paraît de nature à donner une idée de son état actuel : aussi ne jugera-t-on peut-être pas sans intérêt les renseignemens que nous avons obtenus sur ce sujet ; l'un de nous en traitera d'une manière spéciale par la suite (1).

Pêche de la Morue.

La pêche de la morue emploie à Granville de 50 à 60 navires chaque année. Le nombre de marins

rantir l'exactitude des sommes qui y sont portées. Outre qu'on n'y indique pas toujours le produit respectif de la pêche du poisson et celle des huîtres, il nous paraît évident que les évaluations totales sont souvent erronées. D'après ce tableau il y aurait une diminution presque graduelle dans le produit brut ; et comme la presque totalité de cette somme est fournie par la pêche des huîtres, on devrait présumer que les renseignemens à l'appui de ces tableaux indiqueraient un dépérissement dans les bancs ; au contraire, on a soin de faire remarquer que depuis 1821 l'état de ces bancs s'améliore chaque année. D'ailleurs les produits de la pêche des huîtres, lorsqu'ils sont énoncés, devraient être en rapport avec ceux de Cancale, et nous verrons plus tard que cette concordance n'existe pas. Enfin, ce qui doit contribuer à nous inspirer quelque méfiance, ce sont les nombres ronds qui se reproduisent sans variation pendant plusieurs années successives.

(1) Voyez le Mémoire sur la pêche de la morue, par M. Edwards.

qui s'y embarquent est d'environ 2,000 , et le maté-
riel de ces armemens est évalué à 2,500,000 fr. Enfin,
la valeur des produits s'élève souvent à 2,000,000.
Pour en faire mieux juger, nous présenterons le
tableau des armemens effectués depuis la paix.

*Tableau des armemens effectués pour la grande pêche de la
Morue dans le port de Granville, depuis 1816 jusqu'en
1828 (1).*

ANNEES.	NOMBRE des NAVIRES.	TONNEAUX de CES NAVIRES.	NOMBRE DES HOMMES composant les équipages de ces navires.
1816	50	6,070	1,921
1817	55	2,896	1,696
1818	50	6,138	2,166
1819	52	6,629	1,789
1820	58	7,211	2,450
1821	61	7,223	2,581
1822	56	6,805	2,504
1823	21	2,453	731
1824	48	5,945	2,046
1825	51	6,300	2,167
1826	59	7,490	2,249
1827	59	7,817	2,048
1828	65	8,477	2,274

Pendant les guerres de la révolution, la pêche
de la morue fut complètement suspendue ; mais au

(1) Les chiffres qui composent ce tableau nous ont été communiqués par
M. Marec, et sont extraits des états adressés annuellement au ministre de la
marine par MM. les préfets de chaque arrondissement maritime.

rétablissement de la paix, elle prit dans le port de
Granville un développement considérable qui s'est
maintenu jusqu'en 1822. A cette époque, l'expédition
contre l'Espagne et des bruits de guerre vinrent pa-
ralyser cette branche d'industrie ; bientôt après elle
se releva, et dans ces dernières années elle a acquis
une nouvelle extension, comme on peut le voir dans
le tableau qui précède. Cependant il paraîtrait que,
même aujourd'hui, la pêche de la morue à Granville
est moins florissante qu'elle ne l'était vers l'année
1787. On assure qu'à cette époque on expédiait annuellement de ce port 120 à 130 navires, de 100 à
400 tonneaux (1).

Les marins employés à cette pêche reçoivent une certaine somme comme avance, et ont droit à une part dans
les produits, ou bien ils ont seulement une part dans les
produits, qui alors est plus forte. Dans le premier cas,
les capitaines reçoivent avant leur départ de 4 à 600 f.,
et les matelots de choix de 2 à 300 fr., plus un lot du
cinquième de la pêche. Dans le dernier cas, l'équipage
est au *tiers franc*, c'est-à-dire qu'il a droit au tiers des
produits de la pêche. Le premier de ces modes d'en-
gagement est le plus généralement employé, et l'on
estime les profits de l'équipage de la manière suivante :
chaque voyage rapporte, terme moyen, au capitaine
2,000 fr., au commandant en second 8 à 1,200 fr. ;
aux trancheurs, aux maîtres des bateaux caplaniers (2)
de 5 à 600 fr. ; aux maîtres des bateaux pêcheurs, de

(1) Documens puisés dans les registres du ministère de la marine, 1814.

(2) Pour l'explication de ces divers termes techniques, voyez le Mémoire sur
la pêche de la morue, chapitre IV.

450 à 650 fr., et aux novices, de 100 à 160 fr. (1).
Leur nourriture est à la charge de l'armateur.

Commerce
maritime.
Le mouvement commercial occasioné par le transport des marchandises est bien moins considérable
que celui produit par les pêches. Dans l'année qui a
précédé notre voyage, les importations effectuées
dans le quartier maritime de Granville ont été faites
par 23 navires, dont 13 français et 10 étrangers. Les
premiers venaient pour la plupart de Jersey ou de
Guernesey, et étaient chargés de chanvre, de gou-
dron, de fer, de peaux de bœufs, de planches, etc.;
la valeur totale et approximative de leurs cargaisons
était de 190,000 fr. Les seconds apportaient de la
Suède et de la Norwége des poutrelles, des madriers,
des planches et du fer, estimés à environ 153,000 fr.
Les exportations ont été moins considérables; car il
n'est sorti du port de Granville, pendant l'année 1826,
que 7 bâtimens français et 2 étrangers chargés de
bœufs, de moutons, de volailles, d'œufs, de vins,
d'eaux-de-vie, etc.; leurs cargaisons étaient évaluées
collectivement à 300,000 fr.

Les navires granvillais font peu de voyages de long
cours ou même de grand cabotage; presque tous sont
destinés au petit cabotage, ainsi qu'on pourra en juger
par le tableau suivant. Les bâtimens employés à ce
dernier usage sont, en général, au-dessous de 50 tonneaux de port, et vont sur les côtes de la Normandie
et de la Bretagne; un certain nombre d'entre eux sont
spécialement destinés à la communication de Granville
avec Saint-Malo et Jersey.

(1) C'est à M. Fuec, ancien chirurgien de l'hôpital de Saint-Pierre et Miquelon, que nous sommes redevables de ces renseignemens.

Tableau des bâtimens de commerce expédiés des ports du quartier maritime de Granville, depuis 1815 jusqu'en 1828.

ANNÉES.	PETIT CABOTAGE.		GRAND CABOTAGE.		VOYAGE DE LONG COURS.	
	NOMBRE de bâtimens.	NOMBRE d'hommes composant les équipages.	NOMBRE de bâtimens.	NOMBRE d'hommes composant les équipages.	NOMBRE de bâtimens.	NOMBRE d'hommes composant les équipages.
1815	27	163	13	164	5	64
1816	28	109	4	»	1	20
1817	28	123	»	»	»	»
1818	31	148	1	10	»	»
1819	33	164	»	»	»	»
1820	36	189	»	»	»	»
1821	33	133	»	»	»	»
1822	39	194	1	11	»	»
1823	83	297	1	10	»	»
1824	38	187	1	10	»	»
1825	36	183	2	26	»	»
1826	33	166	2	25	1	13
1827	40	177	1	12	2	25

Pendant notre premier voyage à Granville, nous nous sommes principalement occupés de l'étude anatomique et physiologique des crabes, des homards et des autres crustacés qu'on trouve en grande abondance sur cette partie rocailleuse du littoral. Le lieu que nous avions choisi pour commencer ces recherches leur était très-favorable. En effet, il est difficile de se former des idées exactes sur la structure intérieure de ces animaux, à moins d'en avoir à sa disposition un très-grand nombre, et cela presque aussitôt après leur sortie de l'eau ; car lorsqu'on les garde à l'air, il arrive sou-

Recherches sur les Crustacés.

vent qu'ils ne sont plus dans un état dissécable même
avant que d'avoir perdu la vie ; et si l'on veut les
conserver dans l'esprit-de-vin, tous leurs viscères
se détériorent au point de devenir méconnaissables.
Il nous fallait aussi des espèces d'un gros volume
afin de mieux distinguer les détails minutieux de
leur organisation. Or, on trouve dans le voisinage de
Granville des Homards de la plus forte taille, des
Maja également très-volumineux, des Tourteaux, des
Etrilles, enfin, la plupart des espèces les plus grandes
de nos côtes ; et en promettant aux pêcheurs un prix
un peu plus élevé que de coutume, ils nous apportaient ces animaux aussitôt qu'ils les avaient pêchés.

Devant exposer avec détail, dans la suite de cet
ouvrage, les diverses recherches que nous avons faites
sur la structure intérieure des crustacés ou sur le jeu
de leurs organes, il serait inutile de nous y arrêter ici.
Nous dirons seulement qu'après avoir étudié avec une
attention scrupuleuse la circulation dans ces animaux,
nous disséquâmes avec soin leur système nerveux,
leur appareil digestif et leurs organes générateurs (1) ;
nous nous sommes aussi attachés à connaître le méca-
nisme de leur respiration ; enfin, nous avons fait

(1) On trouvera dans la suite de cet ouvrage nos diverses recherches
sur l'anatomie et la physiologie des crustacés. Déjà elles ont été insérées
en partie dans un recueil consacré à l'histoire naturelle. Voyez Recherches anatomiques et physiologiques sur la circulation dans les crustacés, Annales des
Sciences naturelles, t. x , p. 283 et 352, 1827. — Recherches anatomiques sur
les systèmes nerveux des crustacés, Ann. des Scienc. nat., t. xiv, p. 77,
1828.— Rapport de MM. Cuvier et Duméril sur un Mémoire de MM. Audouin
et Milne Edwards, intitulé : De la respiration aérienne des crustacés, et des
modifications de leur appareil branchial chez les crabes terrestres, Ann. des
Scienc. nat., t. xv, p. 111, 1828.

quelques observations, qui nous paraissent intéressantes, sur leur enveloppe extérieure.

Le grand nombre de homards que nous ouvrions
chaque jour, nous a fait découvrir et nous a permis
d'étudier un petit animal fort singulier vivant en pa-
rasite sur leurs branchies et qui se nourrit du sang
dont ces organes sont remplies. Ce petit être appartient aussi à la classe des crustacés ; mais au premier
abord, on est bien loin de le penser, car il ressemble plutôt à un assemblage de vers vésiculaires fixés
sur les branchies du homard, et lorsqu'on l'en détache, il reste immobile comme s'il était privé de
vie. L'étude de cet animal si bizarre, auquel nous
avons donné le nom de *Nicothoé du homard*, nous a
conduits à l'examen de plusieurs questions relatives à la
reproduction des êtres dont les mœurs sont analogues,
et aux changemens qui paraissent survenir dans leur
forme générale à certaines époques de leur existence (1).

Lors des grandes marées qui laissent les grèves voisines de Granville à découvert dans une étendue très-
considérable, nous suspendions nos travaux anatomiques pour nous livrer à des recherches zoologiques
et parcourir les parties les plus intéressantes de la
côte. Ces excursions nous ont procuré plusieurs des
espèces qui habitent ces parages, et nous ont donné
sur ces localités des connaissances qui nous sont devenues précieuses par la suite, car, dans nos voyages
subséquens, nous nous sommes attachés d'une manière

(1) Voyez notre Mémoire sur le Nicothoé, Annales des Sciences naturelles,
t. IX, p. 345, 1826.

encore plus spéciale à la récolte des animaux marins.
Les observations dont ils furent l'objet se lient à
celles dont nous nous sommes occupés plus tard et
qui trouveront leur place ailleurs : nous renverrons
donc à un autre chapitre ce que nous pourrions
en dire ici, et nous ajouterons seulement qu'ayant
visité dans une de nos excursions le petit Archipel
des îles Chausey, nous fûmes si frappés de leurs richesses zoologiques, que nous résolûmes d'y retourner l'année suivante, et d'y établir notre séjour,
afin de pouvoir les étudier avec tout le loisir convenable. Enfin, au mois d'octobre, nous quittâmes
Granville pour revenir à Paris, et pendant le cours de
l'hiver suivant, nous présentâmes à l'Académie royale
des Sciences une partie des recherches dont nous venons de parler.

En 1827, des circonstances imprévues nous em-
pêchèrent de mettre à exécution le projet que nous
avions formé d'explorer les nombreux écueils qui
entourent et qui constituent, pour ainsi dire, les îles
Chausey. L'un de nous (M. Edwards) fit un voyage
sur les bords de l'Océan et visita quelques points du
littoral de la Méditerranée; mais ce serait nous éloigner
de notre sujet que d'en parler, et nous nous bornerons
à dire que les objets qui y furent recueillis ont été
déposés au Muséum d'Histoire naturelle, et seront décrits dans une autre occasion.

CHAPITRE II.

Deuxième voyage sur les côtes de la Manche. — Séjour aux îles
Chausey. — Fabrication de la soude de varec. — Observations
sur le mode de reproduction des ascidies composées. — Recherches sur l'organisation des polypes et des éponges, etc.

De tous les points que nous avions visités pendant
notre premier voyage sur les côtes de la Manche, le
groupe des îles Chausey nous avait paru le plus propre
aux recherches spéciales que nous voulions faire, et ce
motif nous décida à y séjourner pendant un certain
temps. Une difficulté très-grande s'opposa d'abord à
l'exécution de ce projet; il n'existe sur tous ces îlots
aucune auberge, et on n'y voit qu'une seule habitation
où sont logés quelques fermiers. Mais un de nos amis
de Granville ayant fait part aux propriétaires de ces
îles, MM. Harasse et Hugon, du désir que nous avions
de nous y établir momentanément, ces messieurs ont
bien voulu mettre généreusement à notre disposition
une portion de cette chaumière, et nous saisissons
cette occasion de les en remercier. A la fin de juillet
1828, nous quittâmes donc Paris pour nous rendre
de nouveau à Granville, et après nous être procuré

tout ce qui était nécessaire pour notre établissement
aux îles Chausey, nous nous y rendîmes.

Description
des
îles Chausey.

Ces rochers arides sont situés à environ deux lieues
et demie de Granville, vers le nord-ouest. A mer haute
on en compte cinquante-trois, qui forment un petit
archipel d'à peu près deux lieues d'étendue du nord
au sud, et d'un peu plus de l'est à l'ouest. Mais lorsque la mer se retire, les uns se joignent, d'autres se
découvrent, et de tous côtés on ne voit que des
écueils innombrables formés d'énormes blocs de granite entassés les uns sur les autres et offrant souvent
les apparences les plus bizarres. Une vingtaine de ces
îles sont couvertes d'une couche mince de terre où
croit un peu d'herbe, mais les autres sont complètement nues et présentent seulement une ceinture
épaisse de varecs brunâtres qui entoure leur base. Des
courans rapides traversent les intervalles étroits qui
les séparent, et lorsque le vent souffle avec violence,
comme cela a lieu ordinairement, la blancheur des
vagues qui se brisent sur leurs flancs, ajoute encore
à leur aspect triste et sauvage. Tout y porte l'em-
preinte de quelque grande catastrophe de la nature ;
aucun rocher ne paraît être en place ; ici ils sont
confusément entassés les uns sur les autres, de manière à former une seule masse ; là ils paraissent
pour ainsi dire suspendus et prêts à rouler dans la
mer ; ailleurs ils sont isolés, et au premier abord on
pourrait les prendre pour des pierres levées, telles
que les anciens Scandinaves en ont laissé en si grand
nombre dans les pays qu'ils habitaient (1). La simple

(1) Telle fut aussi l'impression que ressentit à la vue de ces rochers M. Am-

inspection de ces lieux doit conduire à penser que ces
rochers n'ont pas toujours existé dans leur état actuel.
Pour que ces masses granitiques soient bouleversées
de la sorte, il faut supposer que des commotions vio-
lentes se sont fait sentir dans ces parages, ou bien
que jadis ces blocs informes étaient unis et soutenus
par des roches moins résistantes qui, détruites par
l'action des eaux et des autres agens physiques, les ont
laissés retomber sans ordre les uns sur les autres, ainsi
que cela s'observe chaque jour dans certaines localités que la mer envahit. En effet, d'après les traditions
conservées dans le pays, et d'après quelques témoignages historiques, le temps ne serait pas très-éloigné
où les îles Chausey auraient fait partie du continent.
Quelques auteurs assurent que jusqu'au commencement du huitième siècle, ces rochers bordaient la côte
et protégeaient contre les invasions de la mer une forêt et de vastes marécages situés entre eux et le Mont-
Saint-Michel (1). Cependant, les preuves à l'appui
de cette opinion, sur laquelle nous aurons peut-être
l'occasion de revenir, ne sont pas assez irrécusables
pour convaincre tous les esprits, et il serait très-possible que cette inondation ait eu lieu bien antérieurement aux temps historiques.

père, fils du membre de l'Académie des Sciences, lors de la visite inattendue
qu'il voulut bien nous faire aux îles Chausey, en compagnie d'un géologue anglais, son ami, M. Bonnar; l'aspect de ce groupe d'écueils rappela vivement à
son imagination poétique les côtes de la Scandinavie, qu'il venait de visiter.

(1) C'est à l'année 709 après J.-C. que les auteurs qui partagent cette opinion
rapportent la grande inondation qui aurait séparé les îles Chausey du continent, et ils attribuent la forme actuelle de la côte voisine à des envahissement
successifs de la mer survenus depuis cette époque. M. l'abbé Manet de Saint-

Le plus considérable de ces îlots porte le nom de Grande-Ile, et occupe la partie sud-est du petit Archipel, formé par leur réunion ; sa longueur est d'environ 700 mètres et sa plus grande largeur de 250. Aux deux extrémités le sol en est élevé et les bords très-escarpés ; mais vers le milieu le terrain s'abaisse beaucoup, se rétrécit, et présente de chaque côté une petite anse ; celle qu'on voit au sud-ouest porte le nom de port Homard ; elle est séparée de la pointe de la Tour, qui forme l'extrémité sud-est de l'île, par une autre anse plus petite appelée port Marie, et se continue vers le nord-ouest avec des dunes de sable. Au nord-est de Grande-Ile est un chenal qu'on appelle le Sond ; sa longueur est au plus de 304 encablures, et dans les grandes marées il n'y reste à mer basse qu'environ dix pieds d'eau. Ce chenal, où les bateaux pêcheurs et les petits bâtimens de l'état chargés de surveiller la pêche des huîtres viennent souvent se mettre à l'abri, sépare la Grande-Ile d'un autre îlot qu'on appelle Longue-Ile. Les autres îles principales sont les Huguenans, Plate-Ile, la Meule, la Genêtée, et l'île aux Oiseaux.

Nature du sol.

Les îles Chausey, comme nous l'avons déjà dit, sont formées de Granite. Tout le monde sait que ce qui caractérise cette roche, c'est d'avoir été produite par voie de cristallisation et d'être composée essentiellement de feldspath lamellaire, de quarz et de mica, à peu près également disséminés. Le granite de Chausey appartient à la variété qu'on nomme *granite commun*,

Malo vient de publier sur ce sujet un ouvrage intitulé : de l'Etat ancien et de l'état actuel de la baie du Mont-Saint-Michel, un vol. in-8°. Paris, 1829. On peut consulter aussi MABILLON, Annales bénédictines, t. II, p. 20 ; DERIC, Histoire ecclésiast. de la Bretagne ; les Mémoires de l'Académie celtique, t. IV, etc.

mais il diffère à quelques égards de celui qu'on exploite en si grande quantité aux environs de Cherbourg. Il est d'un gris bleuâtre parsemé d'une infinité
de paillettes micacées et brillantes, qui, au premier
aspect, et surtout lorsqu'elles sont mouillées, paraissent d'un beau noir, mais dont la couleur est réel-
ment différente. Pour s'en assurer, il suffit de les examiner de près, ou mieux encore d'en détacher avec
la pointe d'un canif quelques lamelles ; leur minceur
permet alors de reconnaître qu'elles sont d'une belle
teinte rouge enfumée ou brunâtre. Ces paillettes, qui
n'atteignent guère plus d'une ligne en diamètre, et
dont la dimension est souvent moindre, sont généralement hexagonales et répandues très-uniformément
dans la masse. Les autres parties constituantes se re-
connaissent moins facilement que le mica. Leur cristallisation est très-confuse, et elles sont liées de manière à donner à la roche une tenacité qui en fait le
caractère essentiel. Un œil exercé peut cependant distinguer l'un de l'autre le quarz et le feldspath ; le premier a une cassure vitreuse, tandis que l'autre offre
des lamelles cristallines plus ou moins chatoyantes. Du
reste, l'examen le plus attentif ne nous a fait découvrir
dans ce granite ni tourmaline, ni amphibole, ni aucune des substances que dans plusieurs localités on y
trouve accidentellement disséminées (1).

Le granite des îles Chausey, quoiqu'il soit très-homogène, présente cependant quelques-uns des accidens qu'il est ordinaire de rencontrer dans toute cette

(1) Ces parties, qui se montrent quelquefois dans le granite, sont le grenat,
l'épidote, le beril aigue-marine, les pyrites, le fer oligiste, l'étain oxidé, etc.

formation cristalline. Ainsi il nous est arrivé de trouver
au milieu d'une masse granitique où le quarz, le feldspath et le mica étaient uniformément répandus, un
bloc qui n'offrait plus ces proportions, et dans lequel
le mica était devenu si abondant et était divisé en
parcelles si tenues, que la roche paraissait noire, et
qu'on l'eût déterminée d'abord pour une Eurite (1).
C'est ce que montre clairement un des échantillons que
nous avons recueillis, et qui fait partie des collections
du Jardin du Roi. Il n'est pas non plus très-rare de trouver dans une position semblable des nodules de quarz,
les uns gros comme une noix, les autres comme le
poing, et quelques-uns d'un volume encore plus fort ;
leur teinte est légèrement bleuâtre ou un peu enfumée ; mais ce qui surtout les caractérise, c'est leur
texture vitreuse et la quantité de fissures qui ternit
leur transparence et qui les rend tellement friables
dans tous les sens, qu'il est très-difficile d'obtenir avec
le marteau des échantillons d'une forme et d'une dimension convenables. Nous avons rencontré ces nodules sur presque toutes les îles de ce petit archipel.

Nos excursions fréquentes nous ont fait découvrir
aussi dans cette formation granitique et sur deux points
différens de la grande île, des filons, ou pour mieux
dire des veines très-étendues remplies entièrement
d'une Pegmatite granulaire.

La pegmatite, que quelques géologues ne distinguent pas du granite, est une roche composée comme

_____

(1) M. Brongniart et la plupart des géologues désignent sous ce nom une
roche à texture compacte et empâtée, quelquefois grenue, et composée de pé-
tro-silex renfermant des grains de feldspath commun et souvent du mica disséminé.

lui, à cette différence près, que le mica n'y entre pas
comme partie constituante, mais seulement comme
partie accessoire, c'est-à-dire qu'il y est si rare et tellement disséminé au milieu du feldspath et du quarz,
qu'il pourrait manquer sans que l'aspect de cette roche
en fût changé ; c'est en effet ce qu'on voit dans plusieurs variétés où il a disparu complètement. Cette
roche a une grande importance dans les arts cérami-
ques : on l'emploie sous le nom de *caillou* et de *pe-
tuntzé* à faire la couverte ou vernis de la porcelaine,
et son feldspath, qui se décompose facilement, fournit
le meilleur kaolin (1).

La pegmatite des îles Chausey ne pourrait servir à
ces usages ; elle manque des principales qualités qui
la font rechercher, et d'ailleurs elle est répandue en
trop petites masses pour qu'une exploitation pût être
long-temps productive. Les deux veines que nous
avons découvertes se voient dans la grande île, l'une
au nord et à cent pas des habitations, l'autre au
sud, entre le port Homard et Grosmont. Elles sont
dirigées de l'est à l'ouest. Ces pegmatites diffèrent
entre elles sous quelques rapports. Celle de la première localité est d'un grain assez gros pour qu'il soit
possible de distinguer l'un de l'autre le quarz et le
feldspath ; le mica répandu dans la masse forme des

(1) Le kaolin est une espèce d'argile composée de silice et d'alumine, dans
des proportions à peu près égales, et dont l'origine est évidemment due à la
décomposition du feldspath. Nous avons dit que le département de la Manche
en fournissait d'une qualité assez estimée et qu'on emploie dans la fabrication
de la porcelaine de Bayeux. La plupart de ceux dont on fait usage à Paris, et
particulièrement à la manufacture royale de Sèvres, proviennent de Saint-
Yrieix-la-Perche, à dix lieues de Limoges.

paillettes irrégulières d'une couleur verdàtre, visibles
à l'œil nu. La seconde variété présente une texture
beaucoup plus dense, le grain est très-fin, et au premier aspect on croirait voir un grès de Fontainebleau.
Le quarz et le feldspath sont intimement confondus
entre eux, et le mica est disséminé en parcelles si petites qu'il faut une loupe pour l'apercevoir. Mais ce
que ces deux roches ont de commun, c'est une ex-
trème dureté et une tenacité excessive. Les veines
qu'elles forment dans le granite sont étendues, mais
très-peu puissantes; leur plus grande épaisseur n'atteint pas deux pieds, et elles diminuent graduellement jusqu'à n'avoir que quelques pouces. Ces veines ne forment pas une masse continue; elles sont
fracturées en morceaux à peu près quadrilatèrés et
d'égale grosseur, placées à la suite les uns des autres, en sorte que l'on croirait voir une rangée de
petits pavés qui auraient été joints entre eux par un
ciment, lequel aurait ensuite disparu. Ce dernier fait
s'explique facilement par la position dans laquelle
ces veines se trouvent placées; exposées à l'air et à
la pluie, battues et nettoyées sans cesse par l'eau de
la mer qui les recouvre à chaque marée, on conçoit
que la pâte qui a lié ces fragmens cuboïdes a pu être
enlevée et laisser entre eux les intervalles qu'on y
remarque.

Nous terminerons cette description du granite des
îles Chausey, en citant une nouvelle particularité qu'il
présente, et qu'il n'est pas rare de rencontrer dans
la formation granitique; nous voulons parler d'un filon
assez puissant qu'on observe à l'île de la Meule, et
qui est composé uniquement de quarz et de mica,

adossés l'un à l'autre, mais jamais confondus entre
eux, si ce n'est au point de contact où ces deux substances se pénètrent réciproquement. Le quarz cristallisé en une masse vitreuse, lamellaire, semi-trans-
parente, légèrement laiteuse, est remarquable par les
stries et par l'aspect chatoyant de quelques-unes de
ses faces; qui lui donnent l'apparence de feldspath.
Le mica se présente sous forme de lames étendues,
brillantes, d'un jaune métallique; aucune d'elles n'offre de cristallisation régulière, et toutes sont réunies
et collées les unes contre les autres d'une manière
confuse.

Les îles Chausey paraissent avoir eu autrefois une population assez nombreuse (1); il y existait une abbaye
que Richard Ier, duc de Normandie, rendit dépendante
de celle du Mont-Saint-Michel : ce monastère apparte-
nait d'abord aux Bénédictins; mais, en 1343, le roi de
France Philippe de Valois le donna aux Cordeliers,
qui y eurent un si grand nombre de religieux que,
jusqu'en l'année 1535, ils en envoyèrent tous les ans
trois ou quatre pour prendre les ordres sacrés à
l'évêché de Coutances; mais l'abbaye de Chausey
ayant été pillée deux fois par les Anglais, les moines
abandonnèrent ces îles en 1543 pour aller s'établir
près de Granville. Pendant long-temps ces rochers
formaient un gouvernement dépendant, ainsi que
celui de Granville, de la maison de Matignon; et
en 1736, le duc de Valentinois en avait le titre de

Histoire.

(1) Ceci est confirmé par la découverte qu'on a faite il y a quelques années
de plusieurs tombeaux et des fondations de divers bâtimens vers le milieu de
l'île et dans un lieu occupé aujourd'hui par des terres cultivées. Nous tenons
cette observation d'un témoin oculaire.

gouverneur, mais, comme on le pense bien, sans y
faire aucune résidence. Il paraît que vers cette époque on y tenait une petite garnison dans un fort dont
on voit encore les murs, mais nous n'avons pu
nous procurer aucun renseignement authentique à
ce sujet; nous savons seulement que depuis long-
temps un particulier de Granville était possesseur des
iles Chausey, lorsqu'en 1772 la concession en fut ac-
cordée par le roi en son conseil au sieur Mayeux (1).
Enfin, en l'an xi (1803), elles furent réunies à la commune de Granville (2), et depuis quelques années elles
appartiennent par droit d'héritage à MM. Harasse et
Hugon.

Pendant les guerres de la révolution, les iles Chausey étaient complètement abandonnées et seulement
fréquentées par les contrebandiers ou par les croisières
ennemies; mais depuis la paix elles ont été peuplées
de nouveau, si, toutefois, on peut appliquer ce mot
à la résidence de cinq ou six personnes sur la grande
ile, la seule qui soit habitée. Elles sont au service
de M. Harasse et occupent une petite ferme située
sur les bords du Sond dans la partie basse de l'ile.
A l'entour on voit quelques parcelles de terres cultivées, et dans les autres points des pâturages où
paissent quelques vaches. A peu de distance de la
maison dont nous venons de parler, se trouve une
fontaine d'eau douce, ce qui paraît d'autant plus
remarquable que la grande distance entre ces iles
et le continent ne permet pas de croire qu'elle puisse
venir de ce dernier point en filtrant par des con-

(1) Notes communiquées par M. Hugon de Granville.
(2) Moniteur du 24 vendémiaire an xi.

duits naturels et souterrains; et que d'un autre côté
le peu d'élévation et la petite étendue de l'île rend
difficile de supposer que cette eau, qui coule sans
cesse, puisse avoir sa source dans la pluie ou l'humidité de l'atmosphère qui suinterait peu à peu entre
les rochers, et se réunirait vers ce point. Quoi qu'il
en soit, l'eau en est excellente et préférée à celle de
Granville. De l'autre côté de l'île au fond de la baie
du port Homard, on aperçoit sur une hauteur les
restes d'une tour avec ses meurtrières et quelques
murs qui paraissent avoir appartenu à un petit château
fortifié, et qu'on désigne sous le nom de *Vieux-
Château.*

Pendant une partie de l'année, les îles Chausey
sont fréquentées par des pêcheurs et par un assez grand
nombre d'ouvriers employés à l'exploitation du granite ou à la fabrication de la cendre de varec.

La quantité de varec ou de *goëmon* qui tapisse les
rochers de l'archipel Chausey est si grande, que pendant tout l'été trente à quarante hommes sont employés
à en faire la récolte et à le brûler pour en extraire la
soude. Ils se construisent des espèces de huttes tem-
poraires, et sont dispersés par bandes de six ou huit
sur les différentes îles. Lors des grandes marées, les
Bareilleurs, c'est ainsi qu'on appelle ces ouvriers,
vont à mer basse sur les rochers qu'ils dépouillent de
leur varec, en ayant soin de le couper et de ne jamais
l'arracher, afin de rendre la reproduction plus facile;
ils en distinguent trois espèces qu'ils nomment *vraigin,
craquet* et *vraiplat* (1), et n'emploient que les deux

*Soude
de varec.*

(1) L'espèce de varec désigné sous le nom de vraigin est le *Fucus nodosus*;
le craquet est le *F. vesiculos*, et le vraiplat le *F. serratus*.

premières. La dernière espèce de varec ne se trouve
qu'à des profondeurs plus considérables que les deux
autres et ne paraît à découvert que dans les plus fortes
marées. Sa récolte est donc plus difficile ; mais c'est
pour un autre motif que les bareilleurs la négligent.
Lorsque la mer monte, ils font avec d'énormes tas
de ces plantes marines, des espèces de radeaux pour
le transporter dans le lieu convenable à sa dessiccation ;
or, le vraigin et le craquet présentent un grand
nombre de vésicules pleines d'air qui les rendent
spécifiquement plus légers que l'eau, tandis que le
vraiplat, étant dépourvu de ces vésicules et trop
lourd pour flotter, ne peut être charrié de la sorte,
et nécessiterait pour son transport l'emploi de bateaux, ce qui en augmenterait beaucoup la dépense.
Après avoir porté le varec sur une grève voisine, on
l'étend sur le sable afin de le faire sécher ; on a soin de
le retourner souvent, et au bout de quelques jours,
selon que le soleil est plus ou moins ardent, on le rassemble en tas auprès du fourneau où l'on doit le faire
brûler. La construction de ces fourneaux est très-simple ; ce sont des espèces de plate-formes, peu élevées,
faites en pierre sèche, à la surface desquelles on pratique un certain nombre de cavités circulaires d'environ
14 pouces de profondeur sur 2 pieds de diamètre, et
dont le fond est plat et un peu moins large que l'ouverture. En général, on fait trois ou quatre de ces
fourneaux dans le même âtre ou plate-forme, et on
étend dessus le varec desséché pour le faire brûler. La
flamme devient bientôt très-vive, et on a soin d'entretenir la combustion avec de nouvelles quantités de varec ;
quelquefois on voit en même temps un grand nombre

de ces feux sur les différentes îles Chausey; l'effet qui
en résulte vers la brune est très-pittoresque; mais
pendant le jour on n'est frappé que par l'épaisse fumée qui s'en dégage et qui répand au loin une odeur
fort désagréable. A mesure que le varec brûle, les
cendres qu'il forme tombent dans les fourneaux et y
éprouvent une fusion incomplète; les bareilleurs se
servent d'une espèce de grand râteau en fer pour le
remuer et rendre la combustion plus parfaite; enfin,
les cendres se figent dans les fourneaux et constituent
des espèces de gâteaux circulaires qu'on appelle des
pains de soude brute, et que l'on distingue dans le
commerce sous le nom de soude de varec ou de Normandie. De toutes les cendres obtenues par la combustion des plantes maritimes, celles-ci sont les moins
riches en carbonate de soude; elles en contiennent
même à peine, et sont formées en majeure partie
par du sel marin, du sulfate de potasse et du chlorure
de potassium; on y trouve aussi un peu d'iodure de
potassium (1). Les bareilleurs calculent que la combustion de cent civiérées (2) de varec desséché, pesant
250 livres chacune, fournit à peu près un tonneau de
cendres, c'est-à-dire, un peu moins du treizième de
son poids.

L'extraction de la soude n'est pas le seul but dans
lequel on récolte le varec; les diverses plantes marines

*Usage du
varec comme
engrais.*

(1) Voyez pour l'analyse des cendres de varec le mémoire que M. Gay-
Lussac vient de publier sur l'essai des potasses du commerce. (Annales de l'industrie française, etc., mars 1829.)

(2) On donne ce nom à la charge que contient le brancard ou civière dont
on se sert pour transporter le varec.

que l'on désigne généralement sous ce nom ou que l'on
appelle encore communément *goëmon*, sont très-recherchées des agriculteurs pour engraisser les terres.
Nous avons vu des bâtimens venir de Jersey pour en
prendre des chargemens, et tout le long de la côte
du continent située vis-à-vis des îles Chausey, un
grand nombre d'hommes sont occupés à le recueillir,
à le faire sécher et à le transporter vers l'intérieur.
Lorsque la mer a été violemment agitée par les tempêtes, des masses de varec sont jetées sur la plage,
et à la basse mer les paysans ne manquent pas de
venir le recueillir ; quiconque le veut, peut alors
s'en emparer ; mais il n'en est pas de même pour la
coupe de celui qui croît sur les rochers. Ces rochers
sont regardés comme la propriété des communes sur
le littoral desquelles ils sont situés, et le goëmon ne
peut y être récolté que par les habitans respectifs de
chacune d'elles. L'époque à laquelle la coupe en est
permise, est réglée chaque année par l'autorité muni-
cipale ; elle dure quelques jours seulement et a lieu,
en général, vers la fin de mars ou au commencement
d'avril. Après l'expiration du temps fixé pour cette
récolte, elle est défendue sous peine d'une amende
de 50 fr., et ce sont les douaniers qui sont chargés
d'arrêter tout contrevenant à cette disposition. Entre
Granville et le village de Genest, situé vers le sud, où
la côte est rocailleuse, on trouve une quantité considérable de ces plantes marines, mais elle n'est pas assez
grande pour qu'on l'emploie à la fabrication de la
soude ; tout ce qu'on en récolte est consacré à l'agriculture. En général, les cultivateurs emploient cet
engrais pour les ensemencemens de mars ; aussitôt

après l'avoir recueilli sur la grève, ils le répandent sur la terre qui a déjà reçu un premier labour, et quand ils l'ont laissé dans cet état pendant une quinzaine de jours, ils labourent de nouveau pour semer.

Nous avons vu que les barcilleurs de Chausey se servent presque exclusivement du varec à grosses vésicules pour la préparation de la soude; les paysans de l'Avranchin préfèrent comme engrais l'espèce qui en est privé. L'usage de cet engrais augmente beaucoup la fertilité de la terre, mais il a le désavantage de communiquer à certains produits un goût désagréable; pour éviter cet inconvénient, il faudrait peut-être transformer toujours le varec en terreau avant que de l'employer; en effet, dans les îles d'Oléron et de Ré, où l'on se sert quelquefois de varec pour fumer la vigne, le vin qu'on récolte conserve l'odeur de cette plante; mais cet effet n'a plus lieu lorsqu'on le laisse d'abord se décomposer en terreau (1).

Quelques cultivateurs préfèrent les cendres de varec à la plante elle-même, et le font brûler sur les bords de la mer pour s'en servir ensuite comme engrais. La fumée qui en résulte est très-désagréable pour les habitans des lieux circonvoisins; l'odeur des feux de varec allumés aux îles Chausey par les barcilleurs est quelquefois perceptible à Granville, dont elles sont éloignées d'au moins deux lieues et demie; mais rien ne peut motiver le préjugé qui existe chez les habitans même les plus éclairés, que cette fumée est très-

---

(1) CHAPTAL, Traité sur les vins, Annales de Chimie et de Physique, première série, t. XXXV, p. 273.

Préjugés
relatifs à la fu-
mée de varec. nuisible non-seulement à la santé des hommes et des
animaux, mais aussi à la culture des céréales ; c'est en
raison de ce préjugé qu'il est défendu, sous peine d'a-
mende de 5o francs, de faire brûler du varec sur cette
partie de la côte toutes les fois que le vent souffle
vers la terre. Granville n'est pas le seul endroit où
cette opinion existe ; elle date même de très-loin,
car elle occasiona, il y a plus d'un demi-siècle, un
procès important. La nature des localités s'opposant
à l'emploi du varec comme engrais dans le voisinage
de Fécamp, les habitans riverains du pays de Caux
avaient obtenu, en 1739, la permission de s'en servir pour l'extraction de la soude ; mais au bout de
quelques années cette exploitation fit naître des
plaintes très-vives ; on prétendit que la fumée qui
en résultait occasionait des maladies épidémiques, nui-
sait à toutes les espèces de grains pendant leur floraison, et portait un égal dommage aux arbres fruitiers.
L'affaire fut renvoyée au procureur-général du parlement de Rouen : ce magistrat, dans son réquisitoire,
considéra la fumée du varec comme une *vapeur pes-
tilentielle* qui désolait depuis quelques années les côtes
de la province, et, par un arrêt du 1o mai 1769, fit défendre la fabrication de la soude dans toutes les parties de la Normandie, excepté dans l'amirauté de
Cherbourg. Trop d'intérêts étaient froissés par cette
décision pour que les choses en restassent là, et les
représentations nombreuses adressées au Conseil dé-
terminèrent le contrôleur-général à consulter à ce
sujet l'Académie royale des Sciences. Ce corps savant
pensait bien que la fumée du varec n'était pas de nature à occasioner les accidens qu'on lui attribuait ; néan-

moins il crut devoir demander l'autorisation d'envoyer
des naturalistes sur les côtes, afin d'éclairer davantage la question. Le roi ayant autorisé cette démar-
che, l'Académie chargea trois de ses membres, Guettard, Tillet et Fourgeroux, de visiter divers points
du littoral, et de lui faire un rapport sur leurs
observations. Guettard explora les bords de la Méditerranée, et les deux autres académiciens se rendi-
rent sur les côtes de la Manche, où, après l'examen
le plus approfondi de tous les inconvéniens qu'on attribuait à la fabrication de la soude de varec, ils re-
connurent que ces reproches étaient entièrement dé-
nués de fondement (1). Ils portèrent aussi leur attention sur plusieurs autres points également intéressans;
mais ce serait nous éloigner de notre sujet que d'en
parler ici; nous aurons l'occasion d'y revenir par la
suite.

La récolte du varec, qui se fait d'une manière si Récolte du
active à Chausey, a lieu aussi dans presque toute la varec sur la
côte voisine.
longueur de la côte depuis Genest jusqu'au-delà du
cap la Hogue; mais c'est principalement à l'extrémité du promontoire formé par la portion nord
du département de la Manche, qu'on brûle cette
plante afin d'extraire la soude des cendres qu'elle
fournit. Près de la pointe de la Hogue, et notamment
au village de Saint-Germain-des-Vaux, cette industrie occupe un assez grand nombre d'ouvriers; il en
est de même de l'autre côté de Cherbourg aux environs

(1) Observations faites par ordre du Roi sur les côtes de la Normandie, etc.,
par MM. Tillet et Fourgeroux, dans les Mémoires de l'Académie royale
des Sciences, 1771.

5.

de Poqueville ; chaque année on fabrique, sur cette partie du littoral, 11 ou 1200 tonneaux de cendres de varec, dont la valeur est, terme moyen, de 60 fr. le tonneau. Il existe à Cherbourg deux raffineries de soude qui produisent environ 600,000 kilogrammes, dont la majeure partie s'envoie à Rouen, à Paris, dans la Flandre, ou dans les ports de la Baltique. Le résidu laissé par les cendres de varec, dont on a extrait les sels solubles, est encore employé comme engrais et se vend 1 fr. 20 cent. l'hectolitre.

Au-delà de Barfleurs, le varec disparaît presque entièrement pour se montrer de nouveau sur les côtes du département du Calvados, près de Mezy. A partir de là jusqu'à Armache, village situé à peu de distance de Bayeux, on en récolte pour les besoins de l'agriculture ; mais depuis ce point jusqu'à l'embouchure de la Seine, la côte en est complètement dépourvue ; on en trouve, au contraire, en grande abondance sur presque tout le littoral de la Bretagne, et, comme nous le montrerons plus tard, son exploitation, jointe à celle des autres engrais maritimes, constitue une branche importante d'industrie.

Exploitation du granite.

Le granite de Chausey est employé pour la construction du môle qu'on élève à l'entrée du port de Granville ; pendant notre séjour sur ces iles, il s'y trouvait beaucoup d'ouvriers occupés à l'exploiter. La plupart venaient des environs de Cherbourg et passaient environ six mois à Chausey, où ils avaient construit, pour s'y loger, quelques cabanes en planches ; mais les frais de l'extraction et du transport de ce granite étant trop élevés pour qu'on en fasse usage dans les constructions particulières, l'exploitation ne s'en fait pas d'une manière suivie.

Pendant les grandes marées, il arrive aux îles Chausey un nombre assez considérable de bateaux pêcheurs de Granville, Blainville et Saint-Malo. Les eaux de ce petit archipel sont assez poissonneuses, mais ce sont surtout les homards qu'on y trouve en grande abondance. Ainsi que nous le verrons par la suite, les procédés employés pour les prendre sont très-simples et consistent à placer au fond de l'eau, près des rochers habités par ces crustacés, un piège en osier qu'on appelle un casier, et dans l'intérieur duquel on met quelque appât.

D'après ce que nous venons de dire des îles Chausey, on peut penser qu'un séjour prolongé sur ces rochers ne pouvait nous être agréable qu'autant qu'il nous aurait promis pour nos travaux des avantages que nous ne pouvions espérer de trouver ailleurs. L'objet sur lequel nous désirions porter plus particulièrement notre attention, était l'anatomie et la physiologie des animaux réunis sous le nom de zoophytes. Tout ce que nous savions à l'égard de ces êtres singuliers excitait au plus haut degré notre curiosité; leur organisation peu compliquée soulève des questions ardues qu'on voudrait pouvoir résoudre, et c'est en eux que semblent commencer le mouvement et la vie. Pour les observer avec fruit, Chausey réunissait les conditions les plus favorables; la grande étendue de côtes rassemblées, pour ainsi dire, sur un même point; la diversité des localités, la solitude, la situation de la ferme où nous étions logés, et dont les murs sont presque baignés par la mer, étaient pour nous autant de circonstances très-avantageuses. En effet, sans employer notre temps à faire des courses éloignées, il nous a toujours été facile de rassembler, en quantités considérables, les animaux frêles et délicats que nous voulions étudier ; nous avons pu, afin de les mieux observer, établir en plein air et sur le rivage de grandes cuves ainsi que des viviers de diverses dimensions, et en y faisant arriver un courant continuel d'eau de mer, nous sommes parvenus à conserver en vie et pendant très-long-temps les espèces que nous y tenions captives. Enfin nous n'avions pas à craindre que la curiosité vint mettre obstacle à la réussite de nos expériences, et ces circonstances réunies nous ont rendu témoins de plusieurs des phénomènes les plus intéressans de la vie de ces animaux.

Recherches
sur les Ascidies
composées.

Les belles recherches de M. Savigny sur les Ascidies composées nous avaient fait désirer vivement d'avoir l'occasion d'examiner à l'état de vie ces êtres singuliers. Les rochers des îles Chausey en sont couverts ; aussi leur étude a-t-elle d'abord fixé notre attention, et les difficultés qu'elle nous a souvent présentées nous ont fait apprécier encore davantage les travaux de ce naturaliste.

Les espèces nombreuses d'Ascidies composées, que nous avons trouvées à Chausey, sont presque toutes nouvelles, et plusieurs ne peuvent se rapporter à aucun des genres de M. Savigny, tels qu'il les a caractérisés. Nous pourrions donc nous croire autorisés à les regarder comme des types de genres nouveaux ; mais nous pensons qu'il y aura moins d'inconvénient à modifier légèrement les caractères de ceux déjà existans, car la multiplicité des noms et des divisions nuit souvent aux progrès de la science.

Dans cette analyse succincte, l'espace nous manque pour rapporter toutes les particularités que nous a fournies l'étude anatomique de ces animaux agrégés, ou même pour indiquer les caractères propres à les faire distinguer.

Pendant que nous observions les Ascidies composées, sous le double rapport de la zoologie et de l'anatomie, nous avons eu aussi l'occasion d'examiner un des points les plus curieux de la physiologie de ces animaux.

Dans l'état actuel de la science, il est bien difficile de concevoir comment se propagent au loin un grand nombre d'êtres qui, fixés pour toujours sur un rocher ou sur tout autre corps, semblent ne pouvoir perpétuer leur espèce que dans le point où ils sont adhérens. Les observations que nous avons faites sur la génération et le développement des Ascidies composées nous paraissent de nature à jeter beaucoup de lumière sur cette question. En effet, au moyen de la loupe, et mieux encore à l'aide de l'excellent microscope que M. Amici a bien voulu laisser en notre possession, nous avons constaté que, lors de leur naissance, ces petits êtres diffèrent totalement de ce qu'ils deviennent plus tard. On sait qu'à l'état adulte, un grand nombre d'individus sont réunis plus ou moins intimement, et forment une seule masse, fixée d'une manière immobile à quelque corps sous-marin, disposition qui leur a valu le nom d'*animaux composés*. Quand ils naissent, au contraire, ils ne forment point partie de l'agrégat auquel appartient leur mère, et ne sont même pas unis entre eux. Chaque individu est solitaire et parfaitement libre ; mais ce qui est plus remarquable encore, c'est qu'alors ils sont doués de la faculté de se déplacer, qu'ils nagent avec rapidité à l'aide des mouvemens ondulatoires imprimés à une longue queue dont ils sont pourvus, et qu'ils paraissent se diriger de manière à éviter les obstacles qui s'opposent à leur passage. Souvent on les voit s'arrêter sur les parois du vase où ils sont renfermés, puis recommencer leur course comme s'ils cherchaient un point convenable pour y établir leur demeure. Enfin, après avoir joui pendant environ deux jours de la faculté de changer ainsi de place, ils se fixent et deviennent complètement immobiles ; si on les détache alors, ils ne reprennent plus de mouvement.

C'est ainsi que les Ascidies composées peuvent, lorsqu'elles sont très-jeunes, aller chercher un lieu favorable à leur développement. La plupart se réunissent à la masse d'où elles proviennent ; mais d'autres vont se fixer au loin pour fonder de nouvelles colonies, et y propager leur espèce.

Ces observations se lient à des découvertes importantes faites il y a près de cinquante ans par Cavolini, sur les Gorgonnes et divers Polypes, ainsi qu'aux travaux récens de M. Grant sur les éponges, et l'on sentira facilement combien l'ensemble de ces faits est de nature à nous éclairer sur l'histoire, non-seulement des Ascidies composées et des Polypes, mais aussi d'une foule d'autres animaux qui, à l'état adulte, sont fixés comme eux d'une manière immobile sur quelque corps étranger.

Ces différences dans la manière de vivre des Ascidies

composées, aux diverses époques de leur existence,
sont accompagnées de différences non moins grandes
dans leur forme extérieure et dans leur organisation.
Le jeune animal qui vient de naître ne ressemble en
rien à ce qu'il deviendra plus tard. Sa forme est régulière et symétrique; on distingue en avant trois émi-
nences qui paraissent percées d'autant d'ouvertures,
et on voit en arrière une queue effilée dont la longueur
varie suivant les espèces. Même avant que de se fixer,
il commence déjà à changer de figure; mais c'est après
qu'il est devenu immobile que ses métamorphoses sont
les plus remarquables; sa longue queue disparaît plus
ou moins complètement; son corps se déforme; l'abdomen devient distinct du thorax, et ce n'est que lorsqu'il a acquis une taille assez grande que son ovaire
commence à se montrer.

Les animaux connus sous le nom de Flustres nous
ont paru également mériter de fixer notre attention.
De Jussieu, Ellis, Cavolini et Spallanzani avaient déjà
étudié ces polypes singuliers, mais en les observant
seulement lorsqu'ils étendent hors de leurs cellules
leurs longs tentacules, et sans chercher à connaître
leur structure intérieure à l'aide de la dissection. D'a-
près cet examen superficiel, on avait été conduit à
regarder les Flustres comme des Polypes très-simples et semblables aux Hydres, c'est-à-dire, ayant pour
organe unique une couronne de tentacules surmon-
tant une cavité digestive creusée dans leur parenchyme,
et communiquant au dehors par une seule ouverture
qui aurait servi en même temps de bouche et d'anus.
Aussi, dans les ouvrages les plus récens et les plus
justement estimés, range-t-on ces animaux parmi les

Recherches
sur
les Flustres.

Polypes les plus simples, après les Hydres et les Sertulaires. Mais cette place est assez éloignée de celle
que les Flustres devraient occuper dans la série des
animaux sans vertèbres ; car l'anatomie de ces êtres
presque microscopiques nous a fait voir que leur structure était bien plus compliquée qu'on ne l'avait pensé.
En effet, on pourrait à quelques égards la comparer
à celle des Ascidies composées ; car, dans les Flustres,
ainsi que dans ces animaux, on trouve une première
cavité communiquant au dehors par une ouverture
garnie de tentacules plus ou moins développés, un
œsophage faisant suite à cette grande poche, un esto-
mac, un intestin recourbé sur lui-même, et venant
s'ouvrir sur les côtés de la première cavité, enfin un
ovaire fixé à l'anse que forme l'intestin.

Lorsque nous fîmes ces recherches sur l'anatomie
et la physiologie des Flustres, nous n'avions pas connaissance d'un très-beau travail que M. Grant venait
de publier en Angleterre sur le même sujet. Nous verrons par la suite que les résultats auxquels nous sommes
arrivés ne s'accordent pas entièrement avec les opinions émises par ce savant ; mais notre manière de
voir a été confirmée par les observations récentes
de M. de Blainville. Après la lecture que nous fîmes
à l'Académie des Sciences du résumé de nos recherches sur les animaux sans vertèbres, faites aux îles
Chausey, ce naturaliste annonça qu'il venait également
de constater sur les bords de la Méditerranée plusieurs
des particularités d'organisation que nous avions décrites chez les Flustres des côtes de la Manche (1).

(1) Séance du 6 octobre 1828. Voyez Résumé des Recherches sur les ani-

En comparant entre eux, comme nous l'avons fait ,
les diverses Ascidies composées qu'on range parmi les
Mollusques, et les Flustres dont on a fait des Polypes,
on verra que s'ils appartiennent à deux séries distinctes , ces deux séries sont contiguës, et que le passage
des uns aux autres est bien moins brusque que dans
beaucoup de grandes familles admises comme étant
très-naturelles ; mais ce n'est pas encore le lieu d'entrer dans tous ces détails.

L'organisation qui est propre aux Ascidies composées et aux Flustres se retrouve aussi , mais avec quelques modifications , dans certains Polypes nus. Nous
avons constaté que dans plusieurs Vorticelles il existe,
au fond d'une première cavité , un canal intestinal recourbé sur lui-même , et communiquant au dehors par
deux ouvertures ; mais ici il n'y a plus d'ovaire séparé
du tube digestif, et ce que nous avons été conduits à
regarder comme l'analogue de cet organe n'est qu'un
renflement de l'intestin, dans lequel on aperçoit un
mouvement semblable à celui qui a lieu dans l'ovaire
des Ascidies composées et des Flustres.

En étendant nos recherches aux autres Polypes marins, soit nus, soit à polypiers, nous avons constaté
que leur structure est bien différente de celle des animaux dont nous venons de parler.

Les uns ne nous ont offert qu'une cavité digestive
creusée dans leur épaisseur, ne paraissant pas avoir de
parois propres, et ne présentant qu'une seule ouverture ; chez d'autres , au contraire , nous avons re-

Observations sur quelques Polypes nus, etc.

maux sans vertèbres, faites aux îles Chausey, par MM. Audouin et Milne
Edwards (Annales des Sciences naturelles , t. xv , p. 5).

connu l'existence d'un tube alimentaire à parois
membraneuses, communiquant au dehors par son extrémité supérieure, et s'ouvrant inférieurement dans
une cavité intérieure où il est comme suspendu, et
où l'on voit aussi un certain nombre de filamens plus
ou moins contournés, et semblables à autant de petits
intestins. Le premier mode d'organisation se rencontre
dans les Sertulaires, dans certaines Vorticelles et dans
plusieurs autres Polypes figurés dans notre atlas. Le
second, que M. Cuvier avait déjà indiqué, nous a été
offert d'abord par les Alcyons à polypes ou Lobulaires,
et se retrouve encore dans les Gorgones, les Penna-
tules, les Verétilles, les Cornulaires, etc. Enfin la
comparaison de cette structure avec celle des Acalé-
phes fixes fait voir que tous ces animaux constituent
une série continue, et qu'ils se dégradent en présentant des modifications à peu près semblables à celles
que nous avons signalées entre les Ascidies, les Flustres, et quelques autres Zoophytes.

Recherches
sur les
Spongiaires.
Des êtres que la plupart des auteurs rangent également parmi les polypes, mais dont l'organisation est
toute différente, les Éponges, se trouvent aussi en
grande abondance aux îles Chausey. Nous en avons
étudié attentivement la structure au moyen du microscope, et en même temps que nous avons vérifié
l'exactitude de plusieurs observations intéressantes de
M. Grant, nous avons acquis des données nouvelles
dont on sentira l'utilité pour la classification de ces
corps singuliers qui, certainement, vivent d'une vie
tout animale, mais auxquels l'anatomiste serait tenté
de refuser l'animalité, parce qu'il ne distingue en eux
aucun organe qui puisse la caractériser.

Le genre Alcyon renfermait autrefois les Ascidies composées, les Lobulaires et une foule d'autres êtres qui n'avaient de commun qu'une consistance plus ou moins charnue et des formes mal déterminées. M. Savigny a étudié avec un soin minutieux la structure d'un grand nombre de ces animaux, et les a retirés du genre Alcyon; mais il en reste encore plusieurs qui ont conservé ce nom, et sur l'organisation desquels nous avons presque tout à apprendre. Nos recherches sur ce sujet feront voir que, dans quelques cas au moins, il n'existe pas plus de Polypes ou d'animaux semblables dans ces masses que dans les Éponges, et que les fonctions qu'ils exécutent sont du même ordre.

Des corps très-singuliers que nous avons trouvés fixés sur les rochers, à des profondeurs assez grandes, et dont toute la surface est recouverte d'une épaisse croûte siliceuse, doivent aussi être rangés dans la famille des Spongiaires. Leur tissu se compose de spicules de silice cristallisée dont la forme varie suivant les espèces, et d'une substance organique qui ne paraît être qu'un amas confus de globules d'une petitesse extrême. La forme des élémens qui constituent la croûte extérieure varie aussi; tantôt ce sont des spicules, d'autres fois des grains ovoïdes de matière siliceuse. Enfin, dans la plupart des espèces, cette croûte présente des ouvertures de deux ordres, en communication avec des canaux intérieurs; les unes, petites, servent à l'entrée de l'eau; les autres, d'un diamètre beaucoup plus considérable, ne livrent passage qu'aux courans qui sortent de la masse. Ces productions, qui tiennent à la fois de la nature organique et inerte,

nous paraissent devoir être réunies aux Géodies et
constituer un genre voisin des Éponges. Nous y reviendrons en exposant avec plus de détail nos observations sur ces corps.

Plusieurs naturalistes habiles ont cherché à constater
si les Éponges sont douées ou non de la faculté de se
contracter, mais les résultats de leurs observations
sont contradictoires. En étudiant les Éponges proprement dites, nous n'avons rien aperçu qui puisse
justifier l'opinion de ceux qui regardent ces masses
à peine animées, comme étant douées de contractilité.
Au contraire, nous avons reconnu que les observations de M. Grant étaient parfaitement exactes. Néanmoins Marsigli et Ellis ont peut-être réellement vu
les mouvemens qu'ils attribuent aux oscules des Éponges, mais seulement dans un genre voisin, celui des
Théties, et non dans les Éponges elles-mêmes. En
effet, dans ces corps singuliers dont le noyau est sili-
ceux, et dont la structure se rapproche de celle des
productions semi-spongiformes, semi-siliceuses, dont
nous venons de parler, il existe aussi à la surface des
ouvertures servant à l'entrée et à la sortie de l'eau.
Lorsque la Thétie est placée dans un vase rempli d'eau
de mer, et qu'on la laisse pendant long-temps parfaitement tranquille, on voit distinctement toutes ces ouvertures qui sont béantes, et on aperçoit les courans
qui les traversent. Mais si l'on irrite l'animal ou qu'on
le retire de l'eau pendant un instant, les courans se
ralentissent ou s'arrêtent, et les oscules, en se con-
tractant d'une manière lente et insensible, finissent par
se fermer presque complètement.

Excursions
zoologiques   Pendant notre séjour aux îles Chausey, tout notre

temps n'a pas été employé aux travaux anatomiques
et physiologiques dont nous venons de parler ; nous
nous sommes également occupés de recherches zoologiques, et ces rochers sont si riches en animaux, que
nous y avons recueilli plus de cinq cents espèces différentes. Nos premières courses furent consacrées à
l'exploration de la Grande-Ile, dont les côtes présentent des anfractuosités nombreuses. Son extrémité
orientale, qu'on nomme la Pointe-de-la-Tour, est
bordée par des rochers trop escarpés et trop battus
par les vagues pour recéler beaucoup d'animaux marins ; mais dans la petite anse appelée Port-Marie, qui
est située au sud, les rochers sont plus abrités et généralement détachés de la masse commune ; aussi en retournant les grosses pierres, y trouvions-nous un assez
grand nombre de sphéromes, et dans les petites
mares que la mer formait en se retirant, nous découvrions des milliers d'entomostracés. En continuant à
suivre la côte sud de l'ile, on rencontre bientôt une
seconde anse, plus profonde que la première ; c'est le
port Homard au fond duquel on voit les ruines du
vieux château ; lors des grandes marées, cette petite
baie assèche complètement et en creusant dans le sable
vaseux qui se trouve à quelque distance du rivage,
il est facile de se procurer en quelques minutes un
nombre prodigieux de Nephtys, de Lysidices, de Cir-
ratules, et d'autres Annélides qui y vivent ainsi que
certains Siponcles. Vers l'est, le port Homard est
borné par une chaine de rochers qui s'avancent très-
loin dans la mer, et au-delà la côte est formée par des
dunes de sable au pied desquelles les bareilleurs font
sécher leur varec, ce qui parait être une des causes

de la présence des légions de **Talitres** et d'**Orchesties**
qu'on y rencontre.

L'extrémité occidentale de l'île, qui en est la partie
la plus élevée et qu'on appelle Grosmont, est de
nouveau bordée par des rochers assez escarpés ; il est
probable qu'elle était jadis séparée du reste de l'île,
car elle n'y tient que par une langue de sable très-
étroite, peu élevée et renfermant une quantité énorme
de grosses patelles qui y sont enfouies, et qui sont
analogues à celles qui vivent aujourd'hui sur ces rochers. Au nord de cette petite ligne de dunes, est une
anse profonde qui est remplie de vase et qui se trouve
séparée par un groupe de rochers du port du Sond,
autre anse sablonneuse près de laquelle est située la
ferme dont nous avons déjà parlé. En y pêchant à
mer basse avec de petits filets traînans, nous fûmes
surpris du nombre immense de petits crustacés du genre
Mysis que nous y trouvâmes et qui nageaient par bandes.
Près de là nous vîmes aussi beaucoup d'Orchesties et des
quantités innombrables de coquilles du genre **Turbo**.

Dans les marées ordinaires, la plupart des îlots du
petit Archipel Chausey restent toujours environnés
d'eau ; mais lors des grandes marées qui ont lieu
après chaque nouvelle et pleine lune, la mer, comme
nous l'avons dit, se retire si loin, qu'une grande partie
de ces îles sont réunies entre elles, et qu'on peut traverser à pied des grèves immenses et se rendre sur
presque tous les écueils. Dans une des excursions éloignées que cette circonstance nous permit de faire,
nous nous dirigeâmes vers les îles les plus occidentales,
en suivant d'abord la côte nord de la Grande-Ile. La
première partie de notre course fut assez pénible à

cause de la grande quantité de vase qui se trouve accumulée dans cette portion du Sond, et nous n'y rencontrâmes guère que quelques Annelides et des Bernard-l'Hermite traînant avec eux des coquilles du buccin ondé, sur lesquelles étaient, en général, fixées des Actinies. Dans quelques points, la surface de cette plage était couverte d'une herbe maritime que les botanistes désignent sous le nom de *Zostera marina*, et alors nous y trouvions, en grande abondance, une petite Cérite et des Rissoas de diverses espèces. Après avoir dépassé Gros-Mont, nous arrivâmes à l'île de la Genêtaie qui ne présente rien de remarquable, et nous nous trouvâmes ensuite sur un grand banc de sable qu'il nous fallut traverser pour gagner l'île de la Meule ; on voit dans les parties basses de cette plage, là où il reste toujours quelques filets d'eau, un grand nombre de tubes de Térébelles dont l'extrémité frangée s'élève au-dessus du niveau du sol ; du reste, on n'y rencontre que peu d'animaux.

L'île de la Meule est entourée, à une grande distance, par des écueils peu élevés qui couvrent presque toute la surface du fond ; on y trouve, comme sur la grande île, une fontaine d'eau douce et quelques restes de fondations que l'on croit avoir fait partie de l'ancien monastère de Chausey. Les roches y sont granitiques comme dans les autres îles.

Enfin, en continuant notre route vers l'ouest, nous arrivâmes à un chenal étroit qui sépare l'île de la Meule de celle des Oiseaux ; il y restait environ deux pieds d'eau courante et on y voyait une très-grande quantité de fragmens de rochers de diverses dimensions. Cette localité nous paraissant mériter d'être

explorée avec soin, nous entrâmes dans le chenal et
nous commençâmes à retourner les pierres et à examiner avec soin celles que nous ne pouvions renver-
ser. Bientôt les fruits que nous recueillîmes de ces
recherches dépassèrent ce que nous pouvions en espérer. A chaque instant nous découvrions des masses
énormes d'Ascidies composées ornées des couleurs les
plus vives, des Éponges d'espèces variées, des Doris,
des Pleurobranches, des Planaires, des Eolides, des
Sigarets, et des Actinies; souvent nous rencontrions
des espèces de voûtes formées par des quartiers de
rochers, inclinés les uns sur les autres, et dont les
parois étaient complètement couvertes par une quantité
énorme d'Ascidies simples, de Lobulaires, de Téthies,
et d'Alcyons, qui y étaient suspendus. Un peu plus loin
nous trouvions de ces énormes globes verdâtres qui
pendant long-temps ont été confondus avec les Zoophytes, sous le nom d'Alcyon bourse, mais qui appartiennent réellement au règne végétal ; sous d'autres
pierres se cachaient de longues Phyllodocés de la plus
belle couleur verte, des Polynoés brunâtres, des Cla-
vellines transparentes ; enfin, une foule d'animaux les
plus divers et les plus curieux. Ce lieu, qui, de tous
ces parages, est peut-être le plus riche en animaux,
devint souvent le but de nos excursions, et jamais
nous n'y retournions sans en rapporter quelque espèce nouvelle : aussi est-il probable que plusieurs ont
échappé à nos recherches, et si quelque zoologiste
visite les îles Chausey, nous ne pouvons trop l'engager à se faire conduire à ce chenal que les pêcheurs
connaissent sous le nom de *Sacaviron*.

Dans une autre excursion nous avons visité les ro-

chers situés au nord du Sond, et nous y avons trouvé
aussi un grand nombre d'Ascidies, soit simples, soit
composées, des Éponges, des Annelides, des Mollusques et des Crustacés assez variés, mais en moins
grand nombre que dans le chenal dont nous venons
de parler. Les matelots qui nous accompagnaient
firent aussi une pêche abondante en poissons; quelques-uns, en retournant, à l'aide de leviers, les quartiers de roches détachés, prirent une quinzaine de
Congres, dont plusieurs étaient d'une grande taille.

Ces espèces de Murènes sont très-communes dans
toute cette partie rocailleuse de la Manche, et jadis
ils étaient l'objet d'un commerce assez important, car
ce poisson était alors beaucoup plus estimé qu'aujour-
d'hui (1). Pendant le moyen âge, les pêcheurs basques
venaient sur les côtes de la Bretagne pour le préparer
au sec, comme on le fait encore aujourd'hui près de
Brest, lorsque la guerre empêche nos marins de se
rendre à Terre-Neuve pour y pêcher la morue (2).
Pour donner une idée de l'abondance des Congres dans
les eaux des îles Chausey, nous ajouterons que sous
Edouard II on percevait un droit d'un sou tournois
sur chacun de ces poissons du poids de dix livres, pêchés dans la baie du Mont-Saint-Michel ou autour de

(1) Noël de la Marinière, qui a appelé l'attention sur ces faits relatifs à
l'histoire des pêches pendant le moyen âge, nous apprend aussi que pendant
le treizième siècle le Congre était servi sur la table des rois d'Angleterre, et
que les baillis de Bristol étaient chargés d'en approvisionner la cuisine du
souverain.

(2) Dans une autre occasion, l'un de nous se propose de traiter plus au long
de la pêche du Congre Lieu, etc., que l'on fait sécher de la sorte sur divers
points de nos côtes, mais principalement dans le quartier maritime du Conquet,
près de Brest.

l'île de Jersey, et que ce léger impôt produisait chaque
année une somme de dix mille livres tournois.

Un petit voyage vers le nord du groupe des îles
Chausey, et d'autres excursions, nous ont fourni un
assez grand nombre d'espèces d'animaux marins que
nous ne possédions pas encore. Aux Hugenans, nous
avons trouvé sur les herbiers l'Aphrodite hispide dont
l'existence n'avait été signalée jusqu'ici que dans la
Méditerranée. Les rochers voisins de ces îles nous ont
procuré aussi une très-jolie espèce d'Actinie dont le
disque buccal est orangé et les tentacules blancs, diverses espèces de Flustres, enfin des Porcelaines, des
Haliotides et des Patelles, plus grosses que partout
ailleurs.

Il serait trop long d'énumérer ici tous les animaux
sans vertèbres que nous avons recueillis à Chausey.
Nous aurons l'occasion d'y revenir par la suite ; mais
ce que nous venons de dire suffira pour donner une
idée de leur grande abondance et de l'intérêt qu'offre
aux naturalistes ce petit archipel.

CHAPITRE III.

Troisième voyage sur les côtes de la Manche. — Coup-d'œil sur le département d'Ille-et-Vilaine. — Séjour à Saint-Servan. — Excursions à Césambre et aux diverses îles de la rade de Saint-Malo, à l'île des Ebiens et au cap Fréhel, à Cancale, au Mont-Saint-Michel et à Avranches. — Emploi de la Tangue. — Salines de l'Avranchin; retour à Granville.

Dans nos précédens voyages sur les côtes de la Manche, nous avions plus particulièrement eu en vue l'étude anatomique et physiologique de certains animaux qui habitent ces parages, ainsi que l'exploration zoologique d'une localité qui put nous servir de point de départ et de comparaison pour les travaux que nous comptions entreprendre ensuite sur une étendue plus considérable du littoral. Les lieux qui, d'après un examen attentif, nous avaient paru les plus favorables à ces travaux, étaient, sans contredit, Granville et les îles Chauseÿ, et le séjour que nous y avons fait nous a prouvé que nous ne nous étions pas trompés dans nos conjectures. Mais dans le troisième voyage, que nous commençâmes au mois de juillet 1829, nous voulions étendre davantage le champ de nos recherches et visiter toute la côte comprise entre Granville et le cap Fréhel, de manière à pouvoir lier nos observations

précédentes avec celles que nous fournirait l'exploration attentive de la baie du Mont-Saint-Michel et de
Cancale, de Saint-Malo et des divers îlots de sa rade,
de la rivière de la Rance, de la côte de Dinard, de
l'île des Ébiens, de la baie de la Frenaye, et enfin du
cap avancé de Frehel.

Une circonstance très-heureuse est venue favoriser
ce projet; un des membres les plus distingués de
l'Académie des Sciences, M. Beautemps-Beaupré, qui,
cette année, a entrepris dans la Manche des travaux
hydrographiques, que leur importance et leur exécution placeront à côté de ceux qu'on doit déjà à son talent et à son zèle infatigable, ayant eu connaissance du
plan de nos recherches, a bien voulu les aider de tout
son pouvoir, et son obligeance à nous servir nous a
été si utile, que sans elle nous n'aurions pu qu'ébau-
cher imparfaitement la description des espèces nombreuses et variées qui peuplent les rochers de cette
côte. A l'aide des secours qui nous ont été généreusement fournis par ce savant, il nous a été facile, lorsque le temps n'y a pas apporté d'obstacle, de nous
transporter sur les principales îles et sur les nombreux
écueils, qui se découvrent à basse mer; nous avons pu,
non-seulement recueillir les animaux qui les habitent,
mais quelquefois il nous a été possible de les étudier sur
les lieux, et de déterminer les diverses profondeurs,
et en quelque sorte les régions où ils se tiennent,
ainsi que la nature des fonds qu'ils semblent préférer.
Des excursions au large nous ont permis de draguer
ou de sonder, pendant des journées entières, sur des
fonds qu'on n'avait sans doute jamais explorés; nous
nous sommes procuré ainsi des espèces qui vivent

loin du rivage, et nous avons acquis des connaissances
assez précises sur la formation et la destruction successives des bancs d'huîtres, ainsi que sur leur étendue
et leur position. Tels sont les services dont nous sommes
redevables à l'intérêt que M. Beaupré porte aux sciences ; il nous tardait de lui en exprimer publiquement
toute notre reconnaissance.

Dans nos premiers voyages, nous nous étions arrê-
tés dans le département de la Manche ; dans celui-ci,
nous avons continué notre route vers le département
de l'Ille-et-Vilaine, et nous sommes allés nous établir
à Saint-Servan.

Le département d'Ille-et-Vilaine est situé, comme
on le sait, au sud-ouest de celui de la Manche, dont il
est séparé par le Couesnon, petite rivière qui formait
autrefois la limite entre la Normandie et la Bretagne.
Son étendue est plus considérable que celle de ce dernier département, car on y compte environ 681,977
hectares ou 347 lieues carrés, tandis que la superficie
du département de la Manche est évaluée à environ
600,000 hectares ; mais l'étendue de ses côtes est comparativement très-petite ; en effet, la majeure partie
de cette division territoriale est située loin des bords de
la mer (1) : aussi n'en dirons-nous que peu de mots.

La population des divers départemens de l'ancienne
Bretagne est assez considérable (2) : on y compte envi-

(marginalia: Coup-d'œil sur le département d'Ille-et-Vilaine.)

(marginalia: Population.)

_____

(1) Dans le département d'Ille-et-Vilaine, le développement des côtes, comparativement à la superficie totale du sol, est de 156 mètres par lieue carrée,
tandis que dans celui de la Manche ce rapport est de 722 mètres par lieue
carrée. (Voyez les tableaux statistiques de MM. Villot et Villermé, Bulletin des
sciences géographiques, etc., t. vi.)

(2) Cette ancienne province de la France est divisée aujourd'hui en cinq
départemens, le Finistère, les Côtes-du-Nord, le Morbihan, l'Ille-et-Vilaine et
la Loire-Inférieure.

ron 700 habitans par 1000 hectares de terrain, tandis
que le terme moyen pour la France entière ne s'élève
guère au-dessus de 600 pour la même étendue de sol.
Le département du Morbihan est la partie de cette
province qui est la moins peuplée ; on n'y trouve
que 599 habitans par 1000 hectares de superficie ;
celui d'Ille-et-Vilaine en offre, au contraire, 811, et
se place sous ce rapport en première ligne. La population y est cependant encore moins dense qu'en Normandie (1), le terme moyen pour cette province étant
de 919 habitans par 1000 hectares de terrain ; et dans
le département de la Manche, comme nous l'avons
déjà dit, ce nombre est au moins de 1013 (2).

La répartition de la population n'est pas la même
dans ces deux provinces limitrophes ni dans les différentes divisions départementales qui les composent.
Ainsi, dans la Bretagne, en même temps que les habitans sont en nombre moindre que dans la Normandie, l'agglomération relative de la population augmente ; les communes de moins de 5,000 âmes, c'est-
à-dire toutes les campagnes et les très-petites villes, ne
renferment que les $\frac{604}{1000}$ de la population totale, tandis que dans la Normandie ces mêmes communes contiennent les $\frac{714}{1000}$ de ce total. Si la concentration de la
population dans les villes était occasionée par un grand
développement du commerce et d'industrie manufacturière, elle contribuerait à accroître les richesses du pays

(1) On sait que l'ancienne Normandie est comprise dans les départemens de
Seine-Inférieure, de la Manche, du Calvados, de l'Eure et de l'Orne.

(2) Il paraîtrait même que cette estimation est au-dessous de la réalité, car
la superficie du département de la Manche est moins grande qu'on ne le croyait
(voyez p. 10). Mais afin de ne présenter ici que des données parfaitement comparatives, nous avons cru devoir l'adopter comme étant établie sur les mêmes
bases que celles des autres départemens dont nous parlons.

et serait un signe de prospérité plus grande; mais, comme nous le verrons bientôt, il n'en est pas ainsi, et dans la Bretagne cette agglomération est souvent une des causes qui tendent à augmenter la pauvreté des campagnes. Quant à la répartition de la population dans les divers départemens dont nous parlons ici, on pourra s'en former une idée par le tableau suivant :

Tableau de la répartition de la population dans les départemens des anciennes provinces de Bretagne et de Normandie (1).

NOMS des DÉPARTEMENS.	SUPERFICIE du DÉPARTEMENT en hectares.	POPULATION totale du DÉPARTEMENT.	NOMBRE d'habitans dans les communes de moins de 5000 âmes.	NOMBRE d'habitans dans les communes de plus de 5000 âmes.	NOMBRE TOTAL d'habitans par 1000 hectares de superficie.	NOMBRE des habitans des communes de moins de 5000 âmes par 1000 hectares de la superficie totale du département.	RAPPORT de la population des communes ayant plus de 5000 âmes à la population totale.
Finistère	693,384	502,851	420,256	82,595	725	606	16 sur 100.
Côtes-du-Nord. .	744,074	581,684	524,498	57,186	795	718	9
Morbihan. . . .	712,587	427,453	364,225	63,128	599	511	14
Loire-Inférieure.	706,285	457,090	349,768	107,322	647	495	23
Ille-et-Vilaine. .	681,977	553,453	474,109	79,344	811	693	14
Terme moyen.	»	»	»	»	715	604	15
Manche.	602,981	611,206	555,461	55,745	1,013	921	9
Orne.	645,676	434,379	398,030	36,349	672	616	8
Calvados. . . .	570,427	500,956	408,761	92,195	878	716	18
Eure.	623,283	421,665	385,482	36,183	676	618	8
Seine-Inférieure.	593,810	688,295	512,717	175,478	1,158	848	25
Terme moyen.	»	»	»	»	919	743	11

(1) La population des divers départemens mentionnés dans ce tableau est celle indiquée dans l'ordonnance du Roi du 15 mars 1827. (Voyez l'annuaire du bureau des longitudes, 1830). Les chiffres des deux colonnes indiquant le nombre d'habitans des communes ayant plus ou moins de 5000 âmes, sont extraits du rapport au roi sur l'administration des finances, fait le 15

Nature du sol.   De même que dans le département de la Manche, le
sol est ici presque entièrement formé de roches primitives, et notamment de Gneiss, de Granite et de Micaschiste ; les terrains calcaires ne se montrent que dans
quelques points, tels que les environs de Rennes, de
Bécherel, etc.

Bois, etc.   Le terrain est en général inégal et entrecoupé de
collines et de ruisseaux nombreux. On rencontre quelquefois des bruyères très-étendues et des marécages
considérables, mais le plus ordinairement le pays présente l'aspect d'une vaste forêt, car les champs sont
tous entourés de talus surmontés de haies épaisses
au-dessus desquelles s'élèvent des chênes ou des or-
meaux, et les bois eux-mêmes occupent plus de vingt
mille hectares (1), c'est-à-dire, environ la trente-qua-
trième partie de la superficie totale du sol ; les principales forêts sont situées à une assez grande distance de
la côte, et sont peuplées en majeure partie de chênes
et de hêtres (2).

mars 1830 par M. de Chabrol, un vol. in-4°, état n° 10 ; l'évaluation de la
superficie est extraite du rapport au roi sur les opérations du cadastre, 1817.
(Voyez l'atlas de MM. Perrot et Aupick.) Enfin les chiffres des trois dernières
colonnes sont le résultat de la comparaison de ceux rapportés dans les colonnes
précédentes.

   Lorsqu'il a été question, à la page 11, de la densité de la population dans
le département de la Manche, nous nous sommes servi de l'évaluation la plus
récente de la superficie de ce département ; mais ici, pour n'agir que sur des
élémens parfaitement comparatifs, nous avons cru devoir adopter le chiffre indiqué dans la seconde colonne, ce qui donne pour la cinquième colonne un
résultat plus faible que celui indiqué p. 11.

   (1) Petit Mémorial statistique, etc., des forêts, par M. Herbin de Halle.
Paris, 1824. Environ le tiers de ces bois (6,630 hect.) appartient à l'état ; un
second tiers (6,180 hect.) à la famille royale, et le reste à des particuliers, excepté 421 hectares qui sont la propriété des communes, etc.

   (2) Les plus considérables sont celles de Liffré et de Rennes, situées dans

Le sol est peu fertile et l'agriculture moins avancée *Agriculture.*
que dans la Normandie ; la culture n'occupe qu'envi-
ron la moitié de la superficie du département, et chaque année une grande partie de ces terres reste en
jachère ; aussi les produits ne suffisent-ils pas aux besoins
des habitans. Ainsi que cela se pratique dans le département de la Manche et dans toute la Bretagne, on
sème ici beaucoup de blé noir ou sarrasin (1) ; et, en
effet, le terrain maigre et argileux de la plupart des
cantons lui convient fort bien. Le froment était très-
rare il y a un siècle, mais depuis quelques années on en
cultive beaucoup dans les arrondissemens de Montfort,
de Rennes, et surtout dans celui de Saint-Malo, qui
est la partie la plus fertile de tout le département.
Les cantons de Redon et de la Guerche, situés dans
la partie méridionale du département, sont ceux où
les récoltes de seigle sont les plus abondantes. Enfin,
l'avoine des environs de Château-Giron, et principalement de Fougères, est très-estimée.

Le tableau suivant des produits de la récolte de
1828 donnera une idée précise de l'importance des

l'arrondissement dont cette dernière ville est le chef-lieu ; de Saint-Aubin-du-
Cormier et de Fougères, dans l'arrondissement de Fougères ; du Guerche et du
Puerte, dans l'arrondissement de Vitré, et de Paimbœuf, dans celui de Montfort. Cette dernière est une des plus vastes de toute la Bretagne, et s'étend dans
la portion voisine du département du Morbihan ; on y compte 10,200 hectares, et elle renferme dans son intérieur de grandes plaines, de nombreux
étangs et plusieurs établissemens d'industrie, tels que des forges et des hauts-
fourneaux. C'est l'ancienne forêt de Brécilien ou Broceliande, célèbre dans
l'histoire de l'enchanteur Merlin.

(1) La culture du sarrasin fut introduite dans cette partie de la Bretagne au
commencement du 16e siècle. (Statistique du département d'Ille-et-Vilaine, par
M. Borie, p. 28.)

diverses branches de la culture des céréales ; elle a
donné environ

1,200,000 hectolitres	de sarrasin.
710,000	de froment.
700,600	d'avoine.
650,000	de seigle et méteil.
140,000	d'orge.
5,500	de maïs et millet (1).

Les assolemens sont, en général, de trois ans ; dans
la première année on sème du sarrasin ; dans la seconde, du froment, du seigle et du méteil ; et dans
la troisième année, de l'avoine ou de l'orge. La terre
est ordinairement laissée en repos pendant la quatrième
année ; souvent elle reste même en jachères pendant
plusieurs années. La récolte du froment et du seigle
se fait, en général, avec la faucille, et quelque temps
après on fauche le chaume, qu'on a laissé très-haut,
pour en faire de l'engrais ; car le fumier des étables
ne suffit pas aux besoins de la terre, et la difficulté des
communications empêche de transporter au loin, dans

(1) Ces chiffres sont extraits du Dictionnaire des communes du département
d'Ille-et-Vilaine, par M. Girault de Saint-Fargeau, in-8°. Paris, 1829.

D'après M. Chaptal, la récolte ordinaire était, il y a une quinzaine d'années,

De 1,090,020 hectolitres	de sarrasin.
619,500	de froment.
638,000	d'avoine.
450,210	de seigle et méteil.
100,870	d'orge.
4,100	de maïs.

La comparaison de ce tableau avec celui de la récolte de 1828 porterait à
croire qu'il existe une augmentation dans les produits ; mais ce tableau donnant
le terme moyen de la récolte de plusieurs années, on ne saurait rien conclure
de cette différence. (De l'industrie française, t. II, p. 172.)

l'intérieur du département, les engrais précieux que fournissent les bords de la mer (1).

La culture de la pomme de terre commence à s'étendre, mais elle est loin d'avoir acquis tout le développement désirable ; car, en 1828, on n'en a récolté qu'environ 32,000 hectolitres. Quant aux légumes secs, leur produit est peu élevé ; il ne monte annuellement qu'à environ 3,800 hectolitres (2). Le châtaignier est, au contraire, un objet important de culture ; les paysans se nourrissent en partie des fruits de cet arbre, et il s'en exporte annuellement une quantité assez considérable (3). Dans la partie méridionale du département on voit quelques vignes (4) ; mais

(1) Autrefois on employait beaucoup le sel marin pour fertiliser la terre, mais depuis que cette substance a été frappée des taxes énormes qu'elle supporte encore aujourd'hui, on a été obligé d'en abandonner l'usage comme engrais. C'est une des causes des plaintes vives et continuelles qu'excite dans toute la Bretagne l'impôt sur le sel. « L'élévation de cet impôt, dit-on, a frappé de stéré-« lité les campagnes, réduit le commerce des bestiaux et appauvri les laboureurs « qui, malgré les privations qu'ils s'imposent, sont cependant forcés de con-« sommer une grande quantité de sel par la nature même des alimens dont ils « se nourrissent. » (Analyse des procès-verbaux des conseils-généraux, 1821, p. 126. Voyez aussi le même recueil pour 1817, etc., et Borie, *op. cit.*, p. 33.)

(2) Dictionnaire des communes. Il y a quelques années la récolte des pommes de terre n'était évaluée qu'à 24,298 hectolit., et celle des légumes secs à 3,410. Voyez l'ouvrage déjà cité de M. Chaptal.

(3) Le châtaignier est plus ou moins répandu dans tout le département, mais il est plus abondant dans les cantons de Redon, Jangé, la Guerche, Vitré, Fougères, Antrain et Château-Giron. Pendant long-temps cet arbre, bien que négligé et sauvage, fournissait dans certains endroits plus de deux mois de subsistance, et depuis l'introduction de la pratique de la greffe en flûte, qui remonte à environ trente ans, les récoltes sont devenues bien plus abondantes et plus sûres. On voit souvent des champs consacrés exclusivement à la culture du châtaignier, qui y est planté en quinconce, et qu'on a appelé l'arbre à pain du département. (Voy. Essai sur la culture de la châtaigne, par M. Bertin. Rennes, in-8°. Statistique du département d'Ille-et-Vilaine, par M. Borie, etc.)

(4) En 1808, la vigne occupait dans ce département 115 hectares, et fournissait 7791 hectolitres de vin. (M. Chaptal, *op. cit.*, t. II, p. 177.)

le peu de vin qu'on y fait est d'une qualité très-mé-
diocre. Le pommier, introduit dans ce département
il y a environ trois siècles, rapporte peu lorsqu'il est
resserré en vergers, et demande à être espacé convenablement sur un fonds en culture ; il y nuit beaucoup aux céréales ; cependant la plupart des champs
sont traversés par plusieurs rangées de ces arbres, et
sur deux fermes, égales d'ailleurs, dont l'une en est
bien garnie et l'autre dépourvue, la première se loue
au moins un quart de plus : on estime à 812,500
hectolitres la récolte annuelle de cidre qu'ils fournissent (1). La culture du lin et du chanvre occupe
un grand nombre de bras, et paraît susceptible de
prendre encore plus d'extension ; chaque année on
récolte dans le département environ 200,000 myria-
grammes de chanvre, et dans le canton de Dol, ce
produit est très-estimé. Le tabac, comme nous le verrons par la suite, est également une des principales
sources du revenu agricole des environs de Saint-Malo.

Chevaux,
bétail, etc.

La Bretagne est, après la Normandie, une des parties de la France où l'on élève le plus grand nombre
de chevaux. Dans le département d'Ille-et-Vilaine, ces
animaux sont l'objet d'un grand commerce ; on en
compte environ 62,000, dont la valeur moyenne est de
350 à 600 fr. (2). Le nombre des bêtes à cornes est aussi
très-considérable ; il s'élève à environ 164,000 (3), et
le beurre constitue un des principaux produits de plu-

(1) D'après M. Tessier, la quantité de pommes nécessaires pour faire un tonneau de petit cidre (en y mêlant de l'eau) est de 6 à 7 hectolitres, et le terme
moyen fourni par un bel arbre est de 3 hectolitres. (Annales de l'agriculture
française, t. 1.)

(2) Voyez le Dictionnaire des communes, par M. Girault de Saint-Fargeau.

(3) M. Chaptal a évalué de la manière suivante le nombre des bêtes à cornes

sieurs cantons de l'intérieur; celui des environs de
Rennes jouit, comme on le sait, d'une grande réputation. Cependant, en général, les prairies naturelles sont
assez pauvres, et c'est le long des rivières seulement
que l'on trouve de bons pâturages ; mais, depuis
quelques années, la culture de la luzerne et du trèfle
s'est beaucoup étendue dans quelques parties du département, et notamment aux environs de Saint-
Malo et de Dol. Enfin, dans les landes qui couvrent
environ un quart de la superficie du sol, on élève
une grande quantité de moutons, qui sont très-mal
soignés et d'une race abâtardie (1).

L'exploitation des richesses minéralogiques du sol   Mines.
constitue aussi une partie du revenu de ce département. Dans les arrondissemens de Montfort, Redon,
Rennes et Vitré, il existe plusieurs mines de fer abondantes et d'une exploitation facile ; depuis peu on a
découvert à Châteauneuf, près Saint-Malo, à Melesse,
arrondissement de Rennes, et dans plusieurs communes de l'arrondissement de Vitré, des mines de
houille; près de Château-Giron et de Pontpéan, on
exploite des tourbières, et il paraît qu'il serait facile
d'en tirer des marais de Dol. La partie méridionale
du département renferme aussi des carrières considérables d'ardoises.

L'industrie manufacturière n'est pas très-active dans

que possède ce département : taureaux, 3,756; bœufs, 11,693; vaches, 126,490;
génisses, 22,650 (*Op. cit.*, t. 1, p. 197). Dans l'ouvrage déjà cité de M. Girault
de Saint-Fargeau, leur nombre est évalué à plus de 200 mille. (Histoire nationale et Dictionnaire des communes du département d'Ille-et-Vilaine, p. 13.)

(1) On évalue à 88,520 kilog. la quantité de laine en suint que ces moutons
(tous de race indigène) produisent; mais elle est peu estimée. (M. Chaptal, *op.
cit.*, t. 1, p. 179.)

Manufactures. le département d'Ille-et-Vilaine; la fabrication des toiles
en est une des branches principales. Dans les cantons
où l'on cultive le chanvre, tels que ceux de Dol,
presque tous les habitans sont tisserands, et dans
les villes de Rennes et de Fougères, on confectionne
une grande quantité de toile de ménage, de toiles
à voiles, à emballage, etc. Dans cette dernière ville,
on fabrique aussi des flanelles très-recherchées qui
se teignent en écarlate. Ailleurs, dans plusieurs
communes de l'arrondissement de Montfort, par
exemple, on s'occupe spécialement de filature. Il
existe aussi dans le département un assez grand
nombre de tanneries dont les produits sont très-
estimés, des papeteries, des fabriques de poteries,
des forges, etc. Quant au commerce extérieur, il
se fait principalement par Saint-Malo, et nous aurons, par conséquent, l'occasion d'en parler bientôt.
Il en est de même pour les pêches qui contribuent
d'une manière puissante à la prospérité de tout le littoral.

Richesses.   La masse des richesses, soit territoriales, soit mobilières, est bien moins grande dans la Bretagne que
dans la Normandie; et lorsqu'on compare sous ce rapport les divers départemens qui composent ces deux
anciennes provinces, on observe une augmentation
rapide de prospérité de l'ouest vers l'est. C'est ce
que prouve le tableau suivant.

DÉPARTEMENS.	Part que charge l'habitant représente dans le total de chaque impôt.	REVENU TERRITORIAL				Produit moyen de l'hectare de terrain.	Rapport du revenu territorial à la population par habitant.	Rapport du nombre des taxes personnelle à la population totale.	Nombre relatif d'électeurs.	Nombre de maisons.	RAPPORTS DES PATENTES A LA POPULATION, sur 1000 habitants.			Taux du contingent en taxes mobilières et personnelles par habitant.
		SUIVANT LE CADASTRE.		Suivant le travail des commissaires spéciaux.	Évaluation moyenne.						Dans les communes de moins de 5000 âmes.	Dans les communes de plus de 5000 âmes.	Dans toutes les communes.	
		d'après le revenu moyen des cantons.	d'après le revenu moyen de l'arpent.											
Finistère	18 fr.	14,505,737	15,919,623	16,009,966	15,492,380	fr. 19 78	fr. c. 40 61	100 sur 901	1 sur 517 habit.	85,227	14	31	17	1 fr. 64
Côtes-du-Nord	14	17,572,340	19,388,128	19,500,000	18,855,189	22 68	52 43	973	709	114,839	13	38	15	0 61
Morbihan	15	14,646,564	16,631,780	18,900,000	18,276,983	20 20	56 79	770	630	81,183	16	27	18	0 94
Loire-Inférieure	21	16,192,448	18,959,719	19,100,000	17,980,731	23 89	87 50	748	417	93,692	19	43	23	1 20
Ille-et-Vilaine	17	18,815,689	18,451,439	21,000,000	19,351,729	26 40	74 92	742	482	129,381	18	30	20	0 89
Manche	19	25,760,000	37,680,335	51,000,000	33,136,733	50 59	64 91	786	446	126,534	16	63	22	1 13
Orne	21	20,684,540	20,758,961	22,000,000	31,146,857	22 22	48 44	888	410	108,492	12	68	26	1 63
Calvados	28	33,143,307	43,637,130	38,800,000	37,598,815	55 38	75 70	895	208	122,077	23	64	34	2 85
Eure	25	27,388,669	27,566,123	29,000,000	28,053,394	1 43	68 99	809	289	106,547	41	72	44	1 55
Seine-Inférieure	40	34,281,714	34,250,383	47,000,000	38,846,318	62 80	83 94	726	186	147,364	26	59	42	1 46

Les chiffres de la seconde colonne de ce tableau résultent de la comparaison de la population totale de ces départemens (voyez p. 89) avec le montant des contributions (tant en principal qu'en centimes additionnels, les douanes exceptées), payées par ces mêmes départemens d'après le tableau qui en a été publié dans le supplément statistique du journal le Temps, du 31 mai 1830; le nombre relatif d'électeurs est calculé d'après les tableaux de 1827, insérés dans la même feuille.

L'estimation du revenu territorial, d'après les travaux du cadastre et des commissaires spéciaux nommés à cet effet par le ministre des finances, ainsi que le tableau du prix moyen de l'hectare de terre, sont empruntés à l'ouvrage déjà cité de M. Chaptal. Quant au rapport du revenu territorial à la population, nous l'avons établi d'après le terme moyen fourni par les diverses évaluations dont il vient d'être question ; enfin les détails relatifs aux taxes personnelle et mobilière, ainsi qu'au nombre proportionnel de patentes, sont extraits du rapport au Roi sur l'administration des finances, par M. de Chabrol, mars 1830, états n° 6 et 10.

Lorsque, dans l'estimation comparative des richesses des départemens de la Bretagne et de la Normandie, on prend pour base la part que chaque habitant représente dans le total des impôts de toute espèce (la douane exceptée) que paient ces différentes divisions territoriales, on voit que le département des Côtes-du-Nord est le plus pauvre, et celui de la Seine-Inférieure le plus riche ; la différence est dans le rapport de 7 à 20, c'est-à-dire que dans ce dernier département il y aurait, d'après ce mode d'évaluation, presque trois fois autant de richesses que dans le premier. Le département du Calvados tient pour ainsi dire le milieu entre ces deux termes extrèmes, et les départemens de la Loire-Inférieure, de la Manche et d'Ille-et-Vilaine, viennent se placer par leur degré de richesses, aussi-bien que par leur position géographique, entre ceux du Calvados et des Côtes-du-Nord. La comparaison du revenu territorial montre une progression encore plus régulière et plus rapide dans les richesses à mesure que l'on avance du fond de la Bretagne vers l'est de la Normandie ; ainsi, dans le département du Finistère, le produit moyen de l'hectare de terre n'atteint pas 20 fr.; dans celui d'Ille-et-Vilaine, il dépasse 26 fr. ; dans le département de la Manche on ne peut l'évaluer à moins de 40 fr.; et dans celui de la Seine-Inférieure il s'élève à plus de 67 fr. L'examen du rapport qui existe entre la population et les richesses territoriales fournit encore un résultat analogue ; ainsi dans la Bretagne, la part que chaque habitant représente dans le total du revenu territorial est d'environ 17 fr.; tandis que dans la Normandie il est d'environ 27 fr., bien que dans cette dernière province la proportion des ri-

chesses mobilières soit aussi beaucoup plus forte ; en
effet, le commerce de toute espèce occupe ici beaucoup
plus de personnes que dans la Bretagne, et est une
source de prospérité bien plus grande. Pour en faire
juger, il nous suffira de dire que dans le département
des Côtes-du-Nord on ne compte que 15 patentés sur
1000 habitans ; que dans celui d'Ille-et-Vilaine leur
nombre s'élève à 20 pour une population égale, et que
dans les départemens de l'Eure et de la Seine-Inférieure, leur proportion est, terme moyen, de 43 sur
1000, c'est-à-dire presque le triple de ce que nous
avons vu dans le fond de la Bretagne. Il résulte aussi
des chiffres que nous avons rapportés dans le tableau
précédent, qu'à mesure que le nombre total des commerçans diminue, la proportion de ceux répartis dans
les petites villes et les villages s'affaiblit d'une manière
encore plus rapide ; c'est ainsi que dans le département
des Côtes-du-Nord il n'existe dans les communes ayant
moins de 5000 âmes que 13 patentés sur 1000 habitans,
tandis que dans celui de l'Eure on en compte 41 pour le
même nombre d'habitans. Enfin, pour donner une mesure aussi exacte que possible des richesses mobilières
dans ces divers départemens, nous avons rapporté ci-
dessus le taux par habitant du contingent des taxes
personnelles et mobilières, impôts dont la quotité est
calculée d'après l'évaluation des richesses qui ne dépendent pas du sol. Or, d'après ces données on voit
que la Bretagne ne possède guère plus des cinq hui-
tièmes des richesses mobilières de la Normandie.

Quelles que soient les bases d'après lesquelles nous
cherchons à connaître le degré relatif de richesse de ces
divers départemens, nous voyons donc toujours sur-

gir des résultats analogues. Mais dans la Bretagne la
masse de la population est, comparativement à celle
de la Normandie, encore plus pauvre qu'on ne le
croirait d'après ces chiffres ; car en même temps que
les richesses diminuent dans la première de ces provinces, leur concentration augmente. Pour s'en convaincre, on peut comparer les richesses avec le
nombre relatif d'électeurs qu'on y compte ; dans la
Normandie, sur 303 habitans, on trouve, terme
moyen, un électeur, c'est-à-dire un homme jouissant
d'une certaine aisance et contribuant aux richesses du
pays (tel qu'un propriétaire ou un commerçant des
classes moyennes ou élevées de la société), et dans la
Bretagne seulement un électeur sur 551 habitans. La
différence est dans le rapport de 183 à 100, tandis que
la proportion des richesses calculée d'après les impôts
est dans ces deux provinces seulement comme 158 est
à 100. La comparaison du nombre relatif d'habitans
qui paient des contributions personnelles dans ces dix
départemens conduit à un résultat analogue. D'après
les chiffres officiels rapportés dans la huitième colonne
du tableau précédent on voit que dans les départemens
du Finistère, des Côtes-du-Nord et du Morbihan, il
n'y a, terme moyen, sur 881 habitans, que 100 chefs
de ménage qui ne soient pas réputés indigens et
exempts comme tels de concourir d'une manière directe aux besoins pécuniers de l'état, c'est-à-dire environ 1 sur 9 ; dans les deux départemens de l'est de
la Bretagne, cette proportion devient comme 100 est
à 742, ou d'environ 1 sur 7 ½ ; enfin, dans la Normandie, elle est, terme moyen, de 100 sur 621, ou de
1 sur moins de 6 ¼.

L'instruction élémentaire est très-peu répandue Instruction.
dans le département d'Ille-et-Vilaine ; cependant l'i-
gnorance y est moins profonde que dans la plupart
des autres parties de la Bretagne. Dans un des chapitres précédens, nous avons vu que d'après les derniers recensemens des conscrits il ne s'en trouve,
terme moyen, pour la France entière, que 37 sur
100 qui savent lire et écrire, et que dans le département de la Manche ce nombre s'élève à 47. Ici, au
contraire, il est bien au-dessous du terme moyen, car
sur 100 conscrits on n'en compte que 25 qui possèdent ces connaissances élémentaires, qu'on croirait
si communes (1). Le tableau suivant donnera une idée
de l'état encore plus déplorable de l'instruction dans
les autres parties de la Bretagne.

(1) Dans la Normandie, on compte un écolier mâle sur 28,9 habitans, tandis que dans l'arrondissement de l'Académie de Rennes, qui comprend toute la
Bretagne, il n'y en a qu'un sur 96,8 habitans, proportion bien inférieure à celle
qui existe dans aucune autre partie de la France. (Voyez la Statistique comparée de l'état de l'instruction, etc., par MM. Balbi et Guerry.)

Tableau de l'état de l'instruction élémentaire parmi les conscrits de la classe de 1827 (1).

DEPARTEMENS DE L'ANCIENNE BRETAGNE.	Sachant lire et écrire	Sachant seulement lire.	Ne sachant ni lire ni écrire.
	sur cent.	sur cent.	sur cent.
Ille-et-Vilaine.	25	16	59
Côtes-du-Nord	15	7	77
Finistère	14	2	84
Morbihan	13	4	83
Loire-Inférieure	24	4	72
Terme moyen pour la FRANCE entière	37	6	57

Nous terminerons ici cette esquisse de l'état actuel du département d'Ille-et-Vilaine, pour nous occuper plus spécialement du littoral ; car, en y consacrant plus d'espace, nous craindrions de nous éloigner du sujet qui doit nous occuper, et qui se rattache surtout à l'histoire de nos côtes.

Environs de Saint-Servan et de Saint-Malo.

La ville de Saint-Servan, où, comme nous l'avons déjà dit, nous allâmes d'abord nous établir, touche presque à Saint-Malo, et est située à l'entrée de la Rance. Cette rivière n'est d'aucune importance et n'est point navigable au-delà de Dinan, qui est éloigné d'environ six lieues de la côte ; mais, vers son embouchure, sa largeur devient très-considérable, et elle présente sur l'une et l'autre de ses rives plusieurs anses profondes. Au-delà de Saint-Suliac, comme

(1) Les chiffres qui ont servi de base à ces calculs se trouvent dans l'état déjà cité p. 25.

nous le verrons par la suite, la Rance doit même être
considérée comme un bras de mer qui s'avancerait
dans l'intérieur des terres, plutôt que comme une rivière, et elle forme en se rétrécissant et en s'élargis-
sant une suite de bassins qui constituent autant de
ports ou de rades aussi commodes que sûrs. Le premier de ces bassins est séparé du second par une
espèce de presqu'île dont l'extrémité est très-élevée,
et porte le nom de Pointe-de-la-Cité ; on y jouit d'une
vue des plus étendues, et c'est de son sommet qu'on
peut se former le plus facilement une idée exacte de
la configuration du pays environnant.

Du haut de cette éminence, et en se tournant vers
le nord, on voit à ses pieds une anse vaste et profonde, ou plutôt un large bassin qui, vers la gauche,
est borné par la partie avancée de la rive opposée de
la Rance, qu'on nomme la Pointe-de-Dinard. Directement au nord de cette grande nappe d'eau, s'élève
Saint-Malo, dont les remparts, presque entourés par
la mer, laissent apercevoir derrière eux de belles
constructions en pierres de taille ; la ville couvre
l'extrémité d'une petite presqu'île, et ne tient au
continent que par une langue étroite de sable qui,
prolongée vers l'est, se continue avec la côte. A gauche de Saint-Malo, on aperçoit la grande rade à laquelle cette ville donne son nom ; elle se confond
avec l'embouchure de la Rance, et elle est séparée
de la haute mer par une enceinte de rochers et d'îlots
dont les plus considérables sont couronnés de fortifications. Du côté opposé, c'est-à-dire à l'est de Saint-
Malo, se trouve le port de cette ville, et à l'extrémité
de l'isthme long et étroit qui le sépare de la mer est

une digue qui se dirige vers le sud, et empêche les
eaux d'envahir les marécages situés au-delà. Au sud
de ce grand bassin, se déploie la ville de Saint-
Servan, et ce n'est qu'en s'approchant de la pointe
de la Cité que le rivage commence à s'élever.

Au sud de cette éminence on découvre le second
bassin encore plus étendu que celui dont nous venons
de parler, et en communication avec lui par l'espace
compris entre la pointe de la Cité et celle de Dinard.
Du côté de l'ouest, la côte est très-élevée et décrit
une courbure profonde au fond de laquelle se trouve
le village de Dinard; au sud, la Rance se continue au
loin dans l'intérieur des terres, et quelques rochers
isolés ou îlots semblent établir vers ce point la limite
du bassin. Enfin, du côté de l'est, on aperçoit une
seconde anse bien moins vaste que celle de Dinard,
qui constitue la rade et le port de Saint-Servan; dans
sa partie la plus profonde, elle n'est séparée du bassin
situé au nord de cette ville que par une langue de
terre basse et étroite; mais, comme nous l'avons dit,
le terrain s'élève ensuite. Enfin, à son extrémité, la
pointe de la Cité devient assez large, et ses bords,
formés de rochers schisteux, sont taillés presque à pic.

Histoire
de
Saint-Servan.

L'éminence dont nous venons de décrire les environs a été le berceau des deux villes qu'elle domine
aujourd'hui. A l'époque où Jules-César soumit l'Ar-
morique à la domination romaine, il existait déjà sur
cette presqu'île une cité gauloise connue sous le nom
d'*Aleth*, c'est-à-dire rocher perdu dans la rivière (1).
Pendant long-temps cette ville a joui de quelque

(1) Voyez Hist. ecclésiast. et civile de la Bretagne, par Morice, t. 1, p. 15.

importance; les Romains y placèrent une garnison,
et vers l'année 540, le duc de Bretagne Hoël Ier en
fit le siége d'un évêché, qu'il conféra à saint Malo;
mais, dans le onzième et le douzième siècles, la plupart des habitans d'Aleth se réfugièrent sur un rocher
voisin pour se soustraire aux incursions des Normands,
et y fondèrent la ville de Saint-Malo, ainsi nommée en
l'honneur de son premier évêque. En l'année 1141,
le siége épiscopal fut transféré dans la ville nouvelle, et depuis lors Aleth, devenue presque déserte,
cessa de marquer dans l'histoire. Une portion du terrain
où était située cette ville, est occupée aujourd'hui par
un fort qu'on nomme Fort-de-la-Cité, et le reste fait
partie de Saint-Servan. Pendant long-temps cette dernière ville fut regardée comme un faubourg de Saint-
Malo; mais, lorsque des temps plus tranquilles permi-
rent d'attacher moins d'importance à la force d'une
position militaire, elle commença à se relever, prit
bientôt une grande extension, et finit par secouer le
joug de sa métropole, qu'elle n'avait cessé de regarder
comme son ancienne colonie. C'est en 1790 que cette
séparation eut lieu; aujourd'hui Saint-Servan est devenue le chef-lieu d'un sous-arrondissement maritime,
et compte près de dix mille habitans.

La rade de Saint-Servan, qui se trouve au sud-ouest
de la ville, est assez spacieuse et très-sûre; mais celle
de Dinard, située de l'autre côté de la Rance, et séparée de la première par un banc de sable qui découvre pendant les grandes marées, est beaucoup
plus vaste; un grand nombre de frégates peuvent y

Ports de Saint-Servan.

Recherches sur la Bretagne, par M. Delaporte, t. II, p. 269; Notice sur la
ville de Saint-Malo, par M. Manet, etc.

mouiller, et après la bataille de la Hogue des vaisseaux de ligne y ont même trouvé refuge. Le fond de
l'anse, dont l'entrée constitue la rade de Saint-Servan
ou autrement dit de Solidor, présente deux ports séparés par des rochers sur lesquels s'élève une tour
assez haute, qu'on assure avoir été construite en 1392
par le duc de Bretagne Jean IV, dans la vue d'interrompre le commerce des Malouins avec Dinan. Aujourd'hui la tour de Solidor, car c'est ainsi qu'on la
nomme, est encore en très-bon état, mais elle n'a
d'autre usage que de servir comme prison de police
pour les marins. L'un de ces ports, désigné sous le
nom de Saint-Père, et situé entre la tour de Solidor
et la pointe de la Cité, est petit et peu commode ;
mais celui qui se trouve au sud de cette tour, et qui
porte le même nom qu'elle, est vaste ; et, bien
qu'il assèche presque en totalité à chaque marée,
son importance est très-grande pour la marine royale,
qui en a la possession exclusive, et qui y a établi des
chantiers assez considérables ; on y construit actuellement (1) pour l'état deux frégates, une corvette et une
gabarre, et il paraît que bientôt on mettra de nouveaux bâtimens de guerre sur le chantier. A l'extrémité
sud du port, près de la pointe dite de la Corbière, on
voit quelques corderies, et derrière les chantiers de
construction des établissemens assez vastes.

Enfin il existe encore au nord-est, de l'autre côté
de Saint-Servan, un troisième port nouvellement construit et qu'on appelle le *Trichet*; il est situé dans une
partie reculée de la grande anse qui sépare Saint-Malo
de Saint-Servan, et se trouve protégé du côté de l'ouest

(1) Au mois d'août 1829.

par une chaîne de rochers élevés, nommée le Nay, qui
se porte du sud vers le nord, de manière à diviser ce
vaste bassin en deux portions; mais ce port est petit
et ne paraît pas être d'une utilité bien générale.

L'histoire de la ville de Saint-Malo ne date, comme
nous l'avons déjà dit, que du douzième siècle; mais le
rocher d'Aaron, sur lequel elle est construite, était
déjà habité long-temps avant cette époque. En effet,
nous voyons que vers l'année 507 plusieurs religieux s'y établirent, et il paraît qu'en 816 Louis-le-
Débonnaire accorda à leur église de grands priviléges. Bientôt le commerce des Malouins prit un
accroissement rapide, et ils devinrent même assez
puissans sur mer. Vers 1241 ils entrèrent dans la
ligue anséatique. En 1378, leur ville fut assiégée
par une flotte anglaise, mais sans tomber entre les
mains de l'ennemi, et ils se vengèrent de cette attaque
en harcelant sans cesse la marine de cette nation
commerçante. Au commencement du seizième siècle
ils étendirent leurs spéculations jusque dans l'Amérique et les Grandes-Indes. Ils furent les premiers à
ouvrir le commerce de Moka, et eurent une grande
influence sur la prospérité des colonies de Pondichéry,
de l'île Bourbon, etc. En 1609, quelques-uns de leurs
vaisseaux entrèrent jusque dans le port de Tunis et
détruisirent la flotte qui s'y trouvait. Vers la fin du
dix-septième siècle ils commencèrent à faire des armemens pour la mer du Sud, ce qui leur procura des
profits considérables. En 1711, le fameux Duguay-
Trouin, à la tête d'une escadre armée par les négocians
de Saint-Malo, prit la ville de Rio-Janeiro, et occasiona
des pertes immenses aux Portugais. Enfin, leur com-

Histoire
de la ville
de
Saint-Malo.

merce, devenu très-vaste, et les prises nombreuses
faites par leurs corsaires, donnèrent aux Malouins
de très-grandes richesses, qui excitèrent la jalousie
des nations rivales ; aussi leur ville fut-elle plus d'une
fois assiégée par les Anglais. En 1693, une flotte anglaise vint la bombarder ; en 1695 elle essuya une
seconde attaque, et en 1758 Marlborough, ayant ef-
fectué une descente près de Cancale, brûla 80 navires
qui étaient mouillés à Solidor, et tenta de s'emparer
de Saint-Malo, mais sans y parvenir.

Description
de
Saint-Malo.   Cette ville, que sa position rend d'un accès très-difficile, est entourée de hautes murailles d'une beauté
et d'une force remarquables, construites en pierres
de taille d'après les plans du célèbre Vauban. A l'extrémité est de la ville, dans le point où elle est jointe
au continent, se trouve un château qui fut élevé par
les ordres de la reine Anne ; une de ses tours est appelée dans le pays le *Quinqu'en-Grogne*, à cause
d'une inscription que cette princesse y avait placée
pour montrer qu'elle voulait jouir de la plénitude de
ses droits. On raconte que le terrain où elle voulait
élever cette forteresse appartenant au clergé de la
ville, elle l'indemnisa d'abord des dommages qui en
résultaient, mais que n'ayant pu arrêter leurs mur-
mures, elle fit graver sur les murs du château l'inscription suivante : *Qui qu'en grogne, ainsi sera ;
c'est mon plaisir.*

Dans la partie sud-ouest de la ville, qu'on nomme
le quartier de la porte de Dinan, et qui fut construite
vers 1714, on voit des rues assez larges, bien ali-
gnées, et de belles maisons en granite ; mais les autres quartiers sont loin de ressembler à celui-ci, les

rues y sont sales et étroites, et en tout l'aspect de la
ville est fort triste. De quelque côté que l'on dirige
ses pas, on est bientôt arrêté par les remparts ; mais,
en revanche, la vue dont on jouit du haut de ces murailles, le seul lieu qui puisse servir de promenade,
est fort belle ; du reste on n'y voit aucune construction importante, et la cathédrale, qui est d'architecture gothique, ne présente rien de remarquable.

Une chaussée élevée, que l'on nomme le Sillon, Communications entre
occupe en entier la langue étroite de terre qui unit Saint-Malo et
Saint-Servan.
Saint-Malo à la terre ferme, et constitue la seule route
par laquelle on puisse y arriver pendant que la mer
est haute. A environ un quart de lieue de la ville, il
s'en sépare à angle droit une digue qui se dirige vers
le sud, et qui sépare le grand bassin de Saint-Malo
des marécages situés au-delà ; cette digue rejoint une
petite éminence appelée le Talard, et se prolonge ensuite jusqu'à Saint-Servan. Ainsi que le sillon, elle
est souvent endommagée par la fureur des vagues
qui viennent s'y briser, et l'un et l'autre ont été re-
construits en entier ou en partie à plusieurs reprises ;
cette digue sert aussi à établir une communication
entre les deux villes ; mais cette route, qui suit le
contour du bassin situé entre Saint-Malo et Saint-Servan, a près d'une lieue de long, tandis que la distance
qui sépare ces deux villes n'est en ligne directe que
de quelques toises ; aussi est-elle fort peu fréquentée,
et à mer haute c'est principalement à l'aide de bateaux
que la communication s'établit. A mer basse, tout le
bassin qui sépare Saint-Servan de Saint-Malo reste à
sec ; alors on le traverse à pied ou dans de petites
charrettes destinées à cet usage. Le service des ba-

teaux de passage se fait extrêmement mal, et ces charrettes sont très-incommodes ; néanmoins on compte
chaque jour plus de trois mille personnes qui communiquent d'une ville à l'autre.

Port
de Saint-Malo.

Le port de Saint-Malo occupe, comme nous l'avons
déjà dit, la partie nord-est de la grande anse dont il
vient d'être question. A chaque marée, il reste complètement à sec, et l'eau n'y est jamais assez profonde pour que de grands bâtimens pesamment
chargés puissent y entrer. Aussi est-il question d'é-
tablir dans cet endroit ou dans quelques points voisins un bassin à flots ; le commerce réclame vivement
en faveur de cette mesure, dont la nécessité devient
de jour en jour plus manifeste; mais la rivalité, et nous
pourrions presque dire l'inimitié qui règne malheureusement entre les habitans de Saint-Malo et de Saint-
Servan, apporte de nombreux obstacles à ce projet,
et en reculera peut-être long-temps encore l'exécution (1).

Arrondisse-
ment de
Saint-Malo.

L'arrondissement, dont Saint-Malo est le chef-lieu,
est un des moins étendus du département, mais il est
un des plus peuplés et des plus riches. Sa superficie est
d'environ 90,000 hect., et on y compte 62 communes
et 115,537 habitans, tandis que dans le reste du département la même étendue de terrain ne renferme
qu'environ 67,000 âmes (2). Cette supériorité dépend

(1) Voyez à ce sujet le Mémoire publié par la ville de Saint-Malo, en 1828,
et celui de la ville de Saint-Servan, imprimé à Rennes, même année. Le premier de ces mémoires a été rédigé par M. Sérel, et le second par M. Robinot,
ingénieur de l'arrondissement.

(2) Dans l'arrondissement de Montfort, dont l'étendue est à peu près la
même, il n'y a que 46 communes avec 61,450 habitans. L'arrondissement de
Fougères, qui comprend environ 10,000 hectares de terrain, ne renferme que

en grande partie du voisinage de la mer, qui augmente
la richesse du pays, et de la fertilité naturelle du sol,
qui est plus productif aux environs de Dol et de Saint-
Malo que dans toute autre partie du département.

Une grande portion des campagnes qui entourent
Saint-Malo et Saint-Servan est consacrée à la culture
du tabac. Environ 1,700 hect. de terrain y sont employés (1), et chaque hectare, planté suivant les pres-
criptions de la régie, contient 6 mille pieds de tabac.
Cette branche d'agriculture, dont l'introduction date
d'à peu près quarante ans, exerce une grande influence
sur la prospérité du pays, et y a augmenté de beaucoup la valeur des propriétés, mais ne produit pas
un revenu très-considérable à cause des frais de culture. D'après les renseignemens qui nous ont été fournis par les propriétaires de Saint-Malo, il paraîtrait que
chaque hectare coûte, y compris le loyer, environ
1200 fr. par an, lorsqu'on veut obtenir de beaux produits, en sorte que le déboursé est d'environ 100 fr.
pour mille pieds de tabac. Pendant les cinq années comprises entre 1823 à 1827, le prix de ce tabac a été,
terme moyen, de 105 fr. 31 cent. le quintal métrique,
et le nombre de pieds plantés a été de 53,543,535; mais
une partie a été détruite par la régie comme étant de
mauvaise qualité, et il y en a eu de brisé par le vent, de

Culture du tabac.

78,000 habitans; celui de Vitré à peu près 11,000 hectares et 82,000 âmes;
celui de Redon, 12,000 hectares avec 75,000 âmes; enfin celui de Rennes,
15,000 hectares et 127,000 âmes.

(1) Dans l'ouvrage de M. Girault de Saint-Fargeau, intitulé Histoire nationale, ou Dictionnaire géographique de toutes les communes de la France, le
terrain, dans tout le département d'Ille-et-Vilaine, n'est évalué qu'à 1,100 hectares, ce qui est beaucoup au-dessous de la réalité, comme on peut s'en convaincre par le mémoire de la chambre de commerce de Saint-Malo, sur le
monopole du tabac, février 1829.

sorte que lar ecette de ces cinq années n'a été que de
5,488,255 fr. Or, en calculant les frais de culture, de
loyers, etc., d'après les bases énoncées ci-dessus, les
53,543,535 pieds plantés pendant ce laps de temps,
ont dû occasioner un déboursé de. .   5,354,353 fr.

Et si l'on déduit cette somme de la
recette, qui s'est élevée à.   5,488,255

On voit que le bénéfice n'a dû être

que de. . . . .   133,902 fr.
c'est-à-dire deux un quart pour cent, lesquels sont ab-
sorbés, à ce que l'on assure, par les intérêts des avances
de fonds; en sorte que les principaux avantages résul-
tant de la culture de cette plante paraissent être le
loyer plus certain des terres, leur amélioration qui
augmente beaucoup les produits de la culture que l'on
y fait succéder, et l'occupation qu'elle donne à une
foule d'ouvriers. Pour le fermier, qui fait tout par ses
mains, le tabac donne des bénéfices réels, et sa culture répand chaque année dans la classe laborieuse
près d'un million (1).

Population et richesses des deux villes. La population de la ville de Saint-Malo n'est pas
plus nombreuse que celle de Saint-Servan; on y
compte 9,838 habitans, tandis que Saint-Servan en
renferme 9,899; mais la première de ces villes est
beaucoup plus riche que la seconde. A Saint-Malo,
le montant des contributions foncières et mobilières
est d'environ 44,000 francs, ce qui correspond à

(1) Voyez le Mémoire de la chambre de commerce de Saint-Malo sur le monopole des tabacs, rédigé par M. Godfroy, etc. Saint-Malo, 1829. Nous saisissons cette occasion d'adresser publiquement nos remerciemens à cet habile
et savant négociant, pour les nombreux renseignemens qu'il a eu l'obligeance
de nous donner, et pour l'accueil plein de cordialité qu'il a bien voulu nous
faire.

4 fr. 5o cent. par habitant ; tandis que Saint-Servan ne paie que 29,896 fr., ou 3 fr. 2 cent. par tête. Dans la première de ces villes, il y a 1071 habitans payant des taxes personnelles, et 695 patentés ; dans la seconde, 798 chefs de famille seulement paient ces mêmes taxes, et il n'y a que 377 patentés (1). Enfin, pour compléter la comparaison de leurs richesses respectives, nous dirons qu'à Saint-Malo on compte 98 électeurs, et dans le canton de Saint-Servan seulement 47, bien que leur population, nous le répétons, soit à peu près la même dans ces deux villes.

La principale occupation des Malouins a toujours été la navigation. En 1828, on voyait inscrits sur les matricules de la marine du quartier de Saint-Malo 5,468 marins valides, 176 ouvriers également valides, 1,075 marins invalides, et 103 ouvriers de la marine également hors de service (2). La majeure partie des matelots est employée pour le commerce et la pêche de la morue. Cette dernière branche d'industrie est peut-être moins florissante qu'autrefois ; néanmoins elle est encore dans un état très-prospère, comme on pourra en juger par le tableau suivant des armemens effectués pour la pêche de Terre-Neuve, soit à Saint-Malo, soit à Saint-Servan, depuis 1816 jusqu'en 1828. La part que la première de ces villes y prend est bien plus grande que celle de la seconde ; en 1827, par exemple, Saint-Malo arma pour cette pêche 55 navires, et Saint-Servan 23. Dans les années précédentes, les proportions étaient à peu près les mêmes.

Navigation.

Pêche de la morue à Terre-Neuve.

(1) Les chiffres qui servent de base à ces calculs nous ont été communiqués par M. Bonamy, contrôleur des contributions directes, à Saint-Malo.

(2) Documens officiels des bureaux de la marine.

I. 8

Tableau des armemens effectués pour la pêche de la Morue dans le quartier maritime de Saint-Malo, depuis 1816 jusqu'en 1828 (1).

ANNEES.	NOMBRE des NAVIRES.	TONNAGE de CES NAVIRES.	NOMBRE DES HOMMES composant les équipages de ces navires.
1816	62	7,629	2,026
1817	60	7,675	1,930
1818	55	6,747	1,703
1819	55	6 842	1,656
1820	66	8,277	2,474
1821	73	9,540	2,925
1822	75	9,700	3,114
1823	57	4,280	1,253
1824	67	8,906	2 591
1825	70	9,704	3,039
1826	77	10,497	3,347
1827	79	11,597	3,441
1828	78	11,558	3,351

Une grande partie de ces navires ne reviennent pas à Saint-Malo avec les produits de leur pêche, mais ils les portent à Marseille, à Nantes, ou dans les ports de l'Espagne et de l'Italie, pour prendre en échange des cargaisons de vin, d'huile, de savon, etc.

Commerce maritime. Les négocians de Saint-Malo font aussi un nombre assez grand d'armemens pour les colonies, et le cabotage y est encore plus actif. Le tableau suivant,

(1) Nous devons à l'obligeance de M. Marec les élémens de ce tableau ; ils sont extraits des rapports annuels adressés au ministre par MM. les préfets maritimes.

bien qu'il embrasse tout un quartier maritime, en donnera une idée assez précise, car presque tout le commerce de cette partie du littoral est concentré dans la
ville de Saint-Malo ; il fera voir aussi l'accroissement
progressif de cette branche de la marine malouine
depuis 1823.

*Tableau des armemens effectués pour le cabotage ou les
voyages de long cours dans le quartier maritime de Saint-
Malo, depuis 1815 jusqu'en 1828 (1).*

ANNÉES.	PETIT CABOTAGE.		GRAND CABOTAGE.		VOYAGE DE LONG COURS.	
	NOMBRE de bâtimens.	NOMBRE d'hommes composant les équipages.	NOMBRE de bâtimens.	NOMBRE d'hommes composant les équipages.	NOMBRE de bâtimens.	NOMBRE d'hommes composant les équipages.
1815	66	366	30	314	17	280
1816	56	343	20	183	16	257
1817	80	341	26	220	33	432
1818	83	429	22	483	36	370
1819	75	342	23	162	29	363
1820	79	362	17	147	33	331
1821	66	279	20	160	34	404
1822	69	310	20	147	29	440
1823	73	373	23	182	24	343
1824	72	321	31	253	29	337
1825	79	362	39	323	32	408
1826	79	332	45	394	34	405
1827	72	318	44	366	41	483
1828	78	366	46	397	26	577

Enfin, pour que l'on se figure le mouvement commercial dont l'une et l'autre de ces villes, mais surtout
Saint-Malo, sont le siége, nous dirons que pendant qu'il

(1) D'après des documens officiels du ministère de la marine.

est entré, en 1828, dans le port de Saint-Malo 852 bâtimens, dont 789 français, et qu'il en est sorti 860, dont
799 français, il n'est entré à Saint-Servan que 461 bâtimens, dont 457 français, et il en est sorti 438 (1).

Les importations consistent principalement en su-
cre, café, thé, tafia, oranges, bois de Campêche,
riz, peaux de bœufs, vins, bois de construction,
planches, chanvre, plomb, fer, acier, houille, etc.;
et les exportations en bestiaux, volailles, eaux-de-vie,
vins, œufs, fruits, morues, draps, soieries, objets
de modes, bijouteries, fer et cuivre œuvrés, cor-
dages, etc.

Pêche du
Lançon, etc.

Quant à la pêche du poisson frais, elle n'occupe
pas un grand nombre de marins de Saint-Malo ou de
Saint-Servan, et se fait principalement dans les ports
voisins. Les poissons que l'on trouve ici sont les
mêmes qu'à Granville; seulement le Lançon et l'E-
quille, dont on fait un grand usage comme appât
dans la pêche du maquereau, s'y prennent à la seine
aussi-bien qu'à la bêche. Le premier de ces procédés
est prohibé par les ordonnances, parce que les seines
dont on se sert pour le Lançon doivent être à très-
petites mailles, et que l'on craint qu'elles ne détruisent
en trop grande quantité le frai des autres poissons et
n'en dépeuplent les côtes; mais, à Saint-Malo, l'usage
en a toujours été toléré, et il n'en est résulté aucun
inconvénient réel. Le filet qu'on emploie à cet usage
est de 30 à 35 brasses de long sur 15 à 16 pieds de
hauteur; les mailles ont 4 à 5 lignes en carré, et dans

(1) Nous devons ces documens à M. Sallicoffre, directeur des douanes à Saint-
Malo, qui a eu la complaisance de nous donner aussi quelques renseignemens
relatifs aux salines, etc.

son milieu est placé une espèce de sac ou chausse en
grosse toile nommée serpilière, d'environ 10 pieds
de long. On jette cette seine sur le sable lorsque la
mer est presque basse, et en la retirant on rassemble
dans le sac dont venons de parler tout le poisson qu'on
est parvenu ainsi à cerner. La saison pendant laquelle
la pêche se fait, commence ordinairement vers la fin
de mai et dure jusqu'au mois d'août.

Les premières excursions zoologiques que nous
fîmes pendant notre séjour à Saint-Servan, avaient
pour objet l'exploration de la Rance, de la rade de
Saint-Malo et des nombreux îlots ou rochers qui en
hérissent l'entrée. L'étude comparative de ces diverses
localités nous promettait des récoltes abondantes,
mais nous espérions aussi qu'elle nous conduirait à la
connaissance des habitudes d'un certain nombre d'animaux marins. En effet, dans l'espèce de golfe étroit
et sinueux formé par l'embouchure de la Rance, la mer
n'est point agitée comme au large, et dans plusieurs
points elle ressemble presque à un lac d'eau salée ;
nous devions donc nous attendre à y trouver plus spécialement les animaux qui se plaisent dans le calme,
tandis que les parages moins abrités de la rade devaient nous offrir ceux qui ne craignent pas la violence
des vagues.

Excursions zoologiques dans la Rance.

Le port de Solidor, comme nous l'avons déjà dit,
assèche à chaque marée ; le fond en est argileux, et
pour faciliter, lors de la basse mer, les communications, on y a pratiqué une espèce de chemin creux,
dont les deux côtes, taillées à pic, s'élèvent de plusieurs pieds. Cette partie du port, qu'on appelle le
chemin Chartier, est située près des rochers sur

Port de Solidor.

lesquels s'élève la tour de Solidor ; elle est abritée de toutes parts, et l'eau qui chaque jour la recouvre à deux reprises pendant quatre ou cinq heures, est toujours calme. Une espèce de mollusque nue, qui n'a point encore été décrite, mais qui est probablement celle désignée par M. Cuvier sous le nom de *Onchidium Celticum*, l'habite en grand nombre, et ne s'est présentée à nous dans aucune autre localité. Sa couleur est d'un vert olive, et la face supérieure de son corps est convexe et tuberculeuse, comme celle de plusieurs Doris ; elle rampe sur le sol et se déplace ainsi avec assez de facilité ; mais lorsqu'on inquiète ces animaux, ils se contractent avec force, se roulent incomplètement en boule et se laissent tomber, comme le font les Sphéromes et quelquefois les Oscabrions. La découverte de cette Onchidie nous a permis de constater une particularité singulière de ses mœurs ; ainsi que Péron l'avait observé pour une autre espèce qui habite la Nouvelle-Hollande, ces mollusques, bien qu'ils soient pourvus de poumons, vivent dans l'eau ; mais ce que Péron n'a pas remarqué, c'est qu'ils ne sauraient y séjourner, et qu'ils ont besoin de respirer l'air pendant long-temps sans interruption, et peut-être à des intervalles réguliers. En effet, on ne les trouve que dans des endroits que la mer abandonne à chaque marée ; et lorsque, pour les mieux étudier, nous en placions dans un grand bocal à moitié rempli d'eau de mer, ils ne tardaient pas à s'élever au-dessus du liquide en rampant le long des parois du vase ; si on les détachait, ils se laissaient tomber sans jamais nager, et bientôt on les voyait monter de nouveau le long des parois du bocal pour venir se

Mœurs
de quelques
mollusques.

placer hors de l'eau afin de respirer l'air atmosphérique.

Les autres parties du port de Solidor ne présentent rien de remarquable ; le sol en est vaseux, mais cependant assez ferme, et près du bas de l'eau on y trouve beaucoup de Vénus, des Bucardes et quelques Solens. Au-delà de la pointe de la Corbière, qui clôt le port du côté du sud, la côte, formée de rochers schisteux trés-élevés, présente plusieurs petites anfractuosités où l'on trouve des galets, et à basse mer la plage est entièrement couverte de *Zostera marina*, plantes herbacées connues dans le pays sous le nom d'*Herbiers*. On en rencontre dans un grand nombre d'autres points du littoral, dont le sol est vaseux, et c'est toujours un peu au-delà des limites de la basse mer pendant les marées ordinaires qu'on les voit. Ces herbiers sont le séjour favori des Cérithes et des Rissoas ; dans les endroits où la mer forme, en se retirant, de petites mares ou des ruisseaux, on trouve des quantités immenses de ces mollusques, et souvent les feuilles en sont presque couvertes.

En explorant, à l'aide de la drague, le milieu de la rade de Solidor, nous y avons trouvé un *fond curé*, c'est-à-dire un sol entièrement formé d'un sable assez grossier, rempli de fragmens de coquilles. Nous avons rencontré presque toujours un fond semblable dans le lit des courans, et nulle part nous n'y avons vu d'animaux.

Du côté opposé de la rade, la côte est également bordée de rochers schisteux dont les flancs sont tapissés de varec ; un fond sablonneux occupe les petites anses qu'on y rencontre, et près de la limite de la

Rade de Solidor.

basse mer, il devient vaseux et couvert d'herbiers
comme sur la rive droite. Les îlots qui se voient vers
la partie sud du grand bassin de Saint-Servan, et qui
semblent le séparer de la partie de la Rance qui est
située au-delà, sont des rochers battus par les vagues, sur lesquels on ne trouve qu'un petit nombre de Patelles, de Turbots et d'Ascidies. Le plus
grand de ces écueils est appelé le rocher du Grand-
Biseux; le Petit-Biseux en est peu éloigné, et plus
au sud-est, près de la pointe de l'Aiguille, qui fait
suite à l'anse de la Corbière, se trouve une série transversale de rochers nommés les Ancieux.

En remontant la Rance, on s'aperçoit que bientôt ce
bras de mer se rétrécit sensiblement, mais sa largeur
est encore assez considérable. Les coteaux qui le bordent s'abaissent beaucoup, et sur chaque rive on rencontre une série d'anses plus ou moins profondes. Les
pointes de terre qui les séparent sont formées par des
rochers schisteux presque nus, et dans le fond de la
plupart de ces anfractuosités, on voit souvent des arbres; vers la limite de la haute mer, on y trouve en
général des galets ou des fragmens de roches éboulés;
plus inférieurement, du sable micacé et quarzeux;
enfin, près du bas de l'eau, de la vase couverte d'herbiers et habitée par des Arénicoles, des Glycères, des
Nephtys et autres Annélides.

Pointe
de la Vicomté.

Près de la pointe de la Vicomté qui termine vers le
sud la grande anse de Dinard, et qui est située vis-à-
vis la pointe de l'Aiguille, dont il a déjà été question,
il existe une petite pêcherie construite en pierre sèche, et qui ne découvre que dans les fortes marées.
Après avoir dépassé cette pointe, on découvre, du

même côté de la Rance, un petit enfoncement dont le
sol est formé par du sable très-fin dans lequel on en-
fouit, pour les mieux conserver, des matures et autres
pièces de bois de construction qui y sont apportées
de Solidor. La rive opposée présente vers ce point
un aspect des plus rians ; elle est occupée par le parc
de la Brillanté, dont les arbres arrivent presque au
bord de l'eau. La largeur de la Rance, dans ce point,
n'est que d'environ 5oo mètres, et son milieu est occupé par un rocher assez élevé qui la rétrécit encore davantage ; mais en continuant vers le sud, on rencontre
bientôt un large bassin appelé la rade de Bellegrève.   Rade
de Bellegrève.
C'est un mouillage très-sûr, où l'eau est toujours assez
profonde pour les frégates. Dans la partie sillonnée par
les courans, la drague ne nous a amené que du sable
mêlé de débris de coquilles ; mais vers la rive gauche,
à l'entrée d'une grande anse, nous avons ramené à
bord, au moyen de cet instrument, une quantité extrêmement considérable de petits Peignes (le *Pecten
variabilis*) formant une sorte de banc et mêlés à des
Tubes de Hermelles et à quelques Eponges. Au fond
de cette anse, où se jette un petit ruisseau, le sol est
composé d'une vase très-épaisse, où l'on ne trouve
guère que quelques Siponcles de très-petite taille. Sur
le rivage, on voit des chantiers de constructions et un
moulin à eau.

Près de là, et toujours sur la rive occidentale de la   Pointe
de Cancaval.
Rance, se trouve la pointe de Cancaval, au bas de
laquelle la mer, en se retirant, laisse à découvert une
grande quantité de fragmens de rochers : il existe surtout dans un endroit une sorte de mare dont le fond
est rempli de pierres, et dans laquelle nous avons

rencontré un nombre immense de Térébelles et une
grande espèce de Polynoé, que M. Savigny a désignée
sous le nom de Scolopendrine.

Ces dernières annélides, que leur forme allongée
rend faciles à distinguer de la plupart des autres espèces
du même genre, ont aussi cela de particulier qu'au
lieu de mener une vie errante comme presque tous les
Aphrodisiens, elles se construisent, avec des fragmens
de coquilles agglutinés entre eux, des tubes assez
solides, qui sont fixés sur la pierre ; sous ce rapport
leurs mœurs se rapprochent de celles des Tubicoles ;
mais, lorsqu'elles quittent volontairement leur demeure
ou qu'on les en retire, on les voit marcher et nager
avec facilité, tandis que, mises dans les mêmes circonstances, les annélides tubicoles sont en général
incapables de se déplacer.

La magnifique espèce de Térébelles dont nous venons de parler fait exception à cette règle. La structure de ses pieds nombreux est semblable à celle des
Serpules, des Sabelles, etc.; et de même que chez ces
annélides, ces organes ne sont destinés qu'à faire mou-
voir l'animal dans le tube étroit qu'il habite ; néanmoins ces Térébelles sont douées de facultés loco-
motrices assez étendues, et rien n'est plus singulier
que la manière dont leur transport s'exécute. Lorsque l'animal veut changer de place, il applique sa bouche contre le sol, recourbe son corps en le contrac-
tant et étend dans tous les sens les longs et nombreux
tentacules qui en ornent l'extrémité antérieure ; on
voit ensuite ces filamens grêles et blanchâtres, qui
ressemblent à autant de vers, s'élargir un peu vers le
bout et se fixer par ce point au sol ; alors un certain

nombre se raccourcissent et entraînent avec eux le corps de la Térébelle; pendant ce temps, d'autres tentacules vont se fixer plus loin et agissent à leur tour comme ceux dont nous venons de parler; ils exécutent tous des mouvemens indépendans les uns des autres; mais cependant leurs efforts en apparence si mal coordonnés font cheminer assez vite ces singuliers annélides, qui, sous ce rapport, ressemblent assez bien à de petits Poulpes dont les bras seraient filiformes et en nombre immense.

Nous avons rencontré ces Térébelles dans d'autres parties de la Rance; elles étaient toujours cachées sous des pierres, de manière à être protégées contre les mouvemens violens de l'eau ambiante, et se trouvaient en général dans des endroits très-abrités; mais nulle part nous n'en avons vu en aussi grand nombre qu'à la pointe de Cancaval, et dans toutes nos courses sur la côte et sur les divers îlots de cette partie du littoral nous ne les avons plus retrouvées. Il nous paraît donc probable que c'est seulement une eau très-calme qui leur convient; et, en effet, la délicatesse et la mollesse extrême de leur corps semblent devoir leur interdire l'habitation des lieux où la mer se briserait avec violence.

En continuant à explorer, à l'aide de la drague, le lit de la Rance, nous nous sommes assurés que la nature du fond varie peu depuis la rade de Bellegrève jusque vis-à-vis Saint-Suliac. Dans ce trajet, on passe devant l'anse de Mont-Marin, au fond de laquelle se voit une belle campagne; on arrive ensuite dans la baie de Landrieux, dont la plage offre un échouage facile, et où sont établis un assez grand nombre de

Anse de
Mont-Marin,
etc.

chantiers pour la construction des bricks du commerce et de la plupart des chaloupes destinées à la
pêche de la morue à Terre-Neuve. Un peu au-delà se
trouve l'île Notre-Dame, qui est aujourd'hui un rocher
inhabité, mais sur lequel s'élevait autrefois un prieuré
ayant appartenu aux Récollets, puis aux Carmes. A l'est
de cet îlot, la rive droite de la Rance est tout-à-coup interrompue par l'entrée d'une anse étroite et profonde
qui s'étend très-loin dans l'intérieur des terres, et va
presque se joindre aux marécages de Châteauneuf. Sur
la rive sud de cet enfoncement, qui est appelé l'anse
de la Coaille, il existe quelques salines connues sous
le nom de marais de la Goutte. Les procédés que l'on
y met en pratique pour la fabrication du sel sont les
mêmes que ceux employés au Croisic, à Noirmoutier
et dans les salines de l'ouest : on établit sur le sol
des espèces d'aires plates et bien unies dans lesquelles
on laisse se répandre une petite couche d'eau de mer,
et à mesure que le liquide s'évapore par l'action du
vent et du soleil, le sel se dépose sous la forme de
cristaux. Le produit de ces marais salans est peu considérable; ils ont été de 395,360 kilogrammes en 1826,
de 573,916 kilogrammes en 1827, et de 362,270 kilogrammes en 1828 (1).

Salines de la Coaille.

Rade de Saint-Suliac.

Près du village de Saint-Suliac, la Rance prend de
nouveau une très-grande largeur et constitue un
bassin beaucoup plus vaste que la rade de Bellegrève
ou de Mont-Marin, mais moins bien abrité; les coups
de vents y sont assez violens et la mer y est souvent

(1) Nous sommes redevables de ces renseignemens à M. Sollicoffre, directeur des douanes à Saint-Malo.

très-agitée. On trouve dans cette localité quelques
huîtres sur lesquelles vivent fixés un grand nombre
d'animaux différens; en faisant draguer, nous nous
sommes procuré quelques individus de l'Euphrosine
myrtifère de M. Savigny, annélide qu'on croyait n'habiter que les bords de la mer Rouge, et que nous
avons également rencontrée en explorant un banc
d'huîtres entre Granville et les îles Chausey. Nous y
avons recueilli aussi plusieurs Vélutines, mollusque qui
est encore peu connu, bien que sa coquille soit assez
commune sur les côtes de la Manche ; des Anomies,
un grand nombre de Calyptrées, quelques Fissurelles,
le Buccin ondé, des Nasses, le Turbo mage, des Por-
cellanes, des Inachus, le Pisa de Gibbes, des Serpules,
des Eponges, des Millepores, etc.

Les monticules qui bordent de chaque côté la Rance Roches
qui bordent
la Rance.
sont formés par des Micachistes ou par des roches qui
en sont très-voisines. Plusieurs sont taillés à pic, ce
qui en rend l'étude très-facile ; mais c'est surtout à
Saint-Suliac où cette disposition est bien tranchée. La
pointe qui porte ce nom est une véritable falaise offrant à l'observateur une coupe très-nette du terrain
qui la compose. La roche dominante est un Trappite
terne (1) ayant l'aspect d'une eurite passant à la variété de Trappite pétrosiliceux et analogue par plusieurs de ces caractères au Trappite terne de Châte-
laudren, petite ville du département des Côtes-du-
Nord, située à 4 lieues N.-O. de Saint-Brieuc. Le

(1) Les caractères des Trappites ou roches de Trapp sont d'avoir une base
d'Aphanite dure, compacte ou sublamellaire, souvent fragmentaire, enveloppant du felspath, de l'amphibole, du mica, et d'être fusible en émail noir.

Trappite terne de Saint-Suliac, quoique très-dur, est
fragmentaire, c'est-à-dire qu'il se casse en petits morceaux et qu'il est difficile d'obtenir avec le marteau
des échantillons de la forme et de la dimension vou-
lues. Cette roche offre dans la localité que nous décri-
vons une disposition très-curieuse : elle est contournée,
c'est-à-dire qu'on voit dans la masse des ondulations
nombreuses à la manière du gneiss et du micachiste.
On peut même dire qu'elle passe à cette dernière roche, car elle présente dans certaines parties des veines
qui ont tous les caractéres des Micachistes. Les fragmens que nous avons recueillis sont des Micachistes
phylladiens entremêlés de veinules de quarz amorphe.
La masse formée par le Trapitte terne est encore
interrompue par quelques filons de granite à feldspath
bleuâtre et à paillettes de mica d'un jaune vert. Ces
filons n'ont pas plus de cinq pouces d'épaisseur.

La plage située au pied de la pointe de Saint-Suliac
est très-vaseuse ; en y creusant avec une bêche, nous y
avons rencontré à environ six pouces de profondeur
des Cirrhatules, des Nephtys, et quelques Arénicoles ;
plus près de la surface, des Bucardes comestibles (1).

Navigation
de la Rance.

Le bourg de Saint-Suliac est situé un peu au-dessus
de la pointe dont nous venons de parler, sur la rive
droite de la Rance, à deux lieues et demie de son embouchure. On y compte 1660 habitans qui s'occupent
de la pêche ou du transport des marchandises sur la
Rance. A quelque distance au sud de Saint-Suliac cette
rivière, ou plutôt ce golfe, se rétrécit beaucoup et
présente souvent des bancs de sable ; mais pendant

(1) *Cardium edule.*

les grandes marées il est navigable jusqu'à Dinan, et alors
un grand nombre de bateaux se rendent de Saint-Malo
et de Saint-Servan à cette ville, ou font la route opposée;
le trajet, qui est d'environ 6 lieues, est très-agréable,
et depuis quelque temps les communications sont rendues encore plus faciles qu'elles ne l'étaient par l'établissement d'un bateau à vapeur qui fait un service
régulier entre Dinan et Saint-Malo. Lorsqu'on aura
fini les beaux travaux de canalisation qui déjà sont
commencés, la navigation de la Rance prendra probablement un très-grand accroissement, car un nouveau canal qui portera le nom d'Ille-et-Rance réunira
ces deux rivières, et établira une communication entre
l'Océan et la Manche, en traversant la Bretagne dans
sa plus grande largeur.

Dans l'état actuel des choses, la navigation inté-   Bourg de
                                                     Saint-Suliac.
rieure du quartier de Dinan occupe environ 78 bateaux
montés par 286 matelots, qui sont employés alternativement à la petite pêche ou au transport des marchandises (1). Les produits de leur pêche sont évalués
à environ 1500 fr. par an. Un grand nombre vont chercher dans l'anse de Fosse-Mare, près Saint-Suliac,
des chargemens de bois de chauffage que le pays environnant fournit en abondance; d'autres transportent des grains, du cidre, etc., et on assure que ce
commerce leur rapporte annuellement environ trente
mille francs. Enfin la récolte des fucus est aussi un
objet très-important dans tous ces parages; tous les
rochers qui bordent la Rance, depuis son embouchure

(1) Ces chiffres sont extraits de documens officiels qui nous ont été communiqués au ministère de la marine.

jusqu'au-delà de Saint-Suliac, en sont couverts ;
vers ce point, ces plantes commencent à devenir de
plus en plus rares. On se sert de ce varec pour fumer les
terres, et sa récolte occupe, dans le quartier maritime de Dinan, cinq ou six cents personnes de l'un
ou l'autre sexe ; ce sont pour la plupart des cultivateurs
qui, dans les communes où ces plantes ne se trouvent
qu'en petite quantité, vont les cueillir sur les nombreux
rochers qui entourent la rade de Saint-Malo. On évalue
les produits de cette branche d'industrie à environ
quatre mille francs par an.

Au-dessus de Saint-Suliac, comme nous venons de
le dire, et surtout à quelque distance de ce village, la
Rance se rétrécit beaucoup, ses rives s'abaissent, et
on n'y trouve plus qu'un fond sablonneux ; aussi
n'avons-nous pas cru nécessaire de pousser notre
exploration plus loin.

Excursions
zoologiques
dans la rade de
Saint-Malo.
Nos excursions suivantes ont été dirigées vers la
rade de Saint-Malo, qui occupe le milieu d'une baie
peu profonde, bornée à l'est par la pointe de la Varde,
et à l'ouest par celle du Décollé. Tous ces parages
sont hérissés de nombreux écueils, et ces rochers
constituent au devant de l'entrée de la Rance une
espèce d'enceinte semi-circulaire qui sépare la rade de
la haute mer ; les uns restent constamment cachés sous
l'eau, d'autres découvrent aux grandes marées, plusieurs se laissent toujours apercevoir, et les plus considérables forment des îlots sur lesquels on a élevé
des fortifications pour la défense de la rade ; ce sont
les îles de Césambre, la Conché, l'île Harbourg, le
grand et le petit Bé.

Ainsi que nous l'avons déjà fait remarquer, l'espèce

de bassin situé entre Saint-Malo et Saint-Servan assèche
chaque fois que la mer se retire ; mais lors des grandes
marées elle abandonne une étendue plus considérable
de terrain, et laisse à découvert une grande plage sablonneuse qui unit à la Pointe de la cité, non-seulement
toute la presqu'île de Saint-Malo, mais aussi le grand
et le petit Bé, situés, comme nous le verrons bientôt, près de l'angle nord-ouest de cette dernière
ville.

Les rochers schisteux qui constituent la Pointe de
la cité sont très-escarpés et ne présentent, sous le rapport zoologique, rien de bien remarquable. L'anse
comprise entre ce promontoire et les rochers du Nay,
et qu'on appelle l'anse des Bas-Sablons, est séparée
du reste de la grève par un ruisseau, sur le bord duquel on trouve un grand nombre de Térébelles ; on
rencontre aussi beaucoup de ces annélides dans les
autres parties de cette plage sablonneuse, et leur présence se décèle au premier abord par l'élévation que
fait au-dessus du sable l'extrémité de leur tube. Au-
delà des rochers du Nay, qui s'avancent de la côte de
Saint-Servan vers Saint-Malo, le terrain devient vaseux, et paraît criblé dans plusieurs points de petites
traces circulaires qui sont dues à des annélides nombreuses qui y font leur séjour. Chacune de ces espèces
de cônes communique dans une galerie souterraine
au fond de laquelle se trouve une Arénicole.

Au-delà du petit ruisseau qui coule à basse mer
au nord de l'anse des Bas-Sablons, est un banc de
sable connu sous le même nom. On y voit, lors des
grandes marées, beaucoup de pêcheurs à pied qui y
retournent, à l'aide d'une bêche, la couche la plus

superficielle du sable pour y chercher le Lançon. Ils
explorent de la même manière la plage qui s'étend
de là jusqu'aux deux Bés. On y trouve aussi plusieurs mollusques bivalves, tels que la Grande-Mac-
tre, des Vénus bigarrées, de jolies Tellines, des
Psammobies, des Donaces, des Pétoncles, le Solen
manche de couteau, etc. Enfin cette grève sablonneuse est encore habitée par des crustacés; en y
creusant, on découvre quelquefois une très-jolie
espèce de petit Crabe, décrite par M. Leach sous
le nom de *Thia polita;* pendant long-temps on igno-
rait la patrie de cet animal, mais l'un de nous l'avait
déjà rencontré dans la baie de Naples. Ici ses mœurs
sont les mêmes que dans les eaux plus chaudes de la
Méditerranée; il vit enfoncé dans le sable; ce qui sur-
prend d'autant plus que la forme un peu lancéolée
du dernier article de la plupart de ses pattes aurait
pu faire croire que c'était une espèce nageuse et pé-
lagique.

Grand
et petit Bé.

Les deux ilots qui bornent au nord la grande plage
sablonneuse que nous venons de décrire, sont appelés
le grand et le petit Bé. Le premier de ces rochers
n'est éloigné de l'angle nord-ouest de la ville de Saint-
Malo que d'environ deux cents mètres; il est assez
élevé et présente dans sa partie septentrionale quelques fortifications; du reste le sommet en est nu ou
recouvert seulement d'un peu d'herbe; au-dessous du
niveau de la haute mer les roches granitiques qui le
constituent sont tapissées de varec. Le petit Bé, ainsi
que son nom l'indique, est encore moins étendu,
et couronné par un fort qui fut construit vers la
fin du 17e siècle. Il est situé à l'ouest du grand Bé,

et n'en est séparé que par un chenal étroit qui assèche dans les grandes marées, et dont le fond est
tapissé de pierres et de cailloux ; en les retournant,
nous y avons découvert en assez grande abondance
des crustacés très-curieux que l'un de nous avait
déjà rencontrés dans une autre partie de la Bretagne, et décrits sous le nom de Nébalie de Geoffroy (1). On y trouve aussi des Chevrolles, des Sphé-
rômes, des Idotés, des Athanases, que plusieurs pêcheurs prennent pour de très-jeunes Homards, des
Hippolytes et même des Pranizes. Immédiatement au
pied des rochers du petit Bé, du côté du sud, la plage
est très-vaseuse, et renferme plusieurs annélides, entre
autres une belle espèce de Clymène, des Arénicoles,
et la grande espèce d'Eunice, que Montagu a le premier décrite sous le nom de Néréide sanguine ; ce dernier ver s'enfonce dans le sol à une profondeur assez
grande, et cette manière de vivre est d'autant plus
remarquable que les autres espèces du même genre
se construisent simplement des fourreaux, ou bien
restent à nu en se cachant parmi les Huîtres ou
entre les tubes d'Hermelles. Du côté du nord, et
près de la limite des plus basses eaux, on trouve des
Haliotides, des Portunes étrilles qu'on nomme dans
le pays Crabes à laine, des Lobulaires blanches et
orangées, plusieurs espèces de Spongiaires, quelques
Ascidies composées, etc. Sur les rochers dépourvus
de fucus, on voit un grand nombre de grosses Actinies rouges, et dans cette localité plusieurs de ces
animaux, qui paraissent préférer les lieux alternati-

(1) Voyez les Annales des Sciences naturelles, t. XIII, p. 287.

vement abandonnés par les flots et baignés par une
mer agitée, sont ornés d'une multitude de taches
vertes, disposition qui constitue une des variétés
les plus remarquables de cette espèce. Enfin sur ces
rochers, comme sur tous ceux de la côte, on retrouve
en grand nombre des Turbots, des Troques, des
Pourpres, des Patelles.

Grande rade,
et mœurs
de certains
Mollusques. Après avoir examiné avec soin la portion de la rade
de Saint-Malo que la mer laisse à sec pendant les
grandes marées, nous commençâmes l'exploration des
localités dont le fond est toujours recouvert par les
eaux. Nous jetâmes d'abord la drague au milieu de
la partie sud de l'embouchure de la Rance, appelée
la petite rade, entre la pointe de la Cité et un rocher
que les pilotes connaissent sous le nom de la *pierre de
Rance*. Les courans sont très-violens dans cet endroit,
et le fond est composé de fragmens de Nullipores, de
cailloux et de coquilles roulées. On y trouve mêlés à
ces débris quelques Nucules nacrés, des Bucardes, le
Troque mage, de jeunes Pagures, etc. L'exploration
des diverses parties de la rade nous a procuré en
grande abondance des Calyptrées, dont la coquille,
qui vit fixée sur différens corps, particulièrement sur
des valves détachées de Vénus, est très-commune,
mais dont l'animal n'est connu que depuis quelques
années par la description qu'en ont faite MM. Des-
hayes et Delonchamps, d'après des individus conservés
dans l'esprit-de-vin : ses mœurs et même sa couleur
étaient encore complètement ignorées ; mais la facilité que nous avons eue de l'observer nous a mis à
même de remplir plusieurs lacunes de son histoire.
Nous nous sommes assurés d'abord que ce mollusque

est d'un jaune soufre, plus prononcé dans certaines
parties de son corps; et en le conservant dans un
vase qui nous servait de vivier, nous avons pu faire
quelques remarques sur ses habitudes. Nous nous
bornons a en citer ici une relative à sa reproduction. On sait que, pour un grand nombre de mollusques, les œufs, après avoir été pondus dans un lieu
convenable, sont abandonnés complètement à eux-
mêmes, et se développent sous la seule influence du
liquide ambiant; c'est ce qu'on peut observer surtout
dans les mollusques de l'ordre des Gastéropodes. La
Calyptrée fait exception à cette règle, et on peut dire,
sans trop forcer l'expression, qu'elle couve ses œufs.
En effet, elle les dépose sous son ventre, et les conserve comme emprisonnés entre son pied et le corps
étranger auquel elle adhère; l'espèce de capsule calcaire ou la coquille qui recouvre l'animal ne sert donc
pas seulement à le protéger lui-même, elle fournit aussi
un abri aux produits de sa génération. Ces œufs sont des
corpuscules ovalaires de couleur jaune renfermés dans
des capsules membraneuses ellipsoïdes, aplaties,
translucides et remplies d'une matière albumineuse.
Le nombre de ces petits sacs varie de 6 à 10; ils sont
unis entre eux par un pédoncule, de manière à représenter une espèce de rosace; chacun d'eux renferme
huit à douze œufs. Il paraît que les jeunes Calyptrées
se développent sous cette espèce de toit maternel,
pour ne le quitter que lorsqu'elles sont en état de se
fixer, et qu'elles se trouvent pourvues d'une coquille
assez endurcie pour les protéger.

Au milieu de la grande rade, entre le petit Bé et
le village de Saint-Enogat, la profondeur de l'eau

augmente, et le sol ne se compose plus alors que de
sable mêlé de fragmens de coquilles et ne contenant
point d'animaux, si ce n'est quelques Tellines et des
Vénus.

Rochers
des Jardins,
et mœurs
de divers
Mollusques.
En continuant à nous diriger vers le nord, nous avons
été visiter, dans une autre excursion, des rochers plus
élevés qui ne découvrent guère que pendant les plus
basses eaux, et que les marins appellent *les Jardins*, à
cause peut-être de la quantité de plantes marines dont
ils sont couverts. En retournant les grosses pierres détachées qu'on y trouve, nous y avons recueilli beaucoup
d'Haliotides et d'Etrilles, ainsi que des Doris et des
Pleurobranches. Nous avons réussi à conserver ces derniers animaux à l'état vivant pendant toute la durée
de notre séjour à Saint-Servan, ce qui nous a fourni
l'occasion d'observer leurs œufs. Ce sont des corpuscules sphériques qui ressemblent à de petits grains
jaunâtres; ils sont en nombre immense et tous réunis
entre eux par une matière gélatineuse, de manière à
former une espèce de ruban; ils sont abandonnés à
eux-mêmes, mais l'animal qui les a pondus a le soin
de fixer ce ruban par un de ses bords sur quelque
corps sous-marin; et ce qui nous a surtout paru
curieux, c'est de le voir toujours l'enrouler sur lui-
même en manière de spirale. Notre ami, M. Impost
de Noirmoutier, nous avait déjà fait remarquer que
les Doris en agissent de même lors de leur ponte, et
cette similitude dans le mode de parturition de ces
deux genres d'animaux est une nouvelle preuve de
l'analogie étroite qui les unit.

L'exploration du rocher des *Jardins* nous a procuré aussi un grand nombre de petites Rissoaires et

quelques Phasianelles dont le mode de progression mérite d'être noté. MM. Quoy et Gaimard, qui ont eu l'occasion d'observer souvent les grandes et belles espèces de Phasianelles, si abondantes à la Nouvelle-Hollande, nous avaient appris que, lorsque ces Gastéropodes marchent, leur pied semble se diviser sur la ligne médiane en deux parties latérales qui avancent alternativement ; quand celle de droite se meut, celle de gauche reste stationnaire, et quand celle-ci se porte en avant, l'autre moitié du pied lui sert de point d'appui. Un peu d'attention nous a fait reconnaître que les petites Phasianelles de nos côtes, dont l'organisation, les formes, et jusqu'aux couleurs sont d'ailleurs très-semblables à celles des espèces propres à la Nouvelle-Hollande, avaient également cette manière particulière de marcher, qu'on pourrait jusqu'à un certain point comparer à l'amble des chevaux. Ce fait, un des plus curieux de la physiologie des mouvemens des mollusques, acquiert donc quelque généralité et se reproduit probablement chez tous les animaux du même genre.

A peu de distance des rochers dont nous venons de parler, on rencontre l'île de Césambre, la plus considérable de la rade, et peut-être même la seule qui mérite ce nom. Elle est située à environ une lieue de Saint-Malo, dans la direction du nord-ouest ; du côté du sud on y aborde dans une petite anse sablonneuse, mais dans le reste de son pourtour elle est bordée par des rochers très-élevés et pour la plupart taillés presque à pic. En creusant dans le sable de cette grève, nous en avons retiré quelques annélides et deux espèces très-rares de crustacés, le Thie, dont nous avons

déjà fait mention, et la Callianasse, petite espèce de
Décapode à longue queue qui a des couleurs très-
jolies. Plus bas, vers la limite inférieure des grandes
marées, le sol devient vaseux et est couvert d'herbiers. Vers l'intérieur de l'île, le terrain s'élève par
une pente très-rapide et forme une espèce d'amphi-
théâtre sur lequel on aperçoit quelques batteries tom-
bées en ruines, les restes des fondations d'un ancien
couvent et une cabane appartenant à deux douaniers,
les seuls habitans de ces rochers. Au-delà de ces ruines
se trouvent deux petites montagnes, dont les flancs,
comme la plupart des autres parties de l'île, sont tantôt
complètement nus, tantôt couverts d'herbes longues
et épaisses entremêlées de fougères et d'un peu de
genêt épineux. Il paraîtrait que jadis Césambre était
beaucoup plus étendue qu'aujourd'hui, et qu'au commencement du 12ᵉ siècle elle tenait presque au continent (1). Jusqu'à la fin du 17ᵉ siècle elle était habitée

(1) Un historien breton, qui écrivait vers 1580, rapporte à ce sujet les faits
suivans : « Il se trouve qu'au passé Saint-Malo n'était pas de toutes parts environnée de mer, laquelle toutefois a gagné bien au-deçà, en sorte que le pays
qui est entre la ville et Césambre, qui est une île distante de deux lieues, en
laquelle il y a un couvent de Cordeliers, estait terre ferme ; et voit-on par les
comptes des revenus de l'évêché du chapitre de cette église, que les receveurs
faisaient charge et décharge du revenu des marais d'entre la ville et le couvent
de Césambre, et encore à présent, les receveurs en font chapitre en deniers
comptés et non reçus ; et se trouve au registre de la sénéchaussée de Rennes,
qu'autrefois il y eut procès entre le duc et les évêques pour le pâturage desdits
marais, où le duc prétendait que ses hommes avaient droit de mener leur
bétail en commun. » (D'Argentré, Histoire de la Bretagne, p. 62.) M. Manet
nous apprend aussi qu'un registre capitulaire, commencé en 1415, porte for-
mellement qu'un particulier fut condamné pour avoir laissé échapper ses bêtes
dans les prés de Césambre. Sous la date de 1425, ce même registre contient
un compte rendu l'année précédente au chapitre par Jean Billart, receveur de
la manse capitulaire, qui y reconnaît avoir reçu 21 livres 8 sous de Colas Go-

d'abord par des Cordeliers, puis par des Récollets ; mais, lors du bombardement de Saint - Malo par les Anglais, en 1693, leur monastère fut brûlé, et depuis cette époque on n'y a fait aucun établissement nouveau. Dans la partie nord de l'île le terrain est fort élevé et la côte est extrêmement escarpée. On y voit à chaque pas d'énormes rochers taillés presque à pic qui s'avancent dans la mer, et au fond des précipices que forment ces falaises se sont amoncelés des fragmens de granite détachés par l'action des flots qui viennent s'y briser avec violence. L'aspect de cette côte est pittoresque et sauvage, mais les rochers y sont trop nus et trop exposés pour servir de demeure à beaucoup d'animaux. Cependant, en râclant avec des instrumens en forme d'écumoires que nous avions fait faire pour cet usage, le fond de quelques petites mares qui s'y trouvent, nous avons découvert, parmi les Corallines dont leurs parois sont tapissées, un mollusque très-curieux et entièrement nouveau pour la science.

Ce petit animal, dont la longueur n'excède pas deux lignes, est voisin des Doris, mais il devra former le type d'un genre nouveau ; en effet, ses branchies, bien que placées à la partie supérieure et postérieure de son corps, et près de l'anus, n'entourent pas cette ouverture comme dans les Doris ; un autre trait *Nouveau genre de Mollusque.*

chard, fermier des prés de Césambre. Enfin, en 1486, ce même Billart, ou un autre du même nom, « ne compte et ne se charge de la ferme de Césambre, parce que ledict receptveur n'en a poiut jouy. » (M. Manet, *op. cit.*, p. 105.) Il paraîtrait donc probable que c'est vers le milieu du quinzième siècle que les marécages situés au sud-est de Césambre ont été envahis par la mer, et que peut-être à une époque plus reculée on pouvait y communiquer au moins à basse mer.

caractéristique de ce mollusque, que nous avons proposé de nommer Dorimorphe, réside dans l'absence de tentacules (1).

Fort
de la Conchée.

En s'éloignant encore davantage de l'embouchure de la Rance, et en se portant un peu plus vers l'est, on arrive au fort de la Conchée, qui couvre tout l'ancien roc de Quince, et qui est regardé comme un des chefs-d'œuvre de Vauban. La mer qui l'entoure est presque toujours houleuse ; en y faisant draguer vers le large on trouve beaucoup d'huîtres, mais leur coquille ne donne attache à aucun corps étranger, et par cela même ces lieux ne nous intéressèrent pas autrement.

Rochers dits
les Pierres-à-
Tisons.

Un autre jour, nous visitâmes les rochers situés au sud-est de Césambre. Les premiers sur lesquels nous débarquâmes sont connus sous le nom des *Pierres-à-Tisons*. On y voit un grand nombre de blocs de granite ammoncelés les uns sur les autres, comme aux îles Chausey, et laissant entre eux des interstices extrêmement riches en produits zoologiques. De toutes les parties de la rade, c'est là qu'on trouve les Eponges les plus volumineuses et les plus variées. Sous ces rochers, on découvre aussi un grand nombre de Théties, d'Alcyons, de Lobulaires et d'Ascidies ; enfin, sur d'autres parties de cet écueil, on rencontre des Balanes d'un volume peu ordinaire, et beaucoup de Moules.

Rochers
de la Savatte.

Des Pierres-à-Tisons nous nous dirigeâmes vers le sud, sur les rochers de *la Savatte*, qui sont situés

---

(1) Voyez : Résumé de nouvelles recherches sur l'histoire naturelle des côtes de la Manche. (Mémoire lu à l'Académie des sciences, le 26 octobre 1829.)

entre Césambre et l'île Harbourg. Cette localité, qui
est remarquable pour les Botrylles et les autres Ascidies composées qu'on y trouve, ne présente du reste
rien de bien particulier. En draguant non loin de ces
rochers, on trouve des Huîtres en assez grande abondance ; mais, de même que dans quelques autres parties de la rade, elles y sont éparses et ne forment pas
un véritable banc ; elles vivent pour ainsi dire en société avec des Calyptrées, des Anomies, et sont re-
couvertes de tubes de Hermelles, parmi lesquelles ou
voit beaucoup d'Eunices, quelques Portunes, etc.

L'île Harbourg occupe la partie ouest de la grande Île Harbourg.
rade de Saint-Malo, et on y remarque un fort destiné
comme ceux de la Conchée et du petit Bé à en défendre
l'entrée. Les rochers qui entourent cet îlot sont d'un
accès difficile, et les courans y sont rapides ; aussi les
zoologistes y trouveront-ils peu de sujets d'observations. Vers le sud, on voit un banc de sable très-étendu
qui assèche lors des grandes marées, et qui réunit
presque l'île Harbourg à la côte voisine. On y pêche
beaucoup de Lançons, soit à la seine, soit à la bêche,
et on y trouve à peu près les mêmes espèces de mollusques que sur le banc des Sablons, situé de l'autre
côté de la rade.

Nous avons exploré encore en différentes fois plusieurs autres points de la rade de Saint-Malo, mais il
serait trop long de les énumérer ici. Nous dirons seulement que sur tous ces rochers nous avons pu distinguer entre les limites des plus hautes et des plus
basses eaux, quatre étages ou régions, en général assez
bien tranchées et caractérisées par les animaux variés
qui y ont fixé leur demeure.

Distribution
des animaux
marins sur
les rochers.

La plus élevée de ces zônes, qui reste toujours à sec pendant les marées ordinaires, présente surtout des Balanes. La seconde est, en général, tapissée de varec et habitée par des Turbots, des Patelles, des Pourpres, des Nasses, des Actinies rouges, etc. La troisième est caractérisée par la présence des Corallines; on y trouve souvent des Moules, et dans quelques points ces mollusques s'étendent aussi dans la région située au-dessus; c'est en général à peu près à ce niveau inférieur qu'on rencontre les Eponges, les Théties, etc., et c'est vers la limite qui la sépare de la région du varec que se tiennent de préférence les Haliotides, les Etrilles, les Pleurobranches, les Oscabrions, etc. Enfin la quatrième zône, qui ne découvre que dans les fortes marées, est couverte de Laminaires et de diverses autres plantes marines au milieu desquelles vivent les Patelles transparentes, quelques grandes espèces d'Astéries, des Actinies, etc. On pourrait ajouter à cette série de régions une cinquième qui ne découvre jamais, et qui est le séjour des Huîtres, des Peignes, des Anomies, des Calyptrées, de certaines Portunes, des Majas, etc.

Excursions
vers le cap
Fréhel.

Après avoir visité avec soin les diverses parties de la Rance et de la rade de Saint-Malo, nos excursions ont été dirigées le long de la côte, vers le cap Fréhel.

Dinard.

Nous nous rendîmes d'abord à Dinard. Ce village, qui dépend de la commune de Saint-Enogat, est situé, comme nous l'avons déjà dit, sur la rive gauche de la Rance, vis-à-vis la Pointe-de-la-Cité, au fond d'une anse très-vaste dont l'entrée présente une rade commode et bien abritée. On y trouve un petit port, qui n'est guère fréquenté que par les bateaux de passage qu'on voit, à différentes heures du jour, partir de ce point pour Saint-Malo et Saint-Servan. La côte voisine est en général assez élevée et bordée de rochers escarpés, si ce n'est au fond des anses, où le sol s'abaissant graduellement, devient sablonneux, puis vaseux, vers la limite de la basse mer, et, comme cela se voit au reste dans beaucoup d'autres locali- tés, se couvre d'herbiers à environ 150 brasses de terre. Un peu au-dessus de Dinard on trouve, par une profondeur d'environ 10 brasses d'eau, un petit banc d'Huîtres étroit et allongé, qui aujourd'hui est totalement épuisé, mais qui, à une certaine époque, et surtout pendant les temps de guerre, a été ex- ploité avec quelque profit. Au nord de ce village s'é- lève un petit promontoire qu'on nomme la Pointe-du- Moulinet ou de Dinard, et qui est formé par la réunion de la côte avec la rive gauche de la Rance ; il établit la limite entre la mer et l'embouchure de cette rivière, et sépare le terrain vaseux qui se dépose sur les bords de la Rance, du sable uni, compacte et pur qu'on rencontre sur la grève située au-delà. La côte qui s'étend de cette pointe jusqu'à celle du Décollé, où se termine en quel- que sorte la baie de Saint-Malo, est bordée de falaises élevées, et on y voit alternativement de petites anses à fond sablonneux et des pointes de rochers avancées au pied desquelles sont amoncelés un grand nombre de blocs de diverses grosseurs qui ont été détachés de la masse commune. Ces blocs et le terrain dont ils dépendent appartiennent à la formation primordiale, et plus spécialement à celle que M. Brongniart a dési- gnée dernièrement sous le nom de *terrains agalysiens*. Ici ce sont des Gneiss et là des Micaschistes plus ou

Côte de
Saint-Énogat.

moins bien caractérisés (1). Les gneiss prédominent
surtout, et les divers échantillons que nous avons recueillis peuvent être rapportés à la variété qu'on désigne sous le nom de *quarzeux*. Le mica, qui y est
fort abondant, est disposé en couches nombreuses
et continues. Tantôt il ressemble par son aspect blanc
et brillant à l'acier poli, d'autres fois il a une teinte
plus foncée et légèrement rougeâtre.

Pointe
du Décollé.

La pointe du Décollé présente la même composition. Lorsque la mer est très-basse, les fragmens de
rochers qui l'environnent se continuent avec plusieurs
écueils situés plus au nord. Sur les grèves sablonneuses, on ne trouve guère que quelques annélides;
mais parmi les blocs de rochers on découvre un assez
grand nombre d'animaux variés, tels que des Poulpes,
de petites Astéries, des Ascidies simples et composées,
des Actinies, etc., qui pour la plupart se cachent sous
les pierres. Le point qui nous a paru le plus riche de
cette côte est un écueil qui découvre à basse mer et

Rocher vidé.

qu'on connaît sous le nom du *rocher vidé*. Nous y
avons trouvé, suspendu aux espèces de voûtes qu'ont
formées, en tombant les unes sur les autres, les blocs

(1) On sait que les caractères du Gneiss sont d'être composés essentiellement
de mica abondant en paillettes distinctes et de feldspath. La structure feuilletée
de cette roche empêche de la confondre avec le granite, dont la texture est
grenue. Il n'est pas toujours aussi facile de distinguer le Gneiss du micaschiste,
qui n'en diffère réellement que parce qu'il admet dans sa composition du quarz
au lieu de feldspath, et parce qu'il est plutôt fissile que feuilleté. Cependant, il
faut l'avouer, ces roches, et surtout les deux dernières, passent d'une manière
si sensible de l'une à l'autre, qu'un échantillon mis entre les mains de personnes exercées, sera souvent déterminé par eux d'une manière différente, et
que le géologue le plus habile pourra se trouver en contradiction avec lui-
même en nommant aujourd'hui gneiss ce que la veille il avait désigné sous le
nom de micaschiste.

de micachiste qui le composent, un grand nombre de
Théties, d'Eponges, etc.; d'Ascidies, soit simples,
soit composées, et notamment la Clavelline lépadi-
forme, découverte par Muller sur les côtes de Norwége, et que déjà nous avions recueillie en assez
grande abondance aux îles Chausey. Nous avons rencontré aussi, dans les petites mares abandonnées par
la mer, beaucoup de Cérites, des Rissoas, et quel- *Mollusque
ques individus de l'*Aplysie verte* de Montagu. Ce pe- peu connu.
tit mollusque, dont les formes et les couleurs sont
très-élégantes, et sur lequel les naturalistes ont eu
les opinions les plus différentes, n'était encore connu
que très-superficiellement. Ocken, qui le premier en
forma un genre distinct sous le nom d'Actéon, le rap-
porta aux Pulmonés et le plaça à côté des Onchidies
et des Limaces. M. de Férussac le rangea dans l'ordre des Tectibranches, à côté des Aplysies. Enfin
M. Rang, après avoir hésité pendant long-temps, a
cru devoir le regarder, mais avec doute, comme ne
différant pas du genre Élysie, de M. Risso. Nous verrons, en traitant spécialement des mollusques, quels
sont les caractères extérieurs de ce curieux animal, et
nous ferons connaître la place qu'il nous paraît devoir
occuper dans la classification naturelle. Quoi qu'il en
soit, les Actéons se tiennent sur les fucus ou sur des
pierres qui restent toujours baignées par l'eau. Ils ont
la faculté de nager le dos en bas, et en s'appuyant
pour ainsi dire sur les lames les plus superficielles du
liquide; mais, en général, ils rampent à l'aide de la
partie antérieure de leur pied sur les divers corps sous-
marins, et ne sortent pas de l'eau. Lorsqu'on les inquiète, ils répandent une matière mucilagineuse légè-

rement blanchâtre, et se contractent au point de devenir presque sphériques.

Nouveau genre
de
Mollusque.
On trouve encore dans ces mêmes parages, et fixées sur les pierres, de petites Patelles roses, dont nous avions déjà rencontré plusieurs échantillons en draguant sur des bancs d'huîtres, et dont l'examen nous a dévoilé un fait que nous croyons important, parce qu'il est une preuve, plus irrécusable peut-être qu'aucune autre, que l'étude des coquilles, séparée des animaux qui les construisent, peut conduire à des rapprochemens erronés. En effet, l'observation attentive de l'animal de cette petite coquille nous a montré qu'il différait surtout de celui des Patelles, en ce qu'il était pourvu d'une cavité antérieure renfermant une branchie, ce qui le rapproche beaucoup des Cabochons. Quant à la coquille, elle est exactement semblable à celle des Patelles, et il n'existe aucune dépression, ni aucun sillon qui puisse, comme chez les Siphonaires, servir de caractère pour l'en distinguer. Cette particularité d'organisation entraînera nécessairement, ainsi que nous avons proposé de le faire, la création d'une nouvelle coupe générique dans la classe des mollusques (1).

Saint-Enogat.
La portion de la côte dont nous venons de parler appartient, ainsi que le village de Dinard, à la commune de Saint-Enogat, dont le clocher se voit derrière les falaises qui s'étendent depuis l'embouchure de la Rance jusqu'à la pointe du Décollé. On y compte

(1) Nous avons pris date pour ce fait et pour plusieurs autres dans le Résumé des nouvelles recherches sur l'histoire naturelle des côtes de la Manche, que nous avons présenté à l'Académie des sciences dans la séance du 26 octobre 1829.

1753 habitans, dont 281 paient des taxes personnelles et 50 sont patentés. Au-delà de ce petit promontoire la côte présente encore le même aspect et les mêmes caractères. On y voit le village de Saint-Lunaire, Saint-Lunaire. dont la population est beaucoup moins nombreuse que dans la commune précédente, car il n'y a que 976 habitans, dont 155 paient des impositions directes et 11 patentés, ce qui prouve combien on s'y occupe peu de commerce. Enfin, à environ deux lieues de l'embouchure de la Rance, on aperçoit à quelque distance de la côte la petite île Agot, et bientôt après on découvre une baie profonde qui est divisée en deux parties par la presqu'île de Saint-Jacut et l'île des Ebiens. Derrière la pointe de la Haye, qui termine du côté de l'est la première de ces baies, est l'entrée d'une rivière très-petite, mais dont l'embouchure ne laisse pas que d'être assez vaste. Le village de Saint-Briac en occupe la rive nord, et présente un Saint-Briac. port à l'abri de tous les vents, qui assèche à chaque marée. L'entrée en est assez difficile à cause des écueils qu'on y rencontre ; mais depuis quelques années on a placé des balises sur quatre d'entre eux, et cela a suffi pour en diminuer beaucoup le danger : on assure même qu'à l'aide de quelques travaux ce port pourrait devenir un des plus beaux de toute cette côte ; il est susceptible de recevoir 200 navires, et un de ses grands avantages serait d'offrir un asile aux bâtimens qui ne peuvent entrer à Saint-Malo. La population de Saint-Briac est de 1997 âmes, parmi lesquels on compte 261 habitans payant des impositions directes et 33 patentés. On s'y occupe du commerce des bestiaux, et le cabotage emploie quelques bateaux. La pêche qui se fait dans cette commune

est peu importante; mais il paraît que jadis elle donnait des produits considérables, car on assure que c'est
avec les produits d'un lot offert par chacun des bateaux
faisant la pêche du maquereau, que l'église paroissiale
de ce village a été bâtie dans le 14ᵉ siècle (1); et en
effet on voit encore l'image de ce poisson sculpté de
tous côtés sur les murs et la voûte de cet édifice.

Mine
de cuivre.

On a découvert depuis peu de temps, près de Saint-
Briac, une mine de cuivre dont on se proposait d'entreprendre, lors de notre passage à Saint-Malo, l'exploitation régulière, et qui, à en juger par les échantillons que M. Godfroy, président de la chambre
de commerce, a bien voulu nous remettre, pourrait
donner des produits importans.

Le cuivre s'y présente communément sous l'état
pyriteux (sulfure de cuivre); quelquefois aussi on
trouve du cuivre carbonaté, mamelonné et d'une
belle couleur verte. Un échantillon de cette variété
de cuivre, et que nous avons remis à notre collègue
et ami M. Dufresnoy, ingénieur des mines, présentait
en outre du quarz hyalin sur lequel étaient implantés
de petits cristaux en octaèdres cunéiformes, que ce savant nous a dit avoir quelque analogie avec le cuivre
arseniaté, mais qui lui paraissait devoir constituer une
variété nouvelle et très-intéressante. L'analyse qu'il en
fera décidera la question, et si elle est terminée avant que
nous ayons achevé la publication de notre ouvrage, nous
aurons soin de la faire connaître. Le minerai de cuivre
est accompagné aussi de plomb sulfuré et de fer pyri-

(1) De l'état ancien, etc., de la baie du Mont-Saint-Michel, par M. Manet,
p. 26.

teux. Le plomb sulfuré ou la galène se présente avec
des caractères bien tranchés (1), et affecte, dans les
échantillons que nous avons examinés, la variété de
forme que les minéralogistes nomment cubo-octaèdre;
les cristaux ont au moins la grosseur du pouce et sont
implantés dans une masse de quarz. Le fer pyriteux,
qui est en masse assez considérable, est accompagné
quelquefois de calcaire perlé, cristallisé en rhom-
boïdes.

La petite rivière qui a son embouchure à Saint-Briac
établit en cet endroit la limite entre les départemens
d'Ille-et-Vilaine et des Côtes-du-Nord. Un peu plus
loin, vers le sud-ouest, on arrive au village de Lancieux, situé près de la côte, et qui donne son nom à
l'anse comprise entre Saint-Briac et Saint-Jacut. Cette
baie, dont l'embouchure n'a guère plus de trois quarts
de lieue de large, se prolonge dans l'intérieur des
terres pendant plus d'une lieue et demie, et lors des
grandes marées, la mer en se retirant laisse presque
entièrement à sec cette étendue considérable de terrain. On y trouve beaucoup de *tangue*, espèce de sable
très-fin dont les agriculteurs font un grand usage, et
dont nous aurons occasion de parler par la suite. Les
grandes plages sablonneuses de cette baie recèlent

Baie
de Lancieux.

(1) Le plomb galène ou plomb sulfuré de M. Haüy, est un minerai qui a
l'éclat métallique du plomb, mais dont la structure plus ou moins lamellaire
permet facilement, au moyen du clivage, de le décomposer en lames qui donnent bientôt la forme primitive ou le cube. Les caractères chimiques à l'aide
desquels on peut aussi le reconnaître sont très-faciles à mettre en usage. Il suffit
de le chauffer avec précaution sur un charbon pour qu'il se décompose. Le
soufre se dégage, le plomb se sépare en fondant, et si l'on continue de chauffer,
la coloration du charbon par les oxides qui se forment est encore un indice
de sa présence.

beaucoup d'annélides, et les habitans des villages voisins y viennent pêcher des Chevrettes.

Saint-Jacut.   La presqu'île de Saint-Jacut, qui borne du côté de
l'ouest l'anse de Lancieux et la sépare de celle de
Saint-Cast, ne tient au continent que par un isthme
sablonneux qui s'élève chaque jour de plus en plus,
et se continue avec les dunes et la côte marécageuse
du fond de la baie, où vient se jeter un petit ruisseau.
Bientôt le terrain s'élève beaucoup et la côte se hérisse de
rochers au bas desquels est situé le petit havre de Saint-
Cast, où une quinzaine de bateaux pêcheurs viennent
chercher un abri derrière une mauvaise jetée prête à
tomber en ruines. Le village situé auprès est peu considérable, et la plupart de ses habitans se livrent à la
pêche ; celle du maquereau les occupe principalement
pendant les mois d'avril, mai et juin ; en hiver ils dra-
guent des huîtres, dont il existe dans le voisinage deux
bancs assez étendus, l'un à l'entrée de l'anse de Lancieux, l'autre plus au large et au nord-ouest de l'île
des Ebiens ; enfin ils pêchent aussi, à l'aide de *Folles*
ou du *Chalut*, des raies, des turbots, des soles, etc.,
qu'ils expédient pour Saint-Malo, Saint-Servan, Rennes, etc. De tous les ports du quartier maritime de
Dinan, Saint-Jacut est celui qui prend la part la plus
active dans cette branche d'industrie. Le nombre total
de bateaux qui y sont employés à la pêche sur les
côtes, ne s'élève cependant qu'à 30, et celui des
matelots à environ 175. Quant aux produits bruts qui
en résultent, on les évalue annuellement à environ
vingt-huit ou trente mille francs (1).

(1) Documens officiels ; bureau des pêches, au ministère de la marine.

Au nord de la pointe de Saint-Jacut on voit, à une Ile des Ebiens.
petite distance de la côte, l'île des Ebiens, qui en est
pour ainsi dire la continuation. Lors de la haute mer,
elle est environnée d'eau de toutes parts; mais à basse
mer, le canal qui la sépare de l'extrémité de la langue
étroite de terre occupée par Saint-Jacut, assèche
complétement, et on peut y arriver à pied sec. L'île
des Ebiens a très-peu d'étendue et se compose presque entièrement de rochers nus, assez élevés et qui appartiennent au granite commun, passant un peu au
gneiss. On rencontre cependant dans son intérieur
quelques champs cultivés et une ferme, auprès de laquelle s'élève une tour qu'on distingue à une grande
distance. Cet édifice, sur lequel on allumait autrefois
un feu pour servir de guide aux navires qui se diri-
geaient vers le port de Saint-Malo, est construit en granite, de forme carrée, et terminé par une plate-forme.
Ce fut en 1650 que les Malouins firent construire ce
phare, mais sa position peu avancée dans la mer ne
leur procura pas tous les avantages qu'ils espéraient
en retirer, et en 1695 on lui en substitua un autre sur
le cap Fréhel (1).

Entre l'île des Ebiens et la pointe de Saint-Jacut
il existe, vers l'ouest, beaucoup de vase; mais du
côté de l'est le sol est ferme et se compose en général
de sable assez fin dans lequel on trouve une quantité
immense d'animaux marins : dans l'espace d'environ

---

(1) Voyez Mémoire sur les phares anciens et modernes, par le vice-amiral
Thévenard, dans ses Mémoires relatifs à la marine, t. III, p. 53. M. Manet ne
rapporte la construction de cette tour qu'à l'année 1797; mais cette date paraît
erronée. (De l'état ancien, etc., de la baie du Mont-Saint-Michel, p. 26.)

un pied carré nous avons compté et nous aurions pu
recueillir plus de cent mollusques à coquilles bivalves.
A quelques lignes au-dessous de la surface du sable nous
avons trouvé plusieurs Bullées et quelques Pandores ; à
une profondeur plus grande, des Manches-de-Couteaux,
des Vénus, des annélides du genre Térébelle, et un
crustacé très-rare qui n'avait pas encore été observé
sur les côtes de France, et dont M. Leach a fait le
type de son genre Axie. Dans plusieurs points de cette
grève on voit une argile bleuâtre, et là seulement on
trouve des Pholades. Ailleurs, en bêchant dans du
sable mêlé de vase, nous nous sommes procuré un
grand nombre d'Arénicoles ; enfin nous y avons découvert aussi une espèce nouvelle d'annélide du genre
Clymène, qui nous a paru très-curieuse à cause de quelques particularités de sa structure. En effet, la forme
pointue de l'extrémité céphalique de cet animal, qui
établit le passage entre ce que l'on voit chez les autres
Clymènes et chez les vers de terre ou Lombrics, confirme l'opinion que nous avions déjà émise sur la place
que ce genre doit occuper dans nos méthodes naturelles. M. Savigny l'avait rangé avec les Sabelles,
les Serpules et les Térébelles, etc., dans l'ordre des
Serpulées ; mais des motifs qu'il serait trop long d'exposer ici nous avaient engagés à le classer à côté des
Lombrics, dans l'ordre des annélides Terricoles (1).
Cette espèce, déjà très-curieuse par elle-même, nous
a offert une particularité digne de remarque, elle

(1) Voyez notre Mémoire sur la description et la classification des annélides
des côtes de la France, présenté à l'Académie des sciences, en 1829, et devant
former la première partie de cet ouvrage.

nourrit un petit crustacé de l'ordre des Entomostracés, que nous décrirons plus tard, et qui est condamné à vivre comme elle enfoncé dans le sable.

Après avoir visité l'île des Ebiens, nous nous sommes dirigés vers le Guildo, village situé à l'embouchure de l'Arguenon, dans le fond de la baie de Saint-Cast. Cette anse, généralement plus étroite que celle située de l'autre côté de Saint-Jacut, mais tout aussi profonde, assèche également presque en entier lors des grandes marées. Les rochers qui la bordent du côté de l'est sont tous des Gneiss, mais près de son entrée on voit une petite île appelée la Colombière, dont le sol est granitique ; elle est fréquentée seulement par les ouvriers employés à l'exploitation de la roche qu'on y trouve, et qui est un Granite bleuâtre moins estimé que celui de Chausey, mais très-employé cependant pour les constructions à Saint-Malo. La côte ouest de l'anse de Saint-Cast ne présente rien de remarquable, mais l'embouchure de l'Arguenon est très-pittoresque ; à mer haute la largeur de la rivière est assez grande ; ses deux rives sont élevées, et parmi les rochers qui la bordent du côté de l'est, on voit les belles ruines de l'ancien château du Guildo, qui faisait partie d'un domaine ducal ; cette forteresse féodale, une des plus belles de toute la Bretagne, est mentionnée dans l'histoire de cette province comme ayant servi de résidence et ensuite de prison à l'infortuné Gilles de Bretagne, qui, en 1450, fut étranglé au château de la Hardouinaie, par ordre de son frère, le duc François Ier. Après les guerres du duc de Mercœur, Henri IV fit démanteler le château du Guildo. Aujourd'hui il est en grande partie démoli, mais l'épaisseur des murs qui

Le Guildo

restent encore debout, et qui sont à moitié cachés par
le lierre, suffit pour donner une idée de l'importance
qu'il devait avoir pendant les temps d'oppression et de
discorde qui régnaient à cette malheureuse époque.
Derrière ces ruines s'élève un petit village dont les
habitans s'occupent principalement de pêche et de
constructions maritimes ; on y voit des chantiers où
l'on peut construire des bâtimens de 400 tonneaux ;
mais en général on n'en fait que de 1 à 50 tonneaux
de jaugeage (1). Les bois de constructions abondent
dans le voisinage, et il serait bien à désirer que l'on
construisît dans ce petit port un quai avec une cale de
décharge, afin d'y rendre l'embarquement plus facile.
La grande route qui conduit de Saint-Malo à Matignon passe dans cet endroit; et, lorsque la mer est
haute, on est obligé de traverser l'Arguenon dans un
bac. Alors cette rivière est navigable pour des bâtimens de 80 tonneaux jusqu'à la ville de Plancoët,
située au sud du Guildo; mais à mer basse elle assèche
presque entièrement, et on la passe à gué ; seulement
il faut avoir soin de bien choisir le lieu du passage, sans
quoi on risquerait de s'enfoncer dans la vase. Cette
circonstance l'a fait surnommer par quelques auteurs
anciens *guedum dolosum*, d'où certains étymologistes
font dériver le nom du Guildo.

Saint-Cast.   La côte qui s'étend du sud vers le nord, depuis le
Guildo jusqu'à la pointe de Saint-Cast, et qui borne
du côté de l'ouest la baie du même nom, est assez
élevée et bordée de rochers. Le village de Saint-Cast,
situé à peu de distance de l'entrée de la baie, est ha-

(1) Documens officiels du ministère de la marine, communiqués par M. Maree.

bité presque entièrement par des pêcheurs, et on y
compte à peu près le même nombre de bateaux qu'à
Saint-Jacut. Près de la pointe on montre aux voyageurs
une grande plage sablonneuse où eut lieu, en 1758,
la bataille dans laquelle un détachement de troupes
anglaises débarquées à quelque distance de Saint-Briac
fut complètement battu. A environ une lieue de Saint-
Cast, dans l'intérieur des terres, on rencontre la petite
ville de Matignon, qui renferme à peu près 1200 habitans, mais qui ne présente rien qui mérite d'être noté.
Enfin, à l'ouest du point dont nous venons de parler,
la côte qui est assez élevée se trouve interrompue de
nouveau par la baie de la Fresnaye, anse profonde   Baie de
ayant beaucoup de ressemblance avec celle de Lan-   la Fresnaye.
cieux, mais plus étendue. La rivière du Fremur,
connue dans le pays sous le nom de la rivière du Port-
à-la-Duc, vient s'y jeter. La mer, lorsqu'elle est haute,
arrive jusqu'au village de ce dernier nom ; mais quand
elle est basse, la baie assèche presque en entier, et
présente alors une grande plage sablonneuse de près
d'une lieue de long. Dans la partie supérieure de la
baie, au voisinage de l'embouchure du Fremur, on
voit beaucoup de tangue, et vers son entrée il existe
plusieurs pêcheries. Les animaux marins qui habitent
ce sol alternativement sablonneux et vaseux, sont
à peu près les mêmes que ceux de la grève des
Ébiens.

En explorant la côte est de la baie de la Fresnaye,
nous avons cru reconnaître que les rochers élevés qui la
forment sont composés essentiellement de Micaschiste
ou de Gneiss ; mais notre attention a été particulièrement fixée sur un point où nous avons vu l'une de ces

roches, le Micaschiste, presque en contact avec le
granite. Non loin d'un village qu'on nomme la Ville-
Norme, on trouve, dans la baie de la Fresnaye, un
sentier coupé dans les rochers, et par lequel on monte
au village. A l'endroit où ce chemin très-étroit dé-
bute, on observe que tous les rochers situés à sa droite
sont composés de granite accompagné de gros nodules
de quarz hyalin légèrement enfumé. La nature de ce
Granite est assez particulière, le feldspath et le quarz
qui entrent dans sa composition sont évidemment al-
térés, même dans les parties qui n'ont eu aucun contact de l'air ou de l'eau de la mer, et le mica a une
teinte bronzée et verdâtre qui, au premier abord,
lui donne l'aspect d'une tout autre roche. Au contraire, le côté gauche de la route, qui n'est distant
que de quelques pieds, est formé de Micaschiste phylladien et de Phyllade pétrosiliceux. Malgré toute l'attention que nous avons mise à découvrir le point de
contact de ces roches avec le granite qui en est si
voisin, nous n'avons pu réussir à le trouver; et, à en
juger par leur position respective, nous pensons qu'elles
lui étaient plutôt adossées que superposées. A gauche
de ce même chemin, et à côté du micaschiste phylladien,
cette roche passe à la variété ferrugineuse; alors elle
est contournée et noduleuse, et ce qu'elle offre surtout
de remarquable, c'est qu'elle est creusée et en quelque
sorte sillonnée et tarandée à sa surface par une infinité
d'excavations souvent très-profondes. Au premier abord
on pourrait croire que ces érosions sont dues uniquo-
ment à l'action des vagues; mais, en réfléchissant que
cette roche composée d'élémens très-différens est couverte à chaque marée par l'eau de la mer, et exposée

ensuite aux intempéries de l'air, il est plus naturel de
supposer que les parties schisteuses, micacées et fer-
rugineuses, qui sont également répandues dans sa
masse, ayant été altérées par des alternatives de séche-
resse et d'humidité, de soleil et de froid, au point de
devenir friables et terreuses, ont pu être balayées ensuite facilement par le mouvement des vagues. Ainsi
ces érosions contemporaines, comme toutes celles qui
ont eu lieu antérieurement aux temps historiques, ne
sauraient fournir des argumens solides aux personnes
qui attribuent à l'eau une action d'usure ou de frotte-
ment. Là, comme ailleurs, l'action destructive de l'eau
se borne à enlever et à balayer en quelque sorte des
parties qui ont été désagrégées par une autre cause.

En longeant la côte ouest de la baie de la Fresnaye,
et en allant du Port-à-la-Duc au fort de la Latte, nous
avons reconnu quelques autres roches d'une formation primitive, et entre autres, une espèce à base d'amphibole, qui est une Diorite granitoïde pour M. Brongniart (1).

A l'ouest de la baie de la Fresnaye, la côte s'élève Cap Fréhel.
beaucoup et s'avance vers le nord jusqu'au cap Fréhel.
La moitié septentrionale de ce promontoire, qui est
entrecoupé de collines, est couverte d'un grand nombre de hameaux ; mais vers le nord, et au-delà du ha-
meau de Villehardrieu, on ne rencontre plus que des
landes et des bruyères où paissent des moutons, et où
se cachent un assez grand nombre de lapins ainsi que

(1) La diorite, que les Allemands nomment *grünstein*, a pour caractère essentiel d'être composée d'amphibole hornblend et de feldspath compacte à peu
près également disséminés.

des renards. Partout la côte est coupée presque à pic
et se compose d'énormes rochers au pied desquels la
mer se brise avec une telle violence et en roulant une
si grande quantité de cailloux, qu'il ne s'y trouve que
très-peu d'animaux. Sur la partie la plus avancée du
cap Fréhel est situé un phare que les Malouins y firent
établir en 1695, pour faciliter le retour des nombreux bâtimens qu'ils expédient dans les différentes
parties du monde. C'est une sorte de grosse colonne
dont la hauteur est de 65 pieds; le roc sur lequel est
placé ce phare s'élève lui-même à 163 pieds au-dessus
du niveau de la basse mer (1); aussi la hauteur à laquelle se trouve le feu qu'on y allume est-elle de 228
pieds au-dessus de ce même niveau; on le distingue à
une distance très-considérable, surtout depuis qu'on
lui a appliqué le nouveau système d'éclairage de
Fresnel (2).

L'extrémité du cap Fréhel, qui est un des points
les plus élevés de cette côte, est coupée exactement à
pic, ce qui rend très-facile son étude géologique. Ils
est composé essentiellement par une roche à texture
grenue dont les grains sont formés de quarz et de feldspath, et qui offrent tous les caractéres de l'Arkose.
L'épaisseur de cette formation est considérable, puisqu'elle s'étend de la base au sommet du cap. L'arkose présente des couches horizontales blanches et
d'autres qui sont d'un rouge de brique, et ces bandes
diversement colorées ne contribuent pas peu à donner
à cette falaise un aspect remarquable et fort étrange

(1) Thévenard, Mémoires relatifs à la marine, t. 3, p. 54.
(2) Rapport sur les phares, par M. de Rossel. Le feu est tournant et les
éclats de lumière paraissent et disparaissent de demi-minute en demi-minute.

dans un pays où l'œil est habitué à ne voir que des
côtes toujours plus ou moins rembrunies. Les parties
blanches, qui sont évidemment dues à la décomposition du feldspath converti en kaolin, s'observent surtout à la partie supérieure, tandis qu'inférieurement
la couleur rouge est dominante; cependant il y a certaines localités où la décomposition est générale, et
où de loin on prendrait ces roches escarpées pour
des falaises de craie. L'épaisseur des couches ne varie
pas moins que leur couleur; les unes ont seulement
quelques lignes, tandis que les autres ont plusieurs
pieds de hauteur. Il existe aussi de grandes différences
dans la texture de cette roche; ici elle est tellement
compacte qu'elle ressemble à du quarz cristallisé en
masse; là, elle est grenue et appartient à la variété
qu'on nomme miliaire; ailleurs, les grains sont d'un
plus fort volume et sa masse est traversée de distance
en distance par des veines de quarz. Les divers échantillons que nous avons déposés dans les collections du
Jardin du Roi et dans celles de M. Brongniart, offrent
ces diverses variétés. Il ne nous a pas été possible de
voir si l'arkose reposait ici sur le granite, comme cela
a lieu ordinairement : la mer, très-orageuse au moment
où nous visitions cette localité, ne nous a pas permis
de descendre jusqu'au pied de la falaise et d'examiner
quelques rochers et ilots avancés qui sont à sa base;
mais nous avons pu juger de loin que ces roches
étaient de nature primitive, et qu'elles appartenaient
soit au granite, soit au gneiss. En continuant de longer le plateau du cap Fréhel, nous avons observé
non loin du phare, et à l'ouest, une particularité
curieuse. Les couches horizontales d'arkose se trou-

vaient interrompues dans une étendue de 20 pieds
environ, et toute cette longueur était occupée par
une roche à base d'amphibole à laquelle nous avons
reconnu tous les caractères d'une Diorite granitoïde :
cette Diorite, qui est pyriteuse, se trouvait comme
interposée dans l'arkose et formait dans son intérieur
plutôt un nodule qu'un filon. Nous livrons cette observation aux géologues, et nous leur laissons aussi le
choix de déterminer à quelle formation appartient l'arkose qui constitue le cap avancé de Fréhel.

Ce cap borne, comme nous l'avons déjà dit, la
grande baie que nous nous proposions d'explorer
d'une manière spéciale dans ce voyage; nous n'allâmes donc pas au-delà, et après avoir consacré quelques jours à cette excursion, nous revînmes à Saint-
Servan.

Excursion   Bientôt nous dirigeâmes de nouvelles courses vers
vers Cancale.   un côté opposé; nous partîmes pour Cancale, en ayant
toujours le soin de longer exactement la côte.

Immédiatement au nord de Saint-Malo on trouve
une série de rochers sur lesquels est construit le fort
Royal ; mais immédiatement à l'est de la ville la côte
est très-basse, et on ne voit dans une grande étendue
que des grèves sablonneuses. Les animaux marins qui
les habitent sont à peu près les mêmes que ceux dont
nous avons déjà parlé en décrivant la plage voisine,
qui dans les grandes marées se découvre au sud du
petit Bé. La chaussée appelée *le Sillon* sépare, comme
nous l'avons dit aussi, une partie de ces grèves de
l'anse que forme le port de Saint-Malo, et au-delà on
voit des dunes peu élevées derrière lesquelles se trouvent des marais qui s'étendent jusqu'au pied de quel-

ques collines situées entre Saint-Servan et le village de
Paramé. L'un de ces monticules, nommé *Butte Saint-*
Joseph, et qui, à cause de sa riante position, est de- Montagne
venu un lieu habituel de promenade, est formé par un Saint-Joseph.
gneiss susceptible de se désagréger et passant au micaschiste et au granite. Pendant long-temps cette roche,
d'assez mauvaise qualité, a fourni quelques matériaux
pour les constructions de Saint-Malo et de Saint-Servan; mais aujourd'hui on a abandonné son exploitation, et on a établi dans quelques autres localités voisines plusieurs carrières à ciel ouvert. L'une d'elles,
que l'on désigne sous le nom de *la Perrière*, est entièrement formée par une sorte de granite commun
qui passe très-sensiblement au gneiss, et qui nous a
paru remarquable à cause des tourmalines d'un beau
noir de gayet qu'elle renferme. Elles s'y présentent en
nodules quelquefois de la grosseur du poing, et y sont
associées à des amas de paillettes de mica du diamètre
d'un ongle et de couleur jaune blanchâtre. Ces masses
de Tourmalines semblent être dues à la réunion assez
confuse d'une grande quantité de cristaux; aussi ne pré-
sentent-elles aucune forme reconnaissable. Il n'en est
pas de même pour celles qui se montrent isolées;
grosses quelquefois comme le pouce, et implantées dans
la roche, elles sont cristallisées régulièrement et terminées par des faces et des facettes qu'il est aisé de
mesurer. Celles qui nous ont offert des caractères
faciles à saisir appartenaient à la variété *Isogone* (1).

(1) La Tourmaline isogone est une des variétés les plus communes; on l'a
trouvée à Madagascar, au Groenland, aux États-Unis d'Amérique, en Angleterre, au Saint-Gothard. Elle est caractérisée par un prisme à neuf pans, terminé par un sommet à trois faces et un autre à six faces.

La même roche renferme aussi des nodules de quarz
cristallin vitreux et légèrement bleuâtre.

Paramé.

Le village de Paramé est situé à environ une lieue de
Saint-Malo, et la commune qui en dépend renferme
près de 3000 habitans ; mais tous ne sont pas rassemblés
dans Paramé même, et on rencontre dans le voisinage
plusieurs hameaux, ainsi qu'un village assez considérable, celui de Saint-Ideul. On y cultive beaucoup de
tabac, et on s'y adonne au commerce des bestiaux.

Vis-à-vis le clocher de Paramé, la côte est hérissée
de quelques rochers ; mais bientôt elle redevient sablonneuse, et se continue ainsi jusqu'à la pointe de la
Varde. On trouve dans cet endroit, tout-à-fait au bas
de l'eau (1), quelques coquilles du genre Solen et beaucoup d'Arénicoles ; mais en général le sable y est grossier et ne renferme que peu d'animaux. La pointe de

Pointe
de la Varde.

la Varde est très-élevée et s'avance assez loin dans la
mer. La roche qui la compose est un micaschiste très-
altéré à sa surface, et renfermant de gros nodules d'un
quarz vitreux, blanc et laiteux, et des Tourmalines
isogones très-bien caractérisées. Toute cette côte est
taillée presque à pic, et trop battue par les vagues pour
être le séjour de beaucoup d'animaux ou même de
végétaux marins ; aussi est-elle presque nue, et lorsque la mer est au plus bas, on ne voit à son pied que
des amas de cailloux roulés, ou bien dans quelques
points des herbiers, ce qui toujours annonce un sol
vaseux. Le sommet de cette pointe est presque aussi
nu que ses flancs ; on y a construit un petit fort.

Dans une des petites anses formées par la dégrada-
tion plus complète du micaschiste, et située à l'ouest
de la pointe de la Varde, on découvre une caverne

étroite et profonde d'environ 20 pieds, et qui semble
due à la décomposition d'un filon schisteux qui était
interposé dans la roche ; la mer y pénètre seulement
à l'époque des grandes marées, mais elle n'y reste
pas assez de temps pour que des animaux marins
puissent y fixer leur séjour. Un peu plus loin on
arrive à une petite plage de sable sur laquelle vivent
un nombre remarquable de Talitres ou *Puces de mer*
d'une très-grande taille ; la côte ne tarde pas ensuite à
être de nouveau bordée par des rochers escarpés, sur
lesquels se sont établis une grande quantité de Moules, de Balanes, quelques Actinies, des Troques et des
Monodontes ; on n'y trouve pas de varec, mais seulement des Corallines qui tapissent les petites mares que
la mer laisse en se retirant. Il en est de même pour la
plupart des écueils situés dans ce voisinage ; exposés au
nord et battus sans cesse par les flots, ils sont presque
toujours nus, tandis que vers le sud, où leurs flancs sont
plus abrités, ils se couvrent de fucus. Un de ces écueils, Île Bennetin.
appelé l'*île Bennetin*, est néanmoins assez riche en animaux marins ; on y trouve à mer basse, du côté de
l'ouest et du sud-ouest, beaucoup de grosses pierres
sous lesquelles se cachent des Astéries, des Porcel-
lanes, des Galathées, etc. Sur plusieurs de ces rochers
on voit aussi un grand nombre d'Actinies de différentes
espèces, des Ascidies composées, des Clavelines, etc.
Enfin, près de la limite des plus basses mers, nous y
avons pris en abondance de jolies Patelles qui toujours sont fixées sur les racines ou sur les feuilles des
grands fucus à lanières.

L'exploration du rocher de Bennetin nous a procuré
encore une espèce nouvelle d'Annélide qui se rapporte

au genre Siphonostome de M. Otto, et qui mérite de
fixer l'attention des zoologistes, en ce qu'elle est munie
de pieds armés de soies, terminées elles-mêmes par des
crochets, ce qui confirme l'opinion que nous avions
déjà émise relativement à la place que ces animaux
doivent occuper dans une méthode naturelle (1).

Baie
de Rotteneuf.

En continuant de suivre la côte, on aperçoit, à peu
de distance des rochers dont nous venons de parler, la baie de Rotteneuf; c'est une anse assez grande
creusée dans le gneiss (2), et qui tire son nom d'un
petit village situé dans son fond. Lors des grandes
marées, des bâtimens de trente et de quarante tonneaux peuvent y entrer; mais pendant les petites
marées, appelées mortes-eaux, les bateaux peuvent
à peine y trouver un abri, et la moitié de la grève
reste à sec. Au fond de cette petite baie, et du côté
de l'ouest, la plage qui se découvre à mer basse est
en partie sablonneuse et en partie vaseuse; elle est
riche en Arénicoles, et la couleur de ces animaux varie

Annélides.

suivant la nature du sol qu'ils habitent. Lorsqu'ils vivent dans la vase, ils sont complètement noirs, tandis

(1) Jusqu'ici les Siphonostomes avaient été placés à côté des Lombrics, mais
des raisons qu'il serait trop long d'exposer ici nous les avaient fait ranger dans
l'ordre des Tubicoles; la découverte d'une espèce ayant des soies terminées en
crochets est une nouvelle preuve de la justesse de ce rapprochement. (Voy. le
Résumé de nos recherches, présenté à l'Académie des sciences le 20 juillet
1829, et la suite de cet ouvrage.)

(2) Nous avons déterminé cette roche comme un gneiss plutôt que comme
un micaschiste, parce qu'en outre qu'elle nous a paru composée essentiellement
de mica abondant en paillettes distinctes et de feldspath, nous avons trouvé
que sa structure était plutôt feuilletée que fissile. Nous ajouterons que la petite
quantité de quarz qu'elle renferme ne permet pas de la rapporter à une autre
variété qu'au *gneiss commun*. Le gneiss de la baie de Rotteneuf renferme quelques filons de trappite terne de deux à quatre pouces d'épaisseur.

que ceux qui séjournent dans le sable pur sont d'un
rouge-jaunâtre; quelquefois les deux extrémités de leur
corps présentent ces deux teintes différentes, ce qui
est une nouvelle preuve du peu d'importance que l'on
doit attacher, pour la distinction des espèces, aux
couleurs de ces animaux. Les pêcheurs qui recherchent
beaucoup ces Arénicoles pour amorcer leurs lignes
préfèrent celles dont la couleur est moins foncée, et
assurent que le poisson y mord mieux. Ils se servent
aussi pour le même usage de Nephthys, qu'ils appellent
des *Chattes*; on en trouve de très-grandes dans le
havre de Rotteneuf, et ces annélides y vivent comme
les Arénicoles, enfouies dans le sable. La manière
dont tous ces animaux creusent le sol pour s'y enfoncer
est assez curieuse; c'est leur trompe qui, à cet effet, leur
sert de tarière. Si on en place un sur la surface du sable
dont on vient de le retirer, on le voit chercher, en
tâtonnant pour ainsi dire, un point convenable pour y
commencer sa galerie. Lorsqu'il en a fait choix, il y
enfonce un peu sa tête et déroule tout-à-coup sa
trompe, qui pénètre dans le sol en le refoulant de
tous côtés. Sa trompe étant ainsi complètement sortie,
il ouvre l'espèce de bouche qui en occupe l'extrémité,
et semble saisir le fond du trou qu'il a formé; puis,
faisant rentrer cette même trompe, il pousse son corps
en avant, et avale souvent, comme d'une bouchée, la
portion de sable à laquelle il s'était en quelque sorte
accroché. A l'aide des pieds qui garnissent les deux
côtés de son corps, il se maintient alors dans la position qu'il vient de prendre, et enfonce de nouveau sa
trompe plus avant dans le sable. La rapidité avec laquelle l'animal exécute ces divers mouvemens est très-

grande; ainsi, bien qu'il ne creuse à chaque reprise qu'une trou circulaire de la longueur de sa trompe, il n'en est pas moins vrai qu'il avance très-vite dans cette espèce de course souterraine, et qu'il ne lui faut pas plus de quelques minutes pour miner ainsi la terre dans une étendue de plus d'un pied.

On trouve aussi sur cette grève quelques coquilles du genre Bucarde, et sur les rochers qui bordent l'entrée du havre, des Haliotides et des Etrilles; les pêcheurs y prennent encore quelques Homards, mais ces crustacés sont en petit nombre. Au fond de l'anse de Rotteneuf on voit quelques rochers, et au-delà des marécages et un grand étang d'eau salée ou vivier séparé de la mer par une digue. La côte s'élève ensuite beaucoup, devient rocailleuse comme de l'autre côté de Rotteneuf, et s'avance bientôt vers le nord-est pour former la *pointe du Menga*, promontoire nu et escarpé qui s'avance loin dans la mer, mais qui ne présente rien qui puisse nous intéresser. A environ une demi-lieue à l'est de cette pointe, on en aperçoit une seconde qui est formée par des rochers presque à fleur d'eau, et sur lesquels se trouvent beaucoup de Moules, de Patelles, de Pourpres, etc., mais peu d'espèces rares. Enfin, en poursuivant toujours sa route vers l'est, on arrive dans la baie Duguesclin, qui doit son nom au château du Guarplic, construit par un des ancêtres du célèbre connétable Duguesclin, Bertrand du Guarplic, sur un rocher qu'on voit près de l'extrémité orientale de cette anse. Sous le règne de Henri III, ce château, qui depuis long-temps n'était plus entre les mains de la famille de son fondateur, fut démoli presque en entier; on n'y laissa subsister que quelques

Pointe
du Menga.

tourelles et un superbe puits creusé sur la cime du
rocher ; enfin , vers l'année 1757, on y éleva quelques
nouvelles fortifications qui subsistent encore aujour-
d'hui , et qu'on appelle le fort Duguesclin. Une grande
plage , dont le sable est très-grossier et quarzeux , s'é-
tend dans toute la longueur de cette anse, qui ne paraît
habitée que par un petit nombre d'animaux. Les roches
de cette localité sont des micaschistes passant quelquefois au gneiss.

Aux rochers qui terminent l'anse Duguesclin et qui Groin de Cancale.
dominent l'île, ou plutôt l'écueil, dont le sommet est
couronné par des fortifications, succède une petite anse
peu profonde ; puis au-delà de ce point la côte s'élève
beaucoup et forme en s'avançant dans la mer un petit
promontoire qui sépare la grande baie de Cancale de
la côte de Saint-Malo, et qui, à raison de sa forme, a
été appelé le Groin de Cancale. Les rochers qui le
bordent sont très-escarpés et tellement battus des vagues qu'on n'y trouve presque point d'animaux.

La baie de Cancale , située à l'est de la Pointe-du- Cancale
Groin, est très-vaste, puisqu'elle s'étend jusqu'au cap
Lihou, où se trouve Granville, c'est-à-dire qu'elle a environ quinze lieues de circonférence, et cinq de large à son
entrée. La petite ville de Cancale , à laquelle elle doit
son nom , en occupe la partie occidentale , mais n'est
pas placée immédiatement sur les bords de la mer.
Elle est bâtie sur le sommet d'une colline assez élevée
et voisine de la côte. La population de cette petite ville
est d'environ 4,000 habitans, et sa position est très-
riante ; on y jouit d'une vue magnifique qui s'étend sur
toute la baie et embrasse au loin la côte de Granville, les
monts Tombelaine et Saint-Michel, rochers qui s'élè-

vent au-dessus de l'eau, le mont Dol et la côte basse
qui l'avoisine, les coteaux rocailleux, boisés, et
qui se prolongent vers Château-Richeux, les îlots
voisins, et enfin la haute mer. Du reste, cette
ville ne présente rien de remarquable, car c'est à la
Houlle, petit port qui n'en est pas éloigné d'un quart
de lieue, que se fait le commerce des huîtres qui a
rendu le nom de Cancale si célèbre.

La Houlle.   Le village de la Houlle compte environ 1500 habitans, qui s'adonnent presque tous à la pêche; il se
compose d'une longue ligne de maisons situées au pied
de collines qui bornent la côte au sud de Cancale.
Afin de préserver des envahissemens de la mer le
terrain sur lequel il est placé, on y a fondé une
digue dont le prolongement a été terminé en 1828;
mais un projet qui promettrait de grands avantages à
ce port, et qui n'a pas encore été mis à exécution,
serait la construction d'un épi circulaire qui devrait
avancer de 50 toises en mer et servir d'abri aux bateaux pêcheurs.

A quelque distance de la digue artificielle dont il
vient d'être question, la nature en élève sans cesse
une autre qui est formée presque entièrement de coquilles d'huîtres rejetées par la mer; mais, au-delà de
ce point, la plage est unie et vaseuse. A chaque marée
elle se découvre dans une étendue d'environ une demi-
lieue, et c'est alors qu'on aperçoit les parcs à huîtres
ainsi que les pêcheries nombreuses dont elle est couverte, et dont nous aurons à dire quelques mots par
la suite.

Au nord nord-est de la Houlle, la côte est escarpée
et bordée de rochers qui de distance en distance s'a-

vancent assez loin dans la mer ; elle s'élève de plus en
plus jusqu'à l'extrémité du cap, et ne présente dans
cette étendue rien qui intéresse le zoologiste.

A une petite distance en mer on voit une série Ilots voisins de la côte.
d'ilots ou d'écueils qui s'étendent du sud au nord,
depuis la pointe de Cancale jusqu'au-delà de celle
du Groin. Le premier de ces écueils est appelé le
rocher de Cancale, ou *le Chatellier*. Il est très-élevé,
presque entièrement isolé et de forme conique. Au
nord de ce rocher, et à une distance un peu plus
grande de la côte, on voit l'ile des Rimains, occupé
presque en entier par un fort dont la construction date
de 1779, et à trois quarts de lieue plus loin l'ile des
Landes, qui est le plus grand de tous ces ilots et qui
est formé par des rochers très-escarpés composés
de gneiss en blocs énormes bouleversés les uns sur
les autres ; leur sommet est couvert d'un peu d'herbes, mais les flancs sont complétement nus et trop
exposés à la violence de la mer pour être le séjour
de beaucoup d'animaux ; on y observe seulement
des Balanes et quelques Patelles. *Herpin* et d'autres
rochers se montrent encore au nord de l'ile des Landes. Il est souvent très-difficile d'y aborder à cause
de la rapidité des courans qui les entourent. En
effet, quand la mer monte ou lorsqu'elle se retire,
c'est dans le chenal compris entre l'ile des Landes et
le Groin que passe en grande partie l'eau qui s'en-
gouffre dans le fond de la vaste baie de Cancale, ou
qui en sort ; les courans qui alors en résultent filent
jusqu'à sept ou huit nœuds à l'heure, et c'est leur
violence sur cette partie de la côte qui a fait donner à
ce passage le nom de *Ras de marée de Herpin*.

Constitution
géologique de
la côte, etc.

Cancale et ses environs offrent une constitution géologique assez curieuse : on y voit le contact de roches
primitives très-variées, telles que le granite, le micaschiste, le trappite, la diorite, l'eurite avec le schiste
luisant et le schiste argileux, qui sont des roches de
transition. Le granite ne se trouve pas directement sur
la côte ; on le rencontre dans l'intérieur des terres et
à une petite distance de la ville. Les particuliers qui
l'exploitent l'emploient à diverses constructions. Celui
de la carrière des *Douets-Fleuris*, que nous avons vi-
sitée, présente toutes les qualités désirables ; le quarz
et le feldspath mélangés en égale portion et en petits
cristaux s'y trouvent intimement associés à une très-
grande quantité de parcelles de mica d'un blanc jaunâtre. Ce granite, qui est grisâtre, est accompagné de
blocs considérables à texture sublamellaire, d'un noir
verdâtre ou d'un noir presque pur, très-dures, fort
difficiles à briser et sonores ; ce sont des trappites
feldspathiques (1) assez analogues à ceux qu'on rencontre à l'est de Guincamp dans le département des
Côtes-du-Nord et sur la côte de Flamanville, près de
Cherbourg. Réduits en petits fragmens, ces blocs servent au pavage des routes.

La grande route de Saint-Malo à Cancale présente
surtout, près de ce dernier lieu, quelques carrières
à ciel ouvert, d'où l'on retire des gneiss ou des
micaschistes qui n'ont rien de particulier et qui sont
généralement peu estimés à cause de la facilité avec
laquelle ils se délitent. Cependant, faute de mieux,
on les utilise dans les constructions. Le micaschiste

(1) Les caractères des trappites sont d'avoir une base d'aphanite dure, compacte ou sublamellaire, et d'être fusibles en émail noir.

et le gneiss se montrent aussi sur divers points de
la côte, où ils forment souvent des caps assez avancés dans la mer : ce sont encore ces roches qui constituent les îlots qui se voient tout près de la côte et qui
semblent en avoir été détachés par suite de diverses
envahissemens de la mer. Ainsi l'île des Landes, que
nous citerons pour exemple, est composée de gneiss
porphyroïde et non pas de granite, comme la plupart
des îles de la Manche ; mais, nous le répétons, cet
îlot, et tous ceux qu'on voit groupés à l'entrée de la
baie de Cancale et près du Groin, sont bien évidemment une continuation de la côte, et il est très-pro-
bable que c'est à une époque contemporaine des temps
historiques que ces écueils ont été séparés de la terre
ferme ; alors le Groin de Cancale se prolongeait sans
doute beaucoup plus avant dans la mer. Quoi qu'il en
soit, la nature du terrain ne tarde pas à changer lorsque, après avoir quitté le Groin de Cancale, on approche de la Houlle. Au N.-E., et près de ce village,
on rencontre diverses roches schisteuses. D'abord on
découvre un schiste luisant très-bien caractérisé et renfermant les débris d'un filon considérable de diorite
granitoïde noirâtre et à petit grains (1). Ce filon s'est
trouvé bientôt épuisé entièrement, parce que la roche,
très-homogène et très-dure, qui le compose a été jugée
convenable pour la construction de la digue en pierre
sèche qui forme les quais du port. Une autre localité
voisine, la pointe du Manet, est composée essentiellement d'un schiste argileux bien caractérisé, feuilleté,

(1) La diorite est une roche composée essentiellement d'amphibole hornblende
et de feldspath compacte, à peu près également disséminés. La variété granitoïde
se distingue en outre par une texture grenue.

pouvant, à cause de cette propriété, être divisé en
lames et servir comme les ardoises à la couverture des
maisons ; mais il est tellement désagrégeable, qu'on a
dû renoncer à l'employer pour cet usage. Plus près de
la Houlle, la côte a été taillée à pic par suite des ex-
ploitations à ciel ouvert que depuis long-temps on y a
faites, toujours dans le but de se procurer des matériaux pour servir à l'élévation de la digue. La pointe
de la Fenêtre en a fourni de très-convenables à cet
objet. Ce petit promontoire est composé d'une eurite
schistoïde (1) à texture très-dense, à structure sensiblement fissile et interrompue par des veines de quarz
enfumé de un à deux pouces d'épaisseur. Enfin, au-
delà de la Houlle, la côte, après s'être terminée par
quelques collines dont la principale porte le nom de
butte de Beauregard, n'est plus qu'une vaste plage
sablonneuse d'où l'on voit s'élever, comme nous l'avons
déjà dit, le mont Dol, le mont Saint-Michel et le mont
Tombelaine. Cette butte de Beauregard est formée par
une roche schisteuse à structure fissile et mélangée d'un
peu de mica ; c'est donc une phyllade, et elle appartient
à la variété *satinée*. Tel est l'ensemble des différentes
formations qui constituent la côte de Cancale.

Pêche
des Huîtres.

    La baie de Cancale est couverte de bancs d'huîtres
également renommées à cause de leur abondance et par
leur bonne qualité ; aussi nous sommes-nous appliqués
à les explorer avec soin. Leur pêche est une branche

(1) Les eurites sont des roches à base de pétrosilex grisâtre, verdâtre ou jaunâtre, renfermant des grains de feldspath laminaire et souvent du mica et d'autres minéraux disséminés. Leur texture est compacte et empâtée, quelquefois
grenue, et leur structure quelquefois fissile ; elles sont fusibles en émail blanc
picoté de noir.

importante de commerce non-seulement pour Cancale
et la Houlle, mais encore pour les divers ports de la
Normandie où l'on fait parquer ces mollusques avant
que de les transporter à Paris.

L'époque à laquelle cette pêche se fait et les moyens
qu'on y emploie sont les mêmes que ceux dont nous
avons déjà eu l'occasion de dire quelques mots en parlant de Granville. Dans les premières années qui ont
suivi la paix, elle n'était pas assujettie aux règlemens
nécessaires pour la conservation des bancs, et les pêcheurs ne tardèrent pas à les dépeupler presque complétement ; mais, depuis 1816, ces abus ne se sont plus
renouvelés, grâce à la stricte observation de l'ordonnance publiée à ce sujet ; dès-lors, les huîtrières sont
redevenues aussi abondantes qu'elles l'avaient jamais
été. Le nombre des bateaux qui en font la pêche est
généralement d'environ soixante-dix, leur tonnage est
de 3 à 20 tonneaux, et l'équipage se compose de 4 à 10
hommes par bateau. Pendant l'année 1828, on en comptait 73 jaugeant ensemble environ 600 tonneaux, et
montés par 570 hommes. Lorsque les grands bateaux,
portant 10 hommes, font une pêche *abondante*, ils
prennent jusqu'à 120 milliers d'huîtres comptables,
c'est-à-dire, ayant au moins deux pouces un quart de
diamètre. Une pêche ordinaire ne fournit que 20 ou
30 milliers ; et, lorsqu'elle en donne moins de 12, elle
est regardée comme insuffisante pour assurer des bénéfices aux pêcheurs : les bateaux de 9 à 10 tonneaux
en prennent ordinairement de 15 à 18 milliers. Pendant l'année 1828, le nombre total d'huîtres draguées
s'est élevé à 52 millions. Les bateaux partent à la marée montante et restent dehors environ 12 heures ; lors

de leur retour ils déchargent les huîtres dans le port,
comme cela se pratique à Granville, et quand la mer est
basse, des femmes et des enfans viennent en faire le
triage et les transportent dans les étalages, espèces de
parcs provisoires, où on les conserve jusqu'à ce qu'elles
soient vendues.

Autrefois, les Anglais exportaient de Cancale une
quantité très-considérable d'huitres. Ainsi, à l'époque
de la paix, ou plutôt de la trève d'Amiens, il est
entré dans le port de la Houlle, depuis le 1er vendémiaire an x jusqu'en prairial an xi, 188 bâtimens anglais, qui ont chargé 119,473,000 huitres, dont la
valeur était de 179,209 f., sans y comprendre 93,353 f.
pour droits d'exportation (1). En 1814, les Anglais
ont conclu des marchés pour 2,700,000 fr.; mais depuis quelque temps cette branche de commerce a
perdu toute son importance, et en 1828, par exemple,
on n'a envoyé en Angleterre que 115 milliers d'huitres,
qui ont produit une modique somme d'environ 400 fr.

La majeure partie des huitres draguées dans la
baie de Cancale se consomme à Paris; mais, avant
que de les porter dans cette ville, on les conserve
pendant plus ou moins long-temps dans les parcs de
la Hougue, de Courseulles, du Havre, etc. En 1826,
on a expédié de Cancale, pour ces divers ports, plus
de 55 millions d'huitres; mais, en 1828, ce nombre
ne s'est élevé qu'à 35,885,000. Le prix moyen de cette
denrée a été de 3 fr. 50 c. le millier (2), et elle a rap-

(1) Voyez Herbin, Statistique de la France, t. 1, p. 386.

(2) Le millier d'huîtres n'est pas de mille, comme on le devrait croire, mais
de douze cents.

porté la somme de 125,597 fr. Enfin, pendant la même
année, Cancale a fourni aux villes voisines 16 millions
d'huitres, dont la valeur a été d'environ 44,000 fr.
Ainsi, le nombre total d'huitres draguées à Cancale
pendant l'année 1828, que nous avons dit être de 52
millions, a donné un produit brut de 170,000 fr. (1).

Les moules se trouvent en très-grande abondance Pêche
des Moules.
sur la plupart des rochers qui bordent la côte comprise entre Saint-Malo et Cancale ; mais ces mollusques
sont loin d'être aussi estimés que les moules d'Isigny,
près de Bayeux, et de divers points de la côte occidentale de la France ; cependant leur récolte occupe un
assez grand nombre d'individus. La pêche s'en fait
à marée basse, et c'est à l'aide d'un couteau ou
d'un crochet en fer qu'on les détache des rochers
sur lesquels ils sont fixés au moyen de leur *byssus*.
D'après la déclaration du Roi du 18 décembre 1728,
il est expressément défendu de cueillir des moules
ayant moins de douze lignes, et celles qui sont venues
en grosses poignées (2); mais ces règlemens sont
loin d'être observés avec exactitude. Quant aux produits de cette pêche dans le quartier maritime de
Saint-Malo, ils ne sont évalués qu'à 2000 ou 2500 fr.
par an.

La pêche du poisson se pratique ici comme à Gran- Pêche
du poisson.

(1) Voyez pour plus de détails à ce sujet, le Mémoire sur la pêche des huitres, dans la suite de cet ouvrage.

(2) Déclaration du Roi au sujet de la pêche des moules dans les provinces
de Flandres, pays conquis et reconquis, Boulonnois, Picardie et Normandie.
Donné à Versailles, le 18 décembre 1728, et registré en parlement le 5 février
1729, tit. 1.

ville, non-seulement en mer, mais aussi sur la côte,
à l'aide de pêcheries, etc.

La pêche en mer se fait avec le *Chalut* ou *Ret tra-
versier*, les *Folles*, les *Lignes*, etc., et donne les
mêmes produits que du côté de Granville, c'est-à-
dire du maquereau, des soles, des raies, des turbots,
des plies, des barbues, des barres, des merlans,
des congres, des rougets, etc. La torpille se rencontre aussi dans la baie de Cancale, et plusieurs
pêcheurs nous ont assuré que, lorsque ces poissons
électriques se prenaient dans leurs filets, il ressen-
tait souvent de légères commotions en saisissant la
corde à l'aide de laquelle ils les tirent à bord. Ce
fait curieux qui se trouve consigné déjà dans Op-
pien, poète grec du 3ᵉ siècle de l'ère chrétienne, ne
paraissait pas avoir été constaté depuis. La pêche
du maquereau a lieu assez loin de la côte, principalement pendant les mois de mai, juin et juillet; on y
emploie tantôt la ligne, tantôt de grands filets verti-
caux semblables à ceux usités pour la pêche du hareng,
mais dont les mailles sont très-larges ; le produit brut
qu'on en retire est d'environ 6,000 fr. par an.

Pêche
au chalut.

Depuis quelques années, la pêche au *Chalut* excite les plaintes les plus vives non-seulement dans
la partie du littoral dont nous nous occupons, mais
encore dans le voisinage de Dieppe et dans plusieurs
autres localités, où l'on pense que son usage est extrêmement nuisible à la propagation du poisson. On conçoit, en effet, que si ces grands filets trainans ont des
mailles très étroites, ils doivent amener avec eux tout
le petit poisson qu'ils rencontrent sur leur passage, et
qu'en les garnissant de plomb et de chaines pesantes on

doit labourer en quelque sorte le fond sur lequel on les
promène, et nuire beaucoup au frai qui peut s'y trouver
déposé. Depuis long-temps ces inconvéniens avaient
été signalés, et pour y obvier autant que possible, le
gouvernement avait fixé par diverses ordonnances la
forme qu'il fallait donner à ces filets, la largeur de
leurs mailles, la manière de les monter, le poids qu'on
pouvait y attacher, et la distance de la côte à laquelle
il était permis de s'en servir. Mais peu à peu ces règlemens sont tombés en oubli, et bientôt on a attribué à
l'usage immodéré que l'on a fait du chalut la diminution du poisson, que l'on a cru remarquer sur cette
partie de la côte. D'autres motifs bien moins dignes
d'intérêt sont venus augmenter dans certaines localités l'aigreur avec laquelle on s'est plaint de ce moyen
de pêche ; comme il est très-productif et qu'il peut être
employé par de simples matelots, tandis que la plupart
des autres procédés nécessitant des fonds plus considérables rendent les pêcheurs dépendans des négocians
pour le compte desquels ils sont alors obligés de travailler, il en est résulté de la part de ceux-ci une espèce d'acharnement contre le chalut, dont l'usage est
si défavorable au monopole. Ainsi, les inconvéniens
dont on peut l'accuser ont été singulièrement exagérés, et on en a demandé de diverses parts, avec instance, la suppression. Si, d'un côté, beaucoup de ces
plaintes paraissent peu fondées, il semble également
évident de l'autre que l'emploi abusif des filets traînans
nuit beaucoup à la population des mers qui baignent
nos côtes ; c'est ce qui a déterminé l'administration à
remettre en vigueur les anciens règlemens sur ce su-

jet (1), et il est probable qu'on les trouvera suffisans pour obvier à tous les inconvéniens réels dont nous avons parlé.

Produit de la pêche du poisson en mer. Le produit annuel de la pêche du poisson qui se fait en mer dans la baie de Cancale varie suivant l'abondance de la récolte et sa valeur. En 1828, on a estimé le poisson pêché de la sorte par les bateaux du port de la Houlle à 87,000 fr., non compris le maquereau et les produits de diverses pêches pratiquées sur les autres points du quartier maritime de Saint-Malo, évalués à environ 38,000 fr.

Pêcheries. Les pêcheries sédentaires sont extrêmement nombreuses dans le voisinage de Cancale. Au nord de cette ville, la nature de la côte, hérissée d'écueils, ne permet pas d'en établir; mais entre la Houlle et l'embouchure du Couesnon, la grève en est couverte; on y compte 54 immenses pêcheries construites en clayonnage, qui se touchent presque entre elles, et qui sont souvent élevées de dix pieds; l'intérieur des espèces de haies épaisses qui les constituent est hérissé de branchages touffus qui arrêtent une grande quantité de petits poissons, et leur ouverture ou égoût aboutit à un *bourgne*, espèce de grand panier en forme d'entonnoir, terminé par une nasse en osier. La mer, en se retirant, laisse ces enceintes angulaires complètement à sec, et c'est alors qu'on y trouve un certain nombre de *poisson marchand*, c'est-à-dire, susceptible d'être vendu sur les marchés; mais la grande quantité de *frai* et de petits poissons qui y

(1) Voyez l'arrêté de M. le chef maritime de Saint-Servan, en date du 20 janvier 1819; la déclaration du Roi du 20 décembre 1729, et l'ordonnance du Roi du 18 décembre 1731.

périssent, et qui ne servent point d'aliment, pas même aux pêcheurs, est bien plus considérable. En visitant les pêcheries de Cancale, nous avons été plusieurs fois frappés du nombre immense de jeunes poissons ayant seulement quelques lignes de long, que nous voyions accumulés près de leur égoût ou suspendus entre les branches touffues dont leurs parois sont garnies. Ces espèces de haies arrêtent tous ces faibles animaux, qui, entraînés par le courant, viennent s'embarrasser entre les branches entrelacées dont elles sont formées ; nous y avons trouvé aussi beaucoup d'œufs de seiches, dont la destruction nuit également aux pêcheurs, car ces mollusques à l'état adulte sont un appât qu'ils recherchent de préférence pour amorcer leurs hameçons, et tous s'accordent à dire qu'il devient de plus en plus rare dans toute la baie. Mais ce que nous avons vu par nos yeux n'est encore rien en comparaison de ce qui a lieu quelquefois. M. Lamare, inspecteur des pêches à Cancale, qui a bien voulu nous fournir tous les renseignemens que nous désirions, nous a assuré que souvent on trouvait tout le long de la grève, qui est ainsi couverte de pêcheries, des monceaux de petits poissons, et que les paysans riverains venaient les enlever par charretées pour engraisser leurs cochons. Cette destruction inutile et fâcheuse du poisson n'est pas le seul inconvénient qui résulte des pêcheries nombreuses qu'on a élevées dans toute cette partie de la baie ; celles-ci sont autant d'écueils artificiels dont on a hérissé la côte, et dont l'existence ne laisse point que d'augmenter les dangers de la navigation dans ces parages. En effet, lors de la haute mer, ils sont complètement cachés sous l'eau, et dernièrement encore un navire (le brick *la Gratitude*) a fait naufrage sur l'une de ces pêcheries, et l'équipage y a couru les plus grands dangers.

La crainte de voir dépeupler la baie de Cancale par la destruction du frai et des jeunes poissons qui a lieu dans les pêcheries, vient de fixer l'attention de l'autorité. Jadis l'établissement et la construction de ces parcs étaient soumis à certaines règles calculées de manière à en diminuer les effets nuisibles ; mais peu à peu ces réglemens étaient tombés en désuétude ; il s'agissait de les faire revivre : M. Martin, chef du sous-arrondissement maritime de Saint-Servan, en a senti la nécessité ; mais lorsqu'il a voulu les remettre en vigueur et faire cesser les abus nombreux qui s'étaient introduits dans ce mode de pêche, les propriétaires des pêcheries s'y sont opposés de tout leur pouvoir. Néanmoins on procédera peu à peu aux réformes nécessaires, et non-seulement on exigera désormais que les ailes de ces pêcheries n'aient pas plus de six pieds de hauteur, mais aussi que pendant la saison du frai leur égout ou goulet soit élargi et

Evaluation des produits de la pêche. ouvert (1). Le produit de ces nombreuses pêcheries a été évalué en 1828 à 76,000 fr., mais en général il est moins considérable. Enfin le total de celui de toutes les branches de pêches dont nous venons de parler s'élève, dans le quartier maritime de Saint-Servan, qui s'étend depuis l'embouchure de la Rance jusqu'au fond de la baie du Mont Saint-Michel, à environ 370,000 fr. par an. Le tableau suivant en donnera une idée exacte.

(1) Voyez l'arrêt du conseil d'état du 11 août 1736, et l'arrêté de M. le chef maritime de Saint-Servan, en date du 10 janvier 1819.

Tableau de l'état de la pêche dans le quartier maritime de Saint-Malo, depuis 1814 jusqu'en 1828 (1).

ANNÉES.	NOMBRE de BATEAUX.	TONNAGE de ces BATEAUX.	NOMBRE DES HOMMES composant leurs équipages.	ÉVALUATION des produits.	OBSERVATIONS.
1814	49	»	516	»	On évaluait alors les produits de la pêche des huîtres à environ 400,000 fr. par an, celui de la pêche du poisson à la mer, 80,000 fr.; celui des pêcheries, à 10,000 fr. Total, 490,000 fr.; mais les données à ce sujet sont très vagues.
1815	60	»	472		La pêche des huîtres a donné 27 millions d'huîtres, évaluées à 230,000 fr. Celle du maquereau représente environ 50,000 fr.; celle des autres pêches, prix en mer, à 20,000 fr., et celle des pêcheries, à 12,000 fr.
1816	73	355	623	352,000	La pêche des huîtres est comprise dans cette somme pour 143,372 fr.; celle du maquereau, pour 8,000 fr.; celle des pêcheries, pour 30; et les diverses autres pêches pratiquées en mer, pour 108,000 fr.
1817	90	576	598	291,372	Le nombre d'huîtres draguées s'est élevé à 15 millions. Les bancs commencent à se repupler.
1818	85	592	598	278,343	Le nombre d'huîtres draguées s'est élevé à 15 millions.
1819	65	505	595	298,430	
1820	77	595	556	286,996	L'augmentation des produits doit être attribuée à l'abondance des huîtres pêchées à Cancale, et à ce que la valeur du poisson pris aux environs de Saint-Malo est comprise dans cet état, ce qui n'a pas été fait pour les années précédentes.
1821	86	596	567	524,442	La pêche des huîtres a donné 22 millions 600 mille huîtres, évaluées à 49,550 fr.; celle des moules a produit 2,500 fr.; celle du maquereau, 5,500 f.; celle du lançon, 6,000 fr.; celle des autres pêches pratiquées en mer, 129,000 f.; et enfin celles faites dans les pêcheries, 48,000 f.
1822	95	669	655	228,150	
1823	95	666	659	337,218	
1824	85	601	667	343,806	67,356,000 huîtres draguées à Cancale ont produit 188,884 fr. La pêche des moules est évaluée à 2,500 fr.; celle faite dans les pêcheries, à 56,000 fr., et les autres branches de pêches, à 125,000 fr.
1825	82	613	719	371,548	Il a été extrait de la baie de Cancale 78 millions 450 mille huîtres, qui ont rapporté 192,000 fr. Cet accroissement considérable est attribué à la bonne tenue des bancs. Les pêcheries ont produit environ 60,000 fr.
1826	89	623	730	374,600	On n'a dragué que 56,550,000 huîtres; mais leur prix a été assez élevé; aussi ont-elles produit 166,650 fr. L'augmentation du produit total de la pêche du poisson provient principalement de celle qui se fait dans les pêcheries.
1827	94	660	665	366,150	La quantité d'huîtres draguées a continué à diminuer; elle ne s'est élevée qu'à 52 millions: mais l'élévation de leur prix a augmenté le produit qu'on en a tiré; il s'est élevé à 170,000 fr. La pêche du poisson en mer a donné environ 125,000 fr., et celle des pêcheries, 76,000 fr.
1828	94	676	710	371,000	

(1) Nous avons dressé ce tableau d'après les états qui sont envoyés annuellement au ministère de la marine par MM. les préfets maritimes, et qui nous ont été communiqués par M. Macé.

D'après ce tableau, on voit que depuis 1814 le nombre de bateaux employés à la pêche a presque dou-
blé ; celui des pêcheurs ne s'est pas accru dans la
même proportion, mais il est aujourd'hui bien supérieur à ce qu'il était en 1817 ou 1818. Quant aux produits, ils se sont également beaucoup plus élevés depuis cette époque, et il est à espérer que le soin avec
lequel les autorités se proposent de surveiller doréna-
vant l'emploi des procédés de pêche, dont l'abus est
nuisible à la reproduction du poisson, la rendra encore
plus abondante. Les pêcheurs se plaignent beaucoup
de la rareté du poisson dans toute la baie de Cancale,
et assurent que chaque année ils en voient diminuer
considérablement le nombre ; mais ces plaintes semblent pour le moins exagérées. A en juger par l'état
officiel que nous venons de rapporter, on voit que les
produits de cette branche d'industrie, loin de s'affai-
blir, se sont accrus considérablement depuis quelques
années.

Huîtrières de
la baie de Can-
cale.

    Pendant notre séjour à Cancale, nous nous sommes
appliqués à examiner par nous-mêmes les bancs d'huitres qu'on rencontre dans la baie voisine, et M. Lamarre, inspecteur des pêches, a eu la complaisance
de faciliter nos recherches de tout son pouvoir et de
nous accompagner dans une partie de nos excursions.
Les observations que cette exploration nous a permis
de faire sur les huîtres, trouveront leur place dans une
autre partie de cet ouvrage, et pour le moment nous
nous bornerons à dire quelques mots des autres animaux marins qui habitent sur les bancs formés par ces
mollusques.

    Sur un de ces bancs, situé à environ deux lieues de

Cancale, au nord-ouest du mont Saint-Michel, et connu sous le nom du *Banc de la Rage*, il existe une quantité énorme de Hermelles dont les tubes sablonneux ont souvent plus d'un pied de long et sont fixés sur les huîtres. Nous nous sommes convaincus que les masses formées par ces annélides étaient très-considérables, et qu'elles enterraient pour ainsi dire les huîtres. C'est depuis une douzaine d'années seulement que les Hermelles ont envahi ce banc, et qu'elles y ont entièrement arrêté la reproduction des huîtres ; toutes celles qu'on y arrache avec la drague sont très-vieilles et comme enfouies dans des masses sablonneuses construites par ces annélides ; aussi ce banc, qui était autrefois un des plus estimés, est-il aujourd'hui complètement abandonné. Les Hermelles qui l'ont détruit paraissent y être venues du voisinage du mont Saint-Michel, car elles forment, sur quelques points des grèves voisines de ce rocher, et au nord-est du Pas-aux-Bœufs, des bancs de sable ou des espèces d'îlots qui découvrent à mer basse et qui alors paraissent élevés de huit à dix pieds. L'un d'eux vient, sur notre indication, de recevoir de messieurs les ingénieurs-hydrographes le nom de *Banc des Hermelles*. Il est à craindre que cet ennemi si dangereux pour les huîtres ne gagne les bancs voisins et ne dépeuple peu à peu la baie, actuellement si riche, de Cancale. Pour prévenir ce malheur, il conviendrait peut-être de chercher à arrêter les progrès des Hermelles et de détruire celles qui se sont établies sur le banc dont nous venons de parler ; nous croyons même qu'en procédant à cette opération à une époque convenable de l'année,

Destruction d'un banc occasionné par des Annélides.

on pourrait arriver facilement à ce résultat, et que la
dépense qu'elle occasionnerait n'excéderait pas la modique somme de trois ou quatre mille francs. Ce serait à
l'aide de la drague qu'il faudrait chercher à extirper ce
fléau, et après avoir complètement nettoyé le banc,
il est probable qu'il ne tarderait pas à se repeupler
d'Huîtres ; il serait même possible que les masses sablonneuses qu'on retirerait ainsi de la mer, et qui renferment un grand nombre d'animaux, pussent servir
à couvrir une partie des dépenses, car elles seraient
susceptibles d'être employées comme engrais par les
agriculteurs : en effet, près de l'embouchure de la
Loire, on trouve également, dans certains endroits,
particulièrement à la Plaine, des bancs formés par des
tubes de Hermelles ; et, lors de la basse mer, les
paysans viennent l'enlever pour cet usage. Quoi qu'il
en soit, ce point mérite de fixer sérieusement l'attention du gouvernement.

Animaux
divers qui se
trouvent sur
les bancs d'huî-
tres.

Sur d'autres bancs d'Huîtres, nous avons trouvé un
très-grand nombre d'Astéries à aigrettes, espèces d'E-
toiles de mer que les pêcheurs appellent des Couronnes,
ainsi que des Aphrodites hérissées. On croyait jusqu'ici
que ces Annélides, dont les couleurs sont si belles,
vivaient toujours sur les plages sablonneuses ; mais
nous nous sommes convaincus, qu'au moins dans ces
localités, c'est plus spécialement sur les bancs d'Huîtres
qu'elles fixent leur habitation. Nous avons rencontré
dans les mêmes lieux et à la même profondeur, plusieurs petites espèces de Portunes, des Gorgones, et
divers autres animaux dont nous aurons à parler par la
suite, mais qu'il serait trop long d'énumérer ici.

Digue et ma-
rais de Dol.

Au sud de la Houle, la côte continue à être assez

élevée ; mais au-delà de la butte de Château-Richeux
la plage n'est séparée des vastes marais du canton de
Dol que par une digue artificielle. Ainsi que nous l'a-
vons déjà dit, on croit généralement dans ce pays
que jadis la mer ne venait pas, comme aujourd'hui,
entourer le mont Saint-Michel, et que toute la baie
de Cancale était occupée par des marécages et par la
forêt de Scessy ; mais, à la suite des grandes inondations qui firent disparaître cette vaste étendue de terrain, la mer ne s'arrêta pas dans les limites qu'elle
occupe aujourd'hui ; elle s'étendit bien plus loin et
couvrit alors tous les marécages de Dol jusqu'au bourg
de Carfantin. Un grand laps de temps s'écoula avant
que l'industrie cherchât à reconquérir une partie de
ce pays ; mais, vers le commencement du onzième
siècle, les ducs de Bretagne s'en occupèrent ; ils éle-
vèrent peu à peu des digues de distance en distance,
et finirent par opposer à la mer une barrière de plus
de six lieues de long, à l'aide de laquelle tout le
voisinage de Dol, c'est-à-dire, la partie la plus fertile
du pays, fut rendu à l'agriculture, et ne tarda pas à
se couvrir de villages. A diverses époques, et notamment en 1604, 1629, 1735 et 1792, cette longue
digue n'a pu résister à la violence des flots, et les
marais situés derrière ont été de nouveau submer-
gés : aussi nécessite-t-elle des réparations fréquentes.
Avant la révolution, les états de la province veil-
laient à l'entretien de la digue, et consacraient chaque
année des fonds à cet usage ; mais, depuis 1799, le
gouvernement en a rejeté la charge sur les communes
qui y sont plus spécialement intéressées ; elles sont réunies en association, et chacun des propriétaires des

marais de Dol paie à cet effet une taxe d'entretien.

Château-Ri-cheux. Cette digue commune commence à Château-Richeux, village situé à 500 mètres au sud de Cancale, et elle s'étend jusqu'auprès de Pontorson, sur une longueur de 3 myriamètres (plus de 9 lieues de poste). Elle est formée par une jetée en terre dont la hauteur varie, mais qui est en général d'environ 10 mètres; et du côté de la mer elle est fortifiée par des enrochemens à pierres perdues. Dans une grande partie de sa longueur, elle est parcourue par la grande route qui conduit de Saint-Malo à Pontorson. Les marécages, qu'elle protége contre les invasions de la mer, sont très-étendus; ils occupent plus de dix mille hectares de terrain, et on y compte vingt-trois communes, dont le nombre d'habitans s'élève à plus de trente-six mille (1).

Saint-Be-nuît - des - On-des. En parcourant cette digue on découvre plusieurs villages dont l'aspect est, en général, assez misérable. Le premier qu'on rencontre du côté de Château-Richeux est Saint-Benoit-des-Ondes. Les maisons, couvertes en chaume, et construites en pierres schisteuses, ne sont percées, comme dans la majeure partie de la Bretagne, que de quelques fenêtres très-étroites ; on y compte neuf cents habitans. Vers le milieu de la digue *Le Vivier.* on traverse le village Le Vivier, dont les habitans, au nombre de sept cent soixante-quinze, se livrent principalement à la culture et au commerce des bestiaux. Ce village occupe les bords de la petite rivière du Cardiquin, l'un des canaux par lesquels les eaux des marais de Dol s'écoulent dans la mer. Des portes à

(1) Analyse des procès-verbaux des conseils généraux, 1821, p. 125.

flots empêchent celle-ci de remonter au-delà de l'embouchure. Plus loin on arrive à Chérieux, et ensuite à divers hameaux situés également sur les bords de la grève; mais la route de Saint-Malo à Pontorson ne se continue pas le long de la digue; elle s'en éloigne tout-à-coup au Vivier pour gagner Dol.

A une demi-lieue au nord de cette ville on passe au pied du Mont-Dol, qui est une butte assez élevée et complètement isolée au milieu des marécages. Son aspect et sa position offrent une analogie frappante avec le mont Saint-Michel, et nous verrons plus tard que son origine paraît être la même. La roche qui le compose est un granite à mica, d'un blanc jaunâtre, et dans lequel le feldspath et le quarz sont en petits cristaux également mélangés. On l'exploite pour les constructions et pour le pavage de Dol. Cette petite ville, qui tire son nom de la butte élevée au pied de laquelle elle est située, est peu considérable, mais d'un aspect très-particulier : de chaque côté de la grande rue qui la traverse, la plupart des maisons sont élevées sur une suite d'arcades disgracieuses, très-basses et soutenues par des piliers ou des colonnes grossières; ces arcades, que dans le pays on nomme des *porches*, rappellent, mais d'une manière bien imparfaite, ces portiques non dépourvus d'élégance qu'on rencontre dans certaines villes d'Italie, particulièrement à Bologne. L'ancienne cathédrale de Dol est une des belles églises de la Bretagne. A une époque déjà ancienne, elle a été la métropole de tout le duché; mais depuis long-temps cette ville a perdu toute son importance, et est devenue un simple chef-lieu de canton. Elle renferme 6809 habi-

Mont-Dol et
ville de Dol.

tans. Le commerce des bestiaux y est assez actif.

A une demi-lieue au sud de la ville, on voit la *pierre du champ Dolent*, monument celtique ou gaulois, dont l'origine est inconnue, et qui paraît cependant se rapporter au culte druidique; c'est une pierre de forme pyramidale, d'un seul bloc, dont la hauteur est de 29 pieds; mais cette hauteur n'est qu'apparente, car on assure que des fouilles, faites jusqu'à la profondeur de 30 pieds, n'ont pu faire découvrir sa base; on ignore si elle tient au rocher, ou si elle a été placée de main d'homme; cette dernière opinion est la plus accréditée. Aucune des pierres levées de la Bretagne ne présente une hauteur aussi considérable. Quoi qu'il en soit, on a admis que cette pyramide n'était autre chose qu'un ancien *pelvin* ou monument funéraire (1).

La route de Dol à Pontorson, que nous avons suivie, n'offre rien de bien important à faire connaître. Pontorson, situé sur la rive droite du Couesnon, et par conséquent non plus en Bretagne, mais en Normandie, est une ville d'assez peu d'importance, qui renferme 1456 habitans. On y compte 287 citoyens payant l'impôt personnel, 123 patentés et 279 propriétaires. Les maisons ne sont pas couvertes en ardoise ou en schiste comme dans les autres parties du département de la Manche, mais avec de petites planchettes en bois simulant des ardoises; du reste, elles offrent l'aspect d'une certaine aisance. On y voit même un établissement pour les aliénés, qui contient environ quarante malades, et un hospice dans lequel on

(1) Voyez Antiquités historiques et monumentales à visiter de Montfort à Corseul, etc., par M. Poignand; in-8°. Rennes, 1820. Recherches sur la Bretagne, par M. Delaporte, t. 2; etc.

fabrique des dentelles qui, par leur exécution soignée, ont été jugées dignes d'une médaille de bronze lors de l'exposition des produits de l'industrie faite à Paris en 1823.

Le terrain que l'on parcourt de Dol à Pontorson se compose principalement de roches schisteuses, dont plusieurs sont des phyllades pailletées (1) comme à Baguer-Pican. Près de ce village, et même au-delà, on trouve aussi dans les champs, et en blocs assez considérables, une diorite granitoïde (2) très-dure, que l'on emploie avec avantage pour paver la grande route.

C'est de Pontorson que l'on peut se rendre avec le plus de facilité, et sans courir aucun risque, au mont Saint-Michel. Le chemin que l'on suit est pratiqué sur un terrain tantôt plat, tantôt légèrement élevé. Les collines que la route traverse sont composées de schiste marneux très-tendre et fort peu effervescent, ou bien de quelques roches d'agrégation, telles que des psammites sablonneux, grisâtres (3), et des bré-

(1) La roche mélangée, que M. d'Aubuisson a le premier nommée *phyllade*, est composée essentiellement de schiste argileux et de mica disséminé. Elle a en outre une structure fissile. On en distingue plusieurs variétés sous les noms de *satiné*, *carburé*, *quarzeux*, *pétrosiliceux*, *pyriteux*, *pailletée*, etc. Cette dernière a pour caractère distinctif de présenter le mica disséminé en paillettes distinctes.

(2) Les *diorites* de M. Haüy, ou le *grünstein* des minéralogistes allemands, est une roche amphibolique, à structure variée, composée essentiellement d'amphibole hornblende et de feldspath compacte, à peu près également disséminés. La variété granitoïde est facilement reconnaissable à sa texture grenue.

(3) M. Brongniart a donné le nom de *psammite* à une roche grenue, composée essentiellement de sable quarzeux distinct et de mica assez également mêlés et réunis par une petite quantité d'argile. Le *psammite sablonneux* a pour caractère plus spécial de présenter du quarz à l'état sableux dominant et

ches (1) auxquelles les géologues donnent le nom de
polygéniques, parce qu'elles sont composées de fragmens de roches différentes, empâtées dans un ciment
commun. Du reste tout ce terrain, depuis Pontorson
jusqu'au bord de la mer, est de nature à se désagréger avec la plus grande facilité, et souvent par la
simple action délayante de l'eau.

Mont Saint-
Michel.

En approchant du rivage le sol s'abaisse davantage,
et bientôt on découvre le mont Saint-Michel dont l'aspect majestueux frappe les yeux d'étonnement. Ce
rocher, célèbre dans les fastes de notre histoire, et
qui, jusqu'à la fin du siècle dernier, était fréquenté par
de pieux pélerins, attire encore aujourd'hui l'attention
de tous les voyageurs. Qu'on se figure une énorme
masse granitique, dont la base a environ un quart de
lieue de circonférence, et dont le sommet, avec les
constructions gothiques et élégantes qui le couron-
nent, s'élève à une hauteur de plus de 400 pieds. Qu'on
se représente encore cette espèce de colosse, tantôt
baigné, lorsque la mer est haute, par les eaux qui
l'entourent; tantôt s'élevant, quand ces mêmes eaux
se retirent, au milieu d'une vaste plaine de sable, et
l'on aura une idée, quoique très-imparfaite, de ce
que cette éminence présente de plus remarquable.
Mais ce qu'aucune expression ne saurait rendre, c'est
le sentiment que l'on éprouve lorsque, cherchant
du haut de ce monticule quelque point environnant

du mica plus rare. Cette variété renferme souvent des débris de corps orga-
nisés; mais, quoique nous nous soyons attachés à en chercher, nous n'en
avons pas aperçu dans la localité dont il est ici question.

(1) On applique spécialement le nom de *brèche* à une roche formée par un
ciment enveloppant des roches diverses en fragmens plus ou moins angulaires.

pour y reposer ses regards, on ne rencontre toujours
que des objets lointains et peu distincts. La mer en-
toure-t-elle le rocher, aucun bateau, aucune barque
de pêcheur, aucune de ces scènes si fréquentes sur
les côtes et dans les plus petits ports ne vient ani-
mer ce tableau monotone : une teinte unie le colore
partout également, et l'on croirait presque que le
néant règne encore sur la nature. La mer, au bout de
quelques heures, s'est-elle retirée, on se trouve encore
au milieu de ce cercle magique ; mais alors une plage
uniforme de sable s'étend à perte de vue devant
vous, et son étendue ne se mesure guère que par la
petitesse de quelques objets nouveaux qui apparais-
sent sur la scène. Ce sont des femmes et des enfans
occupés à recueillir sur la grève des coquillages qu'ils
vont vendre à un prix modique au marché d'Avranches, ou bien des hommes accompagnant des attelages
de bœufs, et qui profitent du *bas de l'eau* pour gagner,
dans des directions connues, divers points de la côte.

L'objet le plus rapproché que l'œil découvre est
le mont Tombelaine, rocher isolé de la terre ferme
comme le mont Saint-Michel, entouré aussi d'eau à
chaque marée, mais beaucoup moins élevé, très-peu
étendu, d'un accès très-difficile, et sans aucune habitation.

On évalue la superficie des grèves sablonneuses Grèves du
du mont Saint-Michel à huit ou dix lieues carrées. Michel.
Elles sont traversées par un grand nombre de rivières ou de ruisseaux, dont les principales sont :
la Sée, la Cellune, la Guintre et le Couesnon. Le
cours de ces rivières, mais surtout celui du Couesnon,
varie beaucoup et change souvent d'une marée à

l'autre (1). En 1817, par exemple, la Sée et la
Cellune, qui auparavant coulaient ensemble au pied
du mont Tombelaine, vinrent passer, conjointe-
ment avec la Guintre, tout près du mont Saint-
Michel; et, depuis quelques années, elles ont repris
leur ancien cours. La cause de ce phénomène est la
grande mobilité du sable fin et léger qui constitue
ces vastes grèves; dans quelques endroits le sol est
ferme et résistant comme sur la plupart des plages
sablonneuses; mais dans beaucoup d'autres il devient
mouvant et constitue des fondrières ou *lises* extrêmement dangereuses, en ce qu'elles engloutissent tout-
à-coup ce qui vient à peser sur leur surface. Il est
difficile à un œil peu exercé de distinguer ces lises
d'après leur aspect; mais lorsqu'on en approche, on
ne tarde pas à les reconnaître; car, à chaque pas
que l'on fait, on voit le sol devenir de plus en plus
tremblant; si on s'arrête, on le sent s'affaisser sous
les pieds, et bientôt on y enfonce plus ou moins profondément. C'est en général au voisinage des ruisseaux
qui traversent les grèves que se trouvent les sables
mouvans; mais leur existence n'a rien de constant, et
quelquefois d'une marée à l'autre il s'en forme dans
des endroits qui la veille étaient parfaitement sûrs.

---

(1) D'après un vieux proverbe du pays (*le Couesnon par sa folie a mis Saint-
Michel en Normandie*), il paraîtrait que cette rivière, qui établissait la limite
entre les deux provinces de Bretagne et de Normandie, aurait éprouvé à une
époque très-ancienne une grande déviation en passant de l'est du mont Saint-
Michel à l'ouest où elle se trouve aujourd'hui. On peut même dire, à l'appui
du dicton populaire, qu'elle continue tous les jours ce mouvement; car depuis
une quarantaine d'années elle s'est écartée de plus en plus du mont Saint-
Michel, et est venue se porter au pied des digues du grand marais de Dol, où
sa présence occasionne de grands accidens.

Dans certaines parties de la grève il est même possible, comme nous en avons nous-mêmes tenté l'expérience, d'en former à volonté (1) en piétinant pendant quelque temps sur le sable; alors on voit la surface, qui semblait parfaitement sèche, devenir humide, et le sol se transformer en une espèce de gelée gluante et tremblante; si l'on reste immobile pendant quelques minutes, on s'y enfonce graduellement, et les efforts que l'on fait alors pour se dégager rendent le sable encore plus mouvant. Il en est de même pour les lises naturelles; aussi, un des moyens les plus efficaces pour éviter le danger est-il de les traverser avec le plus de rapidité possible, et de ne suivre jamais, si l'on est en compagnie de plusieurs personnes, les pas de celles qui vous précèdent (2). Il y a même des cas où, pour en sortir, il faut se rouler sur les flancs, le corps offrant alors plus de surface pénètre moins facilement dans cette sorte de bouillie gélatineuse. Si on piétine autour de ces lises artificielles, on en voit sortir de l'eau en assez grande quantité, et les corps qui s'y étaient d'abord engloutis ne tardent pas à être

(1) Ce fut M. de Saint-Victor (d'Avranches) qui appela d'abord notre attention sur ces lises artificielles, et ce fut avec lui que nous les observâmes pour la première fois dans une course que nous avons eu le plaisir de faire ensemble vers l'embouchure de la Sée.

(2) Guettard dit quelques mots de ces lises naturelles dans son Mémoire sur les salines de l'Avranchin; mais, suivant lui, elles seraient formées par une terre glaise bleuâtre; ce qui ne s'accorde pas avec ce que nous avons observé, et nous paraît même difficile à admettre. En effet, l'argile forme des masses très-compactes, et les sables mouvans que nous avons examinés étaient toujours formés de la *tangue*, espèce de poussière sablonneuse plus ou moins molle, se laissant facilement délayer. Nous avons bien remarqué une terre bleuâtre dans quelques lieux, mais alors le sol était très solide. (Voy. les Mémoires de l'Académie des Sciences, 1758, p. 106.)

ramenés à la surface du sol; aussi, lorsque des voyageurs ou une charrette et son attelage viennent à s'en-
liser, pour nous servir de l'expression employée dans
le pays, on profite de cette propriété remarquable
pour les dégager ; de la paille, des fagots, des planches et tout ce qui tombe sous la main est étendu
autour de la lise, et l'on piétine dessus ces objets jusqu'à ce qu'il en sorte ce qui avait été englouti. Par
ce moyen, il est quelquefois possible de dégager les
corps qui s'engloutissent dans les sables mouvans,
tandis qu'on n'y parviendrait pas à force de bras
seulement ; mais d'autres fois rien ne peut malheureusement les sauver. On assure que souvent des chevaux
avec leurs cavaliers ont disparu ainsi presque instan-
tanément ; et, s'il faut en croire les traditions, un
vaisseau échoué aux environs du mont Saint-Michel,
vers la fin du siècle dernier, se serait enfoncé tellement
dans la grève, que tout aurait disparu, jusqu'aux mâts
les plus élevés. On raconte aussi qu'en 1780 le propriétaire de ce navire ayant fait tailler en forme de cône
une pierre du poids de 300 livres, et y ayant attaché
une corde de 40 pieds de long, il la fit poser, la pointe
en bas, sur le sable, pour voir à quelle profondeur elle
s'arrêterait, mais qu'elle s'enfonça si profondément,
que le lendemain on ne put découvrir aucun vestige
ni de la pierre ni du cordage.

Quoique souvent ces récits soient fort exagérés par
les gens du pays, il n'en est pas moins vrai qu'il serait
très-imprudent de s'aventurer sur ces grèves sans avoir
de guide, d'autant plus que des sables mouvans ne
constituent pas le seul danger auquel on y soit exposé.
En effet, la rapidité avec laquelle la mer y arrive

lors du flux est telle que, dans les fortes marées, elle
devancerait le plus agile coursier; et quelquefois
malheureusement, lorsqu'on est averti de son approche, il n'est plus temps d'échapper, car l'eau se répandant d'abord dans les nombreux ruisseaux qui
sillonnent les grèves et qui communiquent fréquemment entre eux, les bancs élevés sur lesquels on se
trouve sont transformés en des espèces d'îlots, long-
temps avant que d'être envahis par la mer, et si on s'y
laissait cerner, la mort serait presque inévitable.
Néanmoins, lors de la basse mer, on voit, comme
nous l'avons dit, un grand nombre de gens disséminés sur ces grèves : les uns viennent de la côte
voisine chargés de provisions; les autres s'occupent
de la pêche, soit du poisson ou des chevrettes, soit
des *coques* (1). Le nombre de ces coquilles qu'on   Coquilles.
prend dans la plage sablonneuse du mont Saint-Michel
est vraiment prodigieux, et ils y forment des espèces
de bancs qui sont d'autant moins épuisables qu'ils
changent fréquemment de place; en effet, on nous a
assuré que souvent, dans l'espace de vingt-quatre
heures, ils s'éloignent du lieu qu'ils occupaient de près
d'une demi-lieue. De même que sur les autres parties
de la côte, ce sont principalement les femmes et les
enfans qui se livrent à cette pêche, tandis que les hommes se munissent de filets, et entrent dans l'eau jusqu'à
mi-corps, en suivant la mer à mesure qu'elle se retire,
pour prendre des soles et d'autres poissons.

D'après l'opinion la plus généralement répandue
dans le pays, ces grèves si étendues, et même toute

(1) *Cardium edule.*

I.   13

la baie jusques y compris les îles Chausey, auraient
jadis fait partie du continent, et auraient été occupées
par des marécages et par la vaste forêt de Scisey, ou
Chausey. On va même jusqu'à assurer que la catastrophe, par suite de laquelle la mer aurait fait cet envahissement, est contemporaine des temps historiques.

Inondation du pays voisin du mont Saint-Michel.

Cette question, outre qu'elle n'est pas de notre
ressort, est trop compliquée et trop importante pour
que nous puissions la traiter accidentellement ici. Cependant, ayant été interrogés, comme le sont tous
les naturalistes qui visitent ces lieux, sur ce que nous
pensions à ce sujet, et ayant nous-mêmes été vivement
frappés du grand spectacle que la nature présente
dans ces contrées, nous avons dû y prendre intérêt
et être naturellement conduits à y réfléchir.

Si l'on s'en rapportait au dire de tous les habitans
de ce pays, on admettrait qu'autrefois la côte se prolongeait bien davantage, et que les nombreux rochers
qui constituent aujourd'hui des écueils ou des îles,
étaient joints au continent par des terrains bas et marécageux. Ce fait paraît même constaté, pour certaines
localités, par des titres de propriété (1), et une opinion semblable à celle-ci est également accréditée à
Jersey pour les îlots qui environnent cette île (2)

_____

(1) Voy. pag. 135.

(2) « Il est assez probable qu'une grande partie des rochers qui environnent
l'île de Jersey, et qui en sont séparés par la mer, étaient autrefois en terre
ferme ; mais que la violence de la mer a enlevé toute la terre qui était autour,
et n'a laissé que ce qu'elle n'a pu dissoudre. Dans la paroisse de Saint-Ouen,
la mer a englouti un assez riche canton il n'y a que 400 ans ; l'on aperçoit
encore, quand la mer est basse, des restes de bâtimens entre ces rochers, et
l'on trouve quelquefois sur le sable, après une tempête, de grandes pièces de
bois de chêne. Les registres de l'Échiquier font mention d'un peuple qui

Mais sans nous arrêter à ces témoignages qui, en admettant qu'ils ne soient pas contestables, sont du moins peu nombreux et ne s'appliquent qu'à des points très-voisins de la côte, voyons si l'étude des localités est favorable ou non à cette manière de voir.

Beaucoup de vieillards dignes de foi, que nous avons consultés, ne nous ont répété que ce que l'on sait de sources bien certaines ; c'est-à-dire, que plusieurs fois ils avaient vu dans les forts orages la mer rompre ses digues naturelles et envahir des terrains bas et marécageux les plus voisins de la côte. Mais ces phénomènes assez fréquens ne peuvent être comparés à la grande inondation qui a séparé les îles Chausey, Jersey, Guernesey, etc., du continent, et encore moins à celle qui a détaché aussi l'Angleterre de la France et de la Belgique. Nous en dirons autant de la destruction des falaises ou des rochers que la violence des flots opère journellement sur toute l'étendue de notre littoral ; car, bien qu'à la longue elle en modifie la configuration, on ne saurait soutenir que le grand détroit de la Manche ait été ouvert par cette espèce d'usure lente et successive. D'ailleurs, il est telle localité où la mer, au lieu de creuser ainsi son lit, exhausse journellement le sol : c'est ce qui se voit en particulier à Chausey, où la *Grande île*, composée d'abord de deux îlots, a été réunie en une seule île par une sorte de digue de sable accumulée successivement par les eaux. L'élévation des dunes offre un phénomène du même genre.

habitait cette portion de terre, et il y a environ 1100 ans que la petite île ou est bâti le *Château Élisabeth* fut détachée de la terre ferme. » (*Hist. des Îles de Jersey*, traduit de l'anglais par Le Rouge. 1757, in-12.)

On peut donc, ce nous semble, admettre comme
certain que les îles qui viennent d'être citées, et même
celles de la rade de Saint-Malo, n'ont pas été détachées
par l'action de quelque forte marée comparable à celles
qui se voient de nos jours, mais que leur disjonction
est due à quelque cause plus puissante.

Trace évi-
dente d'une ca-
tastrophe vio-
lente.

En effet, si l'on étudie avec soin ces localités, on
découvre bientôt des traces évidentes d'une catastrophe violente. Ainsi la plupart des îles, et la côte elle-
même, présentent, dans les masses granitiques (1)

(1) Nous avons fait, à l'égard des îles de la Manche que nous avons visitées,
une remarque que nous croyons de quelque importance, vu la généralité
qu'elle nous a offerte, et parce qu'elle pourrait venir à l'appui de l'opinion
des personnes qui pensent que la mer a envahi, soit à diverses reprises, soit
d'un seul coup, une étendue de terrain qui faisait autrefois partie de la terre
ferme; nous entendons parler de la nature des roches qui forment ces îlots.
Ils sont tous, ou du moins presque tous, composés de granite. Nous n'en
connaissons aucun dont le terrain soit schisteux, et il est rare, à moins
que ce ne soient des îles en quelque sorte attenantes à la côte, d'en trouver qui
soient formés de gneiss ou de micaschiste. On conçoit que la mer ayant fait
irruption sur le continent, les roches schisteuses juxtaposées aux masses granitiques qui s'étaient soulevées antérieurement au milieu d'elles, en redressant
et disloquant leurs couches, ont dû être bientôt disjointes et lacérées par
la violence des marées, et par le mouvement continuel des eaux qui char-
riaient des blocs de toutes dimensions et les roulaient sans cesse sur elles,
tandis que les masses granitiques ont pu résister à cette action destructive, et
former dans la mer une multitude de petites îles généralement peu étendues.
L'exemple le plus frappant que nous puissions citer est le mont Saint-Michel,
qui, sans doute, entouré autrefois de toute part par des roches schisteuses, a
été dégagé entièrement, et s'élance aujourd'hui majestueusement au-dessus
d'une vaste plage dont le terrain gris, mollasse et même boueux, semble
rappeler la nature ancienne du sol. Les brèches polygéniques, composées de
fragmens de schiste mollasse, et qui se rencontrent entre Pontorson et les bords
actuels de la mer, indiquent encore la nature des roches qui couvraient sans
doute autrefois toute la plage du mont Saint-Michel. La même remarque
s'applique au mont Tromblaine.

qui les composent, des disjonctions et même des bouleversemens qui, à cause de la généralité du phénomène, ne peuvent être attribués qu'à une seule et
même cause. Nulle part ce phénomène n'est aussi
sensible qu'à Chausey. Ce petit archipel, formé,
comme on sait, par une soixantaine d'ilots, est remarquable par le complet bouleversement de ses masses
granitiques. On peut dire que pas une roche n'est en
place, et cependant il est de toute évidence que ces
blocs, entassés les uns sur les autres, ne sont pas
venus d'ailleurs ; ils sont certainement là dans le lieu
où ils se sont formés, seulement ils ont été bouleversés sur place et mis ainsi sens dessus dessous.
On ne saurait donc révoquer en doute l'existence
de grandes catastrophes différentes des phénomènes
journaliers, et qui auraient finalement amené l'état
actuel des choses.

D'autres phénomènes qui viennent encore attester
que plusieurs parties de notre littoral ont subi des
révolutions extraordinaires, jettent en même temps
quelque lumière sur le genre de changement qui s'est
opéré, et laissent entrevoir quel devait être l'état ancien de ces contrées. Nous voulons parler des immenses dépôts de couches végétales qu'on rencontre,
non-seulement sur nos côtes, mais sur celles de l'Angleterre et dans un grand nombre de lieux. Ces dépôts ont été décrits par différens naturalistes, et ces
observations sont trop importantes pour que nous ne
nous attachions pas à citer ici quelques-unes des relations où ils se trouvent constatés de la manière la
plus positive. M. de La Fruglaye dans une lettre
adressée à M. Gillet-Laumont, les a particulièrement

Dépôts de végétaux et forêts sous-marines.

signalés dans le département du Finistère, près de
Morlaix (1).

« Je désirais, dit-il, depuis long-temps trouver le gi-
sement des Cornalines, des Sardoines et des Agates
globuleuses que je rencontrais abondamment répandues sur une seule grève de mon voisinage, et c'était
inutilement. Pour parvenir au but que je m'étais proposé, je me rendis sur le terrain au moment même
d'une tempête, pendant les horribles ouragans de février dernier (1811); je fus favorisé par une grande
marée qui me donna l'avantage de pousser mes recherches plus avant vers le fond de la mer.

« La plage sur laquelle je me rendis forme un immense demi-cercle : son fond, dans sa partie la plus
reculée, est terminé par des montagnes granitiques
presque sans végétation. La mer ne vient pas jusqu'au
pied de ces montagnes; elle s'est opposé une digue
naturelle, d'environ 30 pieds de hauteur, composée
de galets, parmi lesquels se trouvent presque toutes
les variétés du quarz. Au pied de cette digue commence une grève magnifique ; sa pente est d'environ
deux lignes par toise ; je l'avais toujours vue couverte
du sable le plus fin, le plus uni et le plus blanc. Ma
surprise fut extrême lorsque, au lieu d'un sable éblouis-
sant, je trouvai un terrain noir et labouré par de longs
sillons ; j'examinai ce terrain avec attention, et je ne
tardai pas à reconnaître la trace de la plus longue et de
la plus ancienne végétation.

« Ce sol, ordinairement si uni, présentait des ravins
profonds qui me donnaient les moyens d'observer les

___
(1) Cette lettre est extraite du *Journal des Mines*, t. 30, p. 389.

différentes couches qui le composent. La première
variait d'épaisseur en raison des dégradations que la
mer lui avait fait éprouver. Elle était entièrement
composée de détritus de végétaux. Les feuilles d'une
plante aquatique y sont très-abondantes et les mieux
conservées; elles sont presque à l'état naturel ; j'ai
obtenu quelques feuilles assez distinctes d'arbres fo-
restiers et de saule. La terre qui forme le sol, ayant
été exposée aux influences alternatives de la pluie et
du soleil, s'est gercée, fendillée, et j'y ai trouvé des
fragmens d'insectes très-bien conservés : une chrysa-
lide entière, la partie inférieure d'une mouche avec
son aiguillon.

« Sur la couche noire et compacte dont il s'agit,
on voyait des arbres entiers renversés dans tous les
sens ; ils sont pour la plupart à l'état de terre d'om-
bre ; cependant les nœuds, en général, ont conservé
de la consistance, et la qualité des bois est très-recon-
naissable : l'if a conservé sa couleur, ainsi que le chêne,
et surtout le bouleau qui s'y rencontre en grande
abondance; il a conservé son écorce argentée. Le
chêne prend promptement à l'air une teinte noire
très-foncée et acquiert de la dureté; desséché, il
brûle avec une odeur fétide. J'ai obtenu des mousses
vertes comme dans leur état de végétation.

« Cette même couche, reste de la plus forte végétation, est superposée à un sol qui me semble avoir
été une prairie ; j'y ai trouvé des roseaux, des racines
de joncs, des asperges; toutes les plantes sont en
place ; leur tige est perpendiculaire. J'ai pris des racines de fougères qui ont encore le duvet qu'elles
perdent ordinairement au moment où leur végétation

cesse. Le sol de la prairie dont je viens de parler est
un composé de sable et de glaise grise; il se prolonge
très-avant dans la mer; j'en ai retiré des joncs qui
avaient encore leur substance médullaire; mais à cette
distance il n'y a plus de vestiges de la forêt, et j'ai
retrouvé le roc vif. C'est aux pointes que ce roc présente, et à la résistance qu'il oppose aux efforts de
la mer, qu'on doit la conservation de ce qui reste de la
forêt.

« Ne retrouvant plus de traces de la forêt en avançant vers la mer, je la suivis, en revenant sur mes
pas, jusque sous la digue des galets dont j'ai parlé,
et j'acquis la certitude qu'elle se prolongeait sous les
pierres. Mais je remis au premier beau jour à venir
suivre cette découverte, me promettant bien alors de
rapporter (à dos de chevaux) une abondante collection d'échantillons.

« Je revins effectivement avec tout ce qui était
nécessaire pour la récolte que je me proposais de
faire, mais je ne retrouvai plus de forêt; le changement de décoration était complet, j'en croyais à peine
mes yeux. Le beau sable blanc avait recouvert le sol.
Je fis creuser, je trouvai un if ou un cèdre d'une
grande dimension, dont j'emportai un morceau considérable; il était du plus beau rouge et assez tendre
pour être coupé à la bêche, mais il perdit bientôt
sa couleur et acquit de la consistance. Je poursuivis ma
recherche sous les galets; j'y retrouvai les bois, les
feuilles beaucoup mieux conservées que dans la grève.
Je rencontrai pour première assise une glaise ferrugineuse extrêmement compacte, contenant des morceaux de minerais; je ne doute pas que cela ne soit

la gangue de mes agates ; sa couleur est généralement d'un beau jaune. Mais je fus bientôt obligé de
me retirer, la mer vint substituer son travail au
mien, et dans un instant tout celui d'une journée fut
nivelé.

« Je poursuivis mes recherches sur une étendue de
grève d'environ sept lieues ; je retrouvai souvent le
premier sol, quelquefois le second, et sur presque
toute cette étendue la preuve de l'existence d'une
immense forêt. Faute d'une tarière il m'a été impossible de faire des recherches plus exactes. Une particularité assez remarquable, c'est que, parmi les débris
de cette forêt apportés sur la grève, j'y ai trouvé la
moitié d'un coco. Je me propose cet été de faire d'autres recherches sur les lieux, et je ne manquerai pas
de vous instruire de leur résultat. »

M. de Caumont, l'un des géologues les plus distingués de la Normandie, a parlé aussi de ces dépôts
qu'il a trouvés au Pont du Vey, à une profondeur de
12 à 15 pieds, aux environs de Carentan et sur d'autres points de la côte.

M. Manet, dans son ouvrage sur l'état ancien et
l'état actuel de la baie du mont Saint-Michel, a parlé
en plusieurs endroits de ces dépôts, et voici particulièrement ce qu'il en dit dans une note relative
à l'existence de l'ancienne forêt de Scisey, ou
Chausey.

« Il en reste encore de notre temps des témoignages
irrécusables ; je veux dire cette immense quantité d'arbres de toute espèce qu'on déterre depuis des siècles
dans les grèves du mont Saint-Michel, sur les côtes de
Granville, et surtout dans les marais de Dol, etc.,

où la mer ne gêne point les travailleurs(1). Les arbres,
qui sont communément des chênes, ont conservé
leur forme, leur écorce, et quelques-uns même leurs
feuilles. Le long séjour qu'ils ont fait dans la bourbe
a cependant un peu altéré leur substance, et leur
donne, quand on les brûle, une odeur âcre qui cause
l'enrouement; mais lorsque l'eau dont ils sont péné-
trés s'est évaporée, leur bois, de mou qu'il était,
devient compacte et acquiert beaucoup de dureté. Il
prend à peu près le poli de l'ébène, dont il a presque d'ailleurs la couleur, et l'on en fait de fort jolis
meubles. Comme il n'est pas cher quand il n'est pas
d'un beau noir, on en fait entrer les grosses pièces
dans la construction des maisons, ainsi que nous
l'avons vu pratiquer à l'Isle-Mer en particulier. On
a aussi commencé depuis quelque temps, dans nos
environs, à en faire des espaliers qui résistent long-
temps aux injures de l'air et qui portent avec eux leur
peinture. Les voisins des Aulnaies et Rosières adjacentes du Bié-Jean, et des lieux dits l'Ile-à-l'Angle,
Bidon, l'Ilet, Mougu et l'Ile-Potier, où l'on en trouve
beaucoup, les appellent *canaillons*. Les ouvriers, au
contraire, leur donnent le nom de *coërons*; terme
qu'ils n'entendent plus, parce qu'ils ont oublié leur
langue primitive; mais ce terme vient très-probable-
ment des mots celtiques *coët*, *coéd* ou *coât* (bois
forestier ou non fruitier), et *ronn*, *rann* ou *reut*,
dont le premier exprime l'idée de renversement; le
second signifie morceau, fragment, pièce; et le troi-

(1) On sait que ces marais, à une époque qui n'est pas très-ancienne, étaient
occupés par la mer.

sième désigne l'état où est un arbre abattu qui a encore
toute sa rondeur avant d'être dégrossi. Pendant le
fameux ouragan du 9 janvier 1735, l'agitation de la
mer fut si grande sur les grèves du mont Saint-Michel,
qu'elle fit sortir des sables une quantité prodigieuse
de ces billes, qu'on y trouve presque toutes couchées
du nord au sud; ce qui prouve, indépendamment de
l'histoire, que ce n'étaient pas des arbres de dérive jetés
confusément çà et là, et que la tempête à laquelle
ils devaient leur ruine soufflait du septentrion. Les
endroits nommés la Grande-Bruyère et le Cardequint,
entre Mont-Dol et l'Isle-Mer, sont spécialement remarquables par les glands, les faines, les noiset-
tes, etc., bien conservés, qu'on y rencontre à 6, 8
et 10 pieds de profondeur (1). »

Quoique nous n'ayons pas été favorisés par les circonstances, nous nous sommes assurés nous-mêmes
de l'existence de ces forêts souterraines.

Enfin, des dépôts semblables s'observent sur les
côtes d'Angleterre, où ils ont été particulièrement
observés par le célèbre naturaliste M. Correa de Serra,
qui en a donné une relation très-curieuse dans les
Transactions philosophiques et dans les Annales des
Voyages rédigées par Malte-Brun (2). On voit par
cette description que ces forêts sous-marines, qui
existent surtout à Sulton sur la côte du comté de Lin-

(1) Nous renverrons aussi au peu de mots qu'en dit M. Jules Desnoyers,
dans le tome II des Mémoires de la Société d'Histoire naturelle, page 190,
parce que ce savant géologue y a réuni les indications des divers auteurs qui
ont parlé des forêts sous-marines.

(2) Tom. I, 1809, p. 169.

coln, ont une analogie frappante avec celle des côtes
du Finistère (1).

En ne s'attachant donc qu'à ces faits principaux, sur
lesquels nous avons insisté à dessein et auxquels nous
pourrions en ajouter beaucoup d'autres, et en nous

(1) Voici l'extrait de cette relation : « On était généralement persuadé dans
le comté de Lincoln qu'une très-grande étendue de petites îles marécageuses,
situées le long de la côte, et qu'on ne pouvait apercevoir que dans les plus
belles marées de l'année, n'étaient presque composées que de débris d'arbres.
Ces îlots sont marqués sous le nom de *Clay-Huts* dans la carte de la côte donnée
par Mitchell, et il paraît que c'est de ce mot qu'est dérivé le nom d'Utofft,
village qui se trouve en face de la principale de ces îles.

» Au mois de septembre 1796 j'allai à Sulton, sur la côte du comté de
Lincoln, avec le président de la Société royale, sir Joseph Banks. Notre intention était d'examiner l'étendue et la nature de ces îlots. Le 19 du mois étant le
lendemain de la pleine lune équinoxiale, qui devait être le temps de la plus
basse marée, nous prîmes une barque à midi et demi, et peu après nous mîmes
pied à terre dans un des plus considérables îlots qui alors étaient découverts :
il présentait une surface d'environ trente verges de long sur vingt-six de large.
Nous découvrîmes autour de nous un grand nombre de petites îles semblables,
principalement à l'Est et au Midi. Les pêcheurs, dont, sur ce point, le témoi-
gnage est irrécusable, disent qu'il existe de ces terrains marécageux le long de
toute la côte, depuis Skegness jusqu'à Grimsby, particulièrement à la hauteur
d'Addlethorpe et de Marblethorpe. Quand nous vîmes ces petites îles, les
canaux qui les séparent étaient larges et de différentes profondeurs. Les îles
sont généralement rangées de l'Est à l'Ouest dans leur plus grande dimension.

» Nous les visitâmes encore dans les basses marées des 20 et 21, et quoique
les eaux ne fussent pas aussi basses que nous l'avions espéré, nous reconnûmes
cependant avec certitude que les îlots étaient composés entièrement de racines,
de troncs, de branches et de feuilles d'arbres et d'arbrisseaux, entremêlés de
quelques feuilles de plantes aquatiques. Quelques parties de ces arbres tenaient
encore à leurs racines, tandis que les troncs de la plupart étaient dispersés
çà et là sur le fond dans toutes les directions possibles. L'écorce de ces arbres
et des racines paraissait en général aussi fraîche que dans l'état de végétation ;
dans celle des bouleaux particulièrement, dont nous trouvâmes une grande
quantité, on pouvait distinguer jusqu'à la délicate membrane argentée de la
première écorce. Au contraire, le bois de toutes les espèces était décomposé et
mou, à l'exception toutefois de quelques-uns qui se trouvèrent plus fermes,
particulièrement dans les nœuds. Les gens de la campagne trouvent souvent

reportant à ce qui a été dit précédemment, il nous semble qu'il reste démontré,

1°. Qu'il y a eu des causes puissantes qui ont agi sur le sol. Les bouleversemens des îles, et en particulier celui du petit archipel Chausey, en font foi.

2°. Que, dans différens lieux, et aussi loin que le fond de la mer découvre dans les fortes marées, on a trouvé des traces nombreuses de végétation; ce qui indique, sans qu'on puisse le révoquer en doute, que

de ces pièces de bois en très-bon état et propres à être employés à beaucoup d'usages dans leurs maisons.

« Les arbres dont on peut encore distinguer l'espèce, sont: le bouleau, le sapin et le chêne. Il est évident qu'il en existe d'autres dans ces îles, car nous en avons trouvé des feuilles dans le sol; mais nos connaissances dans l'anatomie comparée des bois n'étaient pas assez avancées pour nous mettre en état de déterminer avec assurance de quelle espèce sont ceux-ci. En général, les troncs, les branches et les racines de ces débris d'arbres sont considérablement aplatis; et c'est un phénomène également observé dans le *surturbrand* ou bois fossile d'Islande, et que Scheuchzer remarque aussi dans le bois fossile qu'on trouve aux environs du lac de Thun en Suisse.

« Le sol auquel les arbres sont fixés, et dans lequel ils ont crû, est une argile douce et grasse; mais à plusieurs pouces au-dessus de sa surface, ce sol est entièrement composé de feuilles pourries, à peine reconnaissables à l'œil, mais dont on peut séparer une grande quantité en détrempant la masse dans l'eau, et en remuant avec précaution et patience, au moyen d'une spatule ou d'un couteau émoussé; de cette manière j'ai obtenu quelques feuilles parfaites de l'*ilex aquifolium*, qui sont maintenant dans l'herbier de l'honorable sir Joseph Banks, et quelques autres qui, quoique moins parfaites, semblent appartenir à quelque espèce de saule: dans cette couche de feuilles pourries, nous avons aussi reconnu plusieurs racines d'*Arundo phragmites*.

« Ces îlots, d'après les meilleures informations que nous ayions pu nous procurer, s'étendent au moins à douze milles en longueur et à environ un mille de largeur sur le rivage de Sulton; l'eau qui baigne leur rivage, du côté de la pleine mer, prend subitement de la profondeur, de façon qu'elles forment une côte escarpée. Les canaux entre les différentes îles, quand elles sont à découvert, c'est-à-dire dans les plus basses marées de l'année, ont de 4 à 12 pieds de profondeur; leurs fonds sont de glaise ou de sable, et leur direction est généralement de l'Est à l'Ouest, etc. »

la mer ne couvrait pas autrefois ce terrain, puisqu'il
y croissait diverses plantes terrestres, et des arbres
de grande dimension (1).

Voilà, nous le répétons, des faits contre l'évidence
desquels il n'y a rien à opposer; que, si on nous
demande s'ils suffiraient seuls pour pouvoir rendre
exactement compte de l'état ancien de ces contrées,
nous répondrions certainement par la négative; mais
nous dirions que du moins il n'est plus permis de
traiter de fable l'opinion si généralement répandue,
qu'une vaste forêt aurait existé autrefois entre les îles
et la côte, à la place qu'occupent maintenant les eaux
de la mer, et qu'elle aurait été détruite par une grande
révolution; car il y a de bien vrai, dans cette manière
de voir, comme on a pu s'en convaincre, que des bouleversemens ont eu lieu, et que le continent, couvert
d'une végétation très-abondante, se prolongeait autrefois beaucoup au-delà des lignes sinueuses qu'il décrit
aujourd'hui. Ce terrain s'étendait-il réellement, comme
on le suppose, dans tout l'intervalle qui sépare les îles
du continent, ou bien n'en occupait-il qu'une partie?
Ce n'est plus là, comme on le voit, qu'une mesure
curieuse à déterminer, mais qui, lors même qu'elle
resterait ignorée, n'affaiblirait en rien les preuves
qu'on a déjà avancées dans la discussion.

Mais une question qu'il serait bien important de

(1) On ne peut admettre que ces végétaux ont été accumulés par quelques
courans ou par des fleuves; la généralité, l'étendue du phénomène et d'autres
raisons, font éloigner cette explication. D'ailleurs M. de Serra et M. de Caumont ont constaté que ces dépôts se liaient avec des dépôts semblables qu'on
trouve dans l'intérieur des terres, et qu'ils n'en étaient à bien dire que le prolongement.

résoudre se présente ici : comment est-il arrivé que
ce sol, autrefois couvert de végétaux, se trouve être
à présent sous-marin? La mer qui le submerge se se-
rait-elle postérieurement élevée au-dessus du niveau
qu'elle occupait lors de cette végétation? Serait-ce, au
contraire, le terrain qui, progressivement ou subitement, se serait affaissé? Ou bien encore, les eaux re-
tenues à un niveau plus élevé que le sol, l'auraient-
elles franchi par suite de la rupture de quelque digue
naturelle? De ces trois hypothèses, les deux dernières
nous paraissent les plus probables, et nous pencherions
pour la seconde qui s'accorderait d'ailleurs très-bien
avec les explications au moyen desquelles M. Élie de
Beaumont a su rendre compte d'une manière si ingé-
nieuse des changemens de niveau qu'ont dû éprouver,
à différentes époques, les couches superficielles de
notre globe (1).

(1) Notre savant confrère, M. Élie de Beaumont, auquel nous avons transmis les observations qu'on vient de lire, et qui nous a engagé à les publier, a
bien voulu nous faire part de quelques réflexions qui, sans doute, intéresse-
ront nos lecteurs; nous nous empressons de les faire connaître :

« La formation de la longue dépression que remplissent aujourd'hui les eaux
du canal de la Manche depuis le *Finistère* et le *Lands-End* jusqu'au *Pas-de-Calais*, doit probablement son origine à la catastrophe qui a redressé les couches
secondaires et tertiaires de l'île de Wight, et que je crois pouvoir rapporter
à la dernière des dislocations que le sol de l'Europe a subies. Quant aux em-
piétemens de la mer sur la terre qui, d'après tant de traditions et de monumens
naturels ou artificiels, paraissent avoir eu lieu depuis le commencement des
temps historiques au fond du golfe de Saint-Malo, il me semble qu'on ne peut
les attribuer qu'à des causes d'un ordre beaucoup moins élevé. Les faits suivans ont peut-être plus ou moins d'analogie avec ceux auxquels sont dus les
effets qui s'observent sur les côtes du golfe de Saint-Malo. On sait que lors du
tremblement de 1822, la côte du Chili s'est élevée de 3 ou 4 pieds sur une longueur de plus de 30 lieues; peut-être des tremblemens de terre pourraient-ils
produire aussi des abaissemens de même nature. On sait aussi que le continent
de la Suède s'élève d'une manière lente et insensible par rapport aux eaux de

A ces diverses questions on pourrait sans doute en
ajouter beaucoup d'autres; ainsi, il serait bien curieux
de savoir si la mer couvrait déjà ces terrains lors de la
rupture du Pas-de-Calais? ou bien si cette terrible
irruption qui a fait communiquer la mer du Nord avec
le Grand-Océan, a détaché en même temps du continent toutes ces petites îles granitiques dispersées aujourd'hui dans la Manche, telles que Jersey, Guernesey, Aurigny, Cers, Chausey, Bréhat, les roches Douves
les Mienguins, le mont Saint-Michel, Tombelaine, etc.
On voudrait aussi savoir si le bouleversement que présentent les roches primitives qui composent ces îlots
est la trace de ce grand et unique phénomène, ou
bien si de nouvelles secousses l'ont opéré postérieurement. Enfin, soit que ces grandes catastrophes aient
eu lieu graduellement, soit qu'elles aient eu lieu tout-
à-coup, on attacherait une grande importance à découvrir l'époque à laquelle elles se sont effectuées, et
si, comme on l'a prétendu, elles sont réellement contemporaines des temps historiques.

la mer Baltique qui semblent fuir peu à peu les côtes de ce royaume, et peut-
être n'est-il pas non plus impossible qu'il se produise un effet inverse. Comme
exemple d'abaissemens, on peut citer la formation des golfes du Zuidersée et
du Bies-Bos, en Hollande, qui, dans le moyen âge, sont venus occuper un
terrain couvert immédiatement auparavant d'un grand nombre de villages. Il
serait possible peut-être que l'étendue de terre basse que la haute marée recouvre au fond du golfe de Saint-Malo fût plus grande aujourd'hui qu'elle n'était
autrefois. On sait que les marées sont énormes dans ce golfe, et que cette
grande intensité des marées sur quelques points des côtes est attribuée à des
circonstances locales qui dépendent des contours des côtes et de la forme du
fond; or il est très-possible que depuis les temps historiques les courans maritimes aient changé le relief du fond de la mer à l'entrée de la Manche, de manière à augmenter l'intensité aujourd'hui si extraordinaire du phénomène des
marées dans le golfe de Saint-Malo. »

Nous nous écarterions du plan que nous nous sommes tracé si nous cherchions à approfondir ces graves questions, et d'ailleurs nous n'en avons ni le temps ni les moyens. Nous ajouterons seulement qu'à l'époque reculée où l'histoire commence à nous faire connaître ces pays, la Grande-Bretagne était déjà séparée du continent, et qu'une foule d'indices tendent à faire penser que l'envahissement de la baie du mont Saint-Michel par la mer n'a eu lieu qu'après l'occupation de l'empire romain par les Barbares. Il est donc probable que ce phénomène est postérieur à la rupture du Pas-de-Calais, à la dislocation du granite des îles Chausey et au dépouillement de la masse granitique du mont Saint-Michel ; mais nous n'oserions, à l'exemple de quelques auteurs, en préciser la date, et nous devons laisser aux géologues, aux physiciens et aux historiens cette tâche difficile. Revenons donc à notre sujet.

On a formé à diverses époques le projet d'exclure la mer d'une portion de son domaine actuel, et de rendre à l'agriculture les grèves du mont Saint-Michel, comme on l'a déjà fait pour les marais de Dol, mais des difficultés immenses s'y opposent (1).

Dessèchement de la baie du mont Saint-Michel.

(1) Pendant les divers séjours que nous avons faits à Granville, nous avons souvent en l'occasion de nous trouver dans la société de plusieurs spéculateurs riches et entreprenans qui, réunis en compagnie, s'occupaient du projet de dessécher la grande baie du mont Saint-Michel. Des ingénieurs habiles auxquels devait être confiée cette vaste entreprise, ne doutaient pas qu'elle ne fût couronnée d'un plein succès, et le moyen qu'ils comptaient mettre en usage était fort simple : il s'agissait de se servir de la mer elle-même pour rehausser le sol en favorisant l'accumulation des sables que les eaux de chaque marée déplacent et charrient avec elles. A cet effet, on devait se borner à profiter du bas de l'Océan pour fixer dans le sol, d'abord dans un petit espace, des *gluis*,

Le rocher qui forme le mont Saint-Michel est granitique, comme nous l'avons déjà dit, et très-escarpé,
surtout du côté du nord. Sa hauteur réelle n'est cependant que de cent quatre-vingts pieds; mais les bâtimens qui le couvrent s'élèvent à plus de deux cents
pieds, en sorte qu'on compte quatre cents pieds
du niveau de la grève à la pointe du clocher. Vers
le Sud on voit à sa base de hautes murailles flanquées
de tours; et derrière elles le petit village du mont
Saint-Michel, composé de quelques maisons d'un aspect misérable, et renfermant environ 700 habitans.
Tout le sommet du monticule est occupé par les édifices
appartenant à l'ancien monastère dont la fondation remonte à l'an 708. Avant cette époque, on appelait ce
rocher, ainsi que celui de Tomblaine, *Tumba*, et il
doit son nom actuel à une petite église que Saint-Au-
bert y fit construire, et qu'il consacra à saint Michel.
En 966, le duc de Normandie Richard Ier y éleva une
nouvelle église, mais elle ne tarda pas à être détruite
par le feu; et en lisant l'histoire de ce monastère, on
est frappé de la fréquence avec laquelle le même dé-
sastre s'est reproduit, soit par les effets de la guerre,
soit par ceux de la foudre. On commença en 1022 à re-
construire de fond en comble ce vieil édifice, et on en
éleva un nouveau sur des voûtes et des colonnes d'une
architecture fort remarquable, qu'on voit encore au-

---

c'est-à-dire des espèces de gerbes en paille qui arrêtant le sable mobile auraient
bientôt élevé le terrain; une fois cette petite étendue exhaussée, on aurait successivement été en avant dans des directions convenables jusqu'à l'entier achèvement du travail. Il paraît qu'un procédé semblable a réussi ailleurs et particulièrement en Hollande. Les circonstances ont seules fait ajourner ce projet, et
on assure que bientôt il sera mis à exécution.

jourd'hui. Vers la même époque les fortifications du
mont Saint-Michel furent considérablement augmen-
tées, et ce rocher devint en même temps un lieu célèbre dans les fastes de la dévotion, et dans l'histoire
des guerres de la Normandie. Pendant long-temps il
fut le siége d'une abbaye très-riche, et en 1469,
Louis XI y institua un ordre de chevalerie, celui de
Saint-Michel. L'église, qui est d'une grande beauté,
a été construite en majeure partie pendant le quinzième siècle; il en est de même de la grande salle dite
des chevaliers. Plusieurs autres parties de l'ancien monastère sont dignes d'être remarquées par la hardiesse
de leur architecture ou par leur étendue (1).

   Pendant long-temps le mont Saint-Michel a servi de
prison d'État, et depuis la suppression des ordres religieux en France, ses vastes édifices ont été transformés
en une maison centrale de détention, où tous les prisonniers sont occupés à des travaux plus ou moins lu-
cratifs. La fondation des ateliers remonte à l'an X de la
république (1802); ils ont pris un plus grand développement depuis quelques années, et aujourd'hui on y
exerce plusieurs branches d'industrie. Lorsque nous
visitâmes cet établissement, on y comptait sept cent
trente-cinq détenus répartis dans dix-sept ateliers,
et occupés à filer ou à carder du coton, à tisser de la
rouennerie ou de la toile à voile, à faire des chapeaux
de paille, des chapeaux vernissés, des sabots, etc.
Le produit du travail est divisé en trois parts; un tiers

   (1) Voyez: Recherches sur le mont Saint-Michel, par M. De Gerville,
dans les Mémoires de la Société des Antiquaires de Normandie; Notice
historique du mont Saint-Michel, etc., par M. Blondel; in-12. Avranches.
1825, etc.

appartient à l'entrepreneur qui fournit les métiers, etc.;
un second tiers est réservé pour être donné à l'ouvrier
lors de sa libération, et l'autre tiers lui est payé de
suite.

Mont Tom-
blaine.

Tomblaine, qui est situé à environ une demi-lieue
du mont Saint-Michel, vers le nord-est, est aussi un
rocher isolé qui s'élève au-dessus de la vaste grève
sablonneuse que la mer laisse chaque jour à découvert dans le fond de la baie. Il est d'un accès assez difficile, à cause des sables mouvans qu'on rencontre
souvent dans son voisinage, et des ruisseaux qui l'entourent; cependant il y existait autrefois un prieuré et
un fort. Aujourd'hui il est complètement abandonné,
et ne présente rien de remarquable. Le granite qui le
constitue est en tout semblable à celui du mont Saint-
Michel.

Avranches.

Ce n'est qu'après avoir visité ces rochers que nous
avons continué notre route, pour nous rendre à Avranches, petite ville fort ancienne, qui occupe le sommet
d'une colline située sur la rive gauche de la Sée, à peu
de distance du point où cette rivière se jette dans la
baie du mont Saint-Michel. Il y a quelques années
on y voyait encore les ruines d'une cathédrale gothique
qui ajoutaient beaucoup à la beauté du paysage, mais
aujourd'hui les fondations en ont été rasées. Quant à la
ville, elle ne présente aucun édifice qui mérite de fixer
spécialement l'attention du voyageur; cependant on
y trouve un très-beau collége construit en 1776, au
moyen de souscriptions volontaires des habitans, et dans
lequel on compte beaucoup d'élèves. La ville possède
aussi un jardin botanique, et une bibliothèque publique renfermant plusieurs manuscrits provenant du

monastère du mont Saint-Michel, et environ 25,000 volumes (1). La population d'Avranches est de 6,966 âmes; 1,240 de ses habitans payent l'impôt personnel et 455 sont patentés; on y compte aussi 827 propriétaires, mais elle ne possède aucune manufacture; on n'y fait guère que le commerce des sels et des cuirs tannés.

Après avoir quitté Avranches, nous nous dirigeâmes vers Granville, en suivant, comme nous l'avions fait jusqu'alors, les bords de la mer, dans leurs nombreuses sinuosités, et en prenant note de la nature du terrain (2). A la sortie d'Avranches, et en descendant la colline élevée sur laquelle cette ville est assise, nous observâmes qu'elle était en partie composée de granite que le gouvernement fait exploiter très en grand pour servir à ferrer les routes. Une des carrières situées à la base du rocher, et qu'on connaît sous le nom de *la Porionace*, fournit un granite à mica noirâtre ou jaune peu abondant, et à feldspath très-légèrement rosé. Cette roche ne compose pas seule la montagne d'Avranches; en descendant vers la plaine et non loin du sommet, on trouve des masses assez

(1) Pendant long-temps la bibliothèque a été reléguée dans des greniers et exposée à diverses chances de destruction; mais heureusement depuis quelques années on a classé les livres et les manuscrits qui la composent, et on en a dressé un catalogue méthodique. La ville est redevable de cet important service à M. Castillon de Saint-Victor, qui a publié aussi une Notice historique sur la bibliothèque d'Avranches. Nous avons déposé cette brochure in-folio, dont il nous avait fait don, dans la bibliothèque de l'Institut.

(2) Nous avons eu le plaisir de faire une partie de cette excursion en société d'un médecin fort distingué d'Avranches, M. Houssard; sa conversation savante et les renseignemens qu'il a bien voulu nous transmettre depuis notre retour à Paris ont beaucoup facilité plusieurs de nos recherches.

considérables de leptynite, qui semblent intercalées
dans le granite, ou qui peut-être lui sont superposées.
Ces leptynites, dont la couleur est d'un gris verdâtre,
ont une texture presque homogène ; elles paraissent un
peu grenues, et sont d'une tenacité remarquable ; leur
surface lubréfiée par des filets d'eau qui coulent sans
cesse dans le point où nous les avons recueillis, acquiert une teinte ferrugineuse qui s'étend dans toutes
les fissures que présente la roche.

Pêche du
saumon.

Les bords de la Sée qui coule au pied de la colline
d'Avranches, sont extrêmement rians et d'une grande
fertilité ; la rivière elle-même offre au pays plusieurs
sources de richesses, parmi lesquelles on doit compter
surtout la pêche, et à son embouchure l'exploitation
de la tangue. Autrefois le saumon y était très-abon-
dant ; alors la difficulté des transports, le mauvais
état des routes, le peu de connaissances mercantiles
des pécheurs, et la timidité des spéculateurs d'Avranches, empêchaient qu'on ne l'envoyât au loin, et
on se bornait à le vendre dans les villes les plus voisines. Mais lorsque les communications furent rendues
plus faciles, les débouchés qu'offraient Paris et Rouen
engagèrent des commerçans à en expédier pour ces
villes, et les essais qu'ils firent eurent une pleine réussite. A cette époque le saumon ne se vendait ordinairement à Avranches que dix à quinze sous la livre, et
souvent seulement six ou sept sous. Bientôt le prix en
augmenta beaucoup, et s'éleva jusqu'à 3 fr. ; mais
on en trouvait encore sur les marchés, tandis qu'aujourd'hui ce poisson y est devenu très-rare. On peut
attribuer en partie cette rareté, et la cherté qui en est
une conséquence, à ces envois fréquens faits au dehors ;

mais il faut aussi en chercher ailleurs la principale cause. En effet, lorsque le gros poisson commença à devenir rare, les pêcheurs, trouvant des acheteurs pour tout ce qu'ils avaient de saumon, prirent les petits qu'ils négligeaient d'abord, et bientôt ils ne firent plus grâce à rien ; les marchés furent fournis de fretain, et quand on ne pouvait vendre toute cette denrée, même à vil prix, on jetait le reste ou on le livrait aux porcs. Afin de mieux s'emparer de tout le poisson, grands ou petits, les pêcheurs, aveuglés par le désir d'un gain immédiat, ne se bornèrent plus à tendre des filets tels que les ordonnances les prescrivent, ils en employèrent dont les mailles étaient beaucoup plus petites, et les placèrent souvent auprès des chutes d'eau des moulins, de manière à barrer complètement les rivières. Bientôt il en est résulté une dépopulation excessive, et telle que cette branche de commerce, qui promettait d'être une nouvelle source de richesses pour Avranches, fut en peu de temps presque anéantie. Le tableau suivant, que nous devons, ainsi que la plupart des détails que nous venons de rapporter, à un des habitans les plus éclairés de cette ville, à M. de Saint-Victor (1), servira à donner une idée de l'importance que cette pêche pouvait avoir, et de la décadence rapide qu'elle a éprouvée depuis quelques années.

(1) La note que M. de Saint-Victor nous a communiquée sur ce sujet a été insérée en partie dans l'Annuaire du département de la Manche, 1829.

ANNÉES.	NOMBRE de SAUMONS EXPÉDIÉS.	POIDS TOTAL.	PRODUIT de LA VENTE.
1813	777	2,740 kil.	16,440 fr.
1814	1,017	3,131	18,786
1815	831	3,365	20,190
1816	1,345	5,429	32,574
1817	871	3,563	21,378
1818	3-3	1,531	9,186
1819	901	3,672	22,032
1820	1,474	5,963	35,778
1821	646	2,630	15,780
1822	369	1,520	9,120
1823	401	1,918	11,508
1824	597	3,133	18,798
1825	386	1,666	9,996
1826	254	1,083	6,498
1827	224	981	5,886

En 1828 la quantité de saumon expédiée d'Avranches a été encore bien moindre qu'en 1827, et on nous a assuré qu'en 1829 elle était devenue presque nulle ; aussi, si le gouvernement n'a pas recours à des mesures sévères pour empêcher la destruction du poisson, est-il probable que dans un très-petit nombre d'années on n'en trouvera presque plus, et qu'ils ne reparaîtront dans la rivière, que lorsque la ruine des pêcheurs les aura obligés d'en cesser la pêche.

Près de l'embouchure de la Sée, et sur toute la côte voisine, il se dépose une quantité énorme de tangue, qui sert en même temps pour la fabrication du sel dit *ignifère* et pour l'agriculture. C'est une espèce de sable extrêmement fin, d'une couleur ordinairement grisâtre et entremêlé d'un grand nombre de particules à reflets brillans. L'inspection microscopique, faite avec une simple loupe d'un foyer très-faible, en montre parfaitement la composition. On voit qu'il résulte du mélange de quelques débris de roches granitiques ou schisteuses, d'une multitude de granules quarzeux et d'un nombre immense de fragmens de zoophytes et surtout de coquilles dont plusieurs conservent leur reflet nacré et miroitant. Ces fragmens varient en proportion, mais ils l'emportent toujours de beaucoup sur ceux qui proviennent du détritus des roches granitiques ou schisteuses. Une inspection attentive fait aussi découvrir dans la tangue de certaines localités, une foule de ces petites coquilles microscopiques et chambrées, qui ont été trouvées en si grande abondance dans la mer Adriatique, par Soldani, et qu'on a observées ensuite dans toutes les mers, mais dont l'existence dans la Manche n'était constatée que pour quelques espèces. Nous les décrirons avec soin en traitant, dans la suite de cet ouvrage, des coquilles propres aux parages que nous avons explorés.

C'est principalement à Saint-Léonard, village situé sur la rive droite de la Sée, un peu au-delà du point où cette rivière se joint à la Cellune pour se jeter ensuite dans la mer, que l'on s'occupe de la fabrication du sel. Les procédés employés ne sont pas du tout

les mêmes que dans le voisinage de Saint-Suliac, et
dans nos marais salans de l'Ouest ; au lieu d'exposer
l'eau de la mer à l'action des rayons du soleil pour
la faire évaporer, et déterminer la cristallisation du sel
qui s'y trouve, on recueille ici du sablon, c'est-à-dire,
la partie la plus superficielle de la tangue qui couvre le
rivage ; on le lessive, et c'est à l'aide du feu que l'on
sépare des eaux-mères ainsi obtenues le sel que l'on
désigne pour cette raison sous le nom de *sel ignifère.*
Ce mode d'exploitation paraît remonter à une haute
antiquité ; en 1763 il a été décrit avec soin par Guettard (1), et depuis lors il n'a pas subi de modifications
notables (2).

Ainsi que nous l'avons déjà dit, l'embouchure de la
Cellune est très-large lorsque la mer est haute ; mais à
basse mer il n'y reste que peu d'eau, et alors sur l'une
et l'autre rive, ainsi que sur celles de la Sée, se voient
de grandes plages unies, qui sont entièrement formées de tangue. Le soleil darde-t-il ses rayons sur
cette espèce de sable fin et léger, une grande portion de l'eau de mer dont il était imbibé s'évapore, et
sa couche la plus superficielle se trouve chargée d'une
grande quantité de sel marin. Cette tangue salifère,
qui dans le pays porte le nom de *sablon*, est recueillie
par des gens qu'on nomme Sauniers, à l'aide d'un es-

(1) Voyez l'excellent Mémoire de Guettard, intitulé *Description des Salines de l'Avranchin*, et inséré dans les Mémoires de l'Académie des Sciences,
1763.

(2) C'est principalement à M. le docteur Houssard que nous sommes
redevables de ces détails. Il nous a fait l'amitié de visiter avec nous les
salines de Saint-Léonard, et a eu la complaisance de nous procurer depuis
plusieurs renseignemens sur la fabrication du sel ignifère.

pèce de râteau de six pieds de long, et armé d'un
tranchant en fer destiné à gratter la surface de la
grève. Cet instrument, appelé *havet*, est attelé d'un
cheval et dirigé par deux hommes; l'un mène le cheval, l'autre appuie sur le havet ou le soulève suivant
le besoin; on le traîne sur la plage de façon à ra-
masser le sablon qui est suffisamment sec, et lorsque le temps est beau, on répète l'opération sur le
même terrain deux ou trois fois par jour. Le sablon
est ensuite transporté près des salines, où on le
dépose dans des *éreux* ou fosses circulaires de vingt
à vingt-cinq pieds de diamètre, sur sept à huit de
profondeur. Quand la récolte est terminée, on couvre le monceau de sablon ainsi formé et appelé
mouée avec une couche d'argile pilée, afin de le préserver du contact de la pluie. La lessivation de ce
sable salé se fait successivement dans un *tronc de fosse*
ou caisse de bois, ayant sept pieds carrés de superficie sur un pied de profondeur, et qui est posé sur des
soliveaux au-dessus d'une aire faite avec de la terre
glaise recouverte de planche et d'une couche de *glui*,
c'est-à-dire de paille. Cette espèce de filtre étant construit, on remplit la fosse de sablon, et on y verse
peu à peu sept à huit cents litres d'eau puisée sur la
grève dans des *tournades* ou trous que l'on creuse
pour cet usage, et qui se remplissent d'eau avec une
grande promptitude. On conçoit que l'eau, en filtrant
à travers le sablon et la paille placée au-dessous, se
charge des sels solubles qui s'y trouvent; alors on la
fait passer de l'aire de la fosse dans des réservoirs au
moyen d'un conduit en bois ou *auche*. Deux tonneaux
placés dans la saline et enfoncés dans la terre servent

de réservoir; dans l'un on reçoit la solution saline ou
brune obtenue dans le commencement de l'opération,
et dans l'autre on fait entrer celle qui passe ensuite et
qui est plus faible. Le saunier règle la force de la brune
qu'il veut employer au moyen de trois petites balles
en cire chargées chacune au centre d'une pièce de
plomb, de manière à surnager ou à tomber au fond
suivant que la liqueur dans laquelle on les plonge présente plus ou moins de densité; la pesanteur spécifique
de la brune varie en général de 1,14 à 1,17, et c'est à
1,16 que les sauniers la préfèrent. L'évaporation de
ces eaux-mères se fait dans des *plombs*, espèces de
bassins plats d'un ou deux pouces de profondeur, dont
le nom indique la matière composante, et dont le con-
tenu est fixé par la loi à vingt litres. Ces vases ont la
forme d'un carré long, et sont placés au nombre de
trois sur un fourneau à trois compartimens qui est
peu élevé, et construit avec du sablon délayé avec
de la brune; on n'y voit ni grille ni cheminée; le bois
qu'on y brûle est introduit par une ouverture ménagée
dans la paroi antérieure du fourneau; la fumée s'é-
chappe par un espace qu'on a soin de laisser entre la
paroi opposée et la chaudière : il résulte de cette
mauvaise disposition qu'une quantité énorme de chaleur se trouve perdue, et que la température de la
pièce où le Saunier travaille est si élevée qu'il est difficile, pour quelqu'un qui n'en a pas l'habitude, d'y
résister long-temps. Lorsque la brune commence à
bouillir, elle monte en écume, et pour l'empêcher de
verser on l'agite, pendant un quart d'heure environ,
avec une espèce de verge appelée *patouelle*; au bout
d'une demi-heure, on remplit de nouveau les plombs,

et on ôte avec une *râche* (1) l'écume qui se forme ;
quand par suite de l'évaporation le sel commence
à se déposer sous forme de cristaux, on l'*arrose*,
c'est-à-dire qu'on l'humecte avec environ un litre de
nouvelle brune ; on enlève encore une fois l'écume
qui monte, et on active le feu ; enfin on pousse l'ébul-
lition jusqu'à siccité, en ayant soin de remuer continuellement avec une espèce de truelle en bois la masse
qui se dépose, afin d'empêcher les plombs de fondre.
Le sel ainsi obtenu est enlevé avec la truelle ou *vidoir*,
et mis dans un panier ; il reste pendant deux heures
en égouttage, puis on le place sur une aire formée de
sablon lessivé. La durée de l'opération que nous venons de décrire, et que l'on appelle un *bouillon*, est
d'environ deux heures ; on en fait ordinairement dix à
douze dans la journée. La quantité de brune employée
chaque jour est d'environ sept cents litres, et la valeur
du sablon dont on l'a extrait est, année commune, de
2 fr. ; on brûle vingt à vingt-cinq fagots, dont la valeur
est ensemble de 6 à 7 fr. ; quant à la quantité de sel obtenue, elle varie, suivant la qualité du sablon, de 150 à
250 kilogrammes. Ce sel renferme d'abord une grande
quantité de substances déliquescentes qui s'en séparent peu à peu ; après 2 mois d'emmagasinage, il perd
20 à 28 pour cent de son poids, et il est alors assez pur.
Le sablon qui a été lessivé est employé pour amender
les terres, et les débris des fourneaux, qui, après 40
ou 50 jours d'usage, ne peuvent plus servir, sont très-
recherchés des agriculteurs pour le même usage. On

(1) La *râche* est une petite planchette fixée à l'extrémité d'un manche en
manière de râteau.

vend ordinairement les débris d'une paire de fourneaux 6 à 9 fr., et les cendres, qu'on emploie aussi
comme engrais, valent de 12 à 15 sous la *ruche* (1).
Enfin dans chaque saline il y a trois ouvriers qui gagnent, terme moyen, trois francs par jour.

D'après ces détails on peut juger combien sont
grands les désavantages que présente ce mode de
fabrication. Aussi, à moins de faveurs accordées par
le gouvernement, les salines de l'Avranchin ne peu-
vent-elles soutenir la concurrence avec celles des
marais de l'Ouest. Jadis elles étaient dans un état très-
prospère, car alors tout le département de la Manche
(qu'on nommait *le pays du court-bouillon*) était ap-
provisionné par ces établissemens et par ceux de l'arrondissement de Coutances; or, la population de ce
pays était alors d'environ 125,000 âmes, et la répartition de sel s'y faisait à raison de 12 kilogrammes par
habitant au-dessus de huit ans ; d'où il résulte qu'on y
fabriquait chaque année environ 60,000 quintaux métriques ; mais lors de la suppression de la gabelle,
remplacée par l'établissement d'un impôt uniforme,
les salines de l'Avranchin furent presque entièrement
ruinées, et ce n'est qu'à l'aide de quelques priviléges
qu'il en subsiste encore aujourd'hui. Pour en rendre
l'exploitation réellement avantageuse, il faudrait peut-
être mettre en usage les procédés de purification et
surtout d'évaporation employés avec tant de succès
en Allemagne et dans diverses parties de l'est de la
France où l'on extrait le sel de l'eau de certaines
sources.

(1) La ruche contient environ neuf litres.

La tangue est aussi d'un grand usage sur les côtes des départemens du Calvados et de la Manche pour les besoins de l'agriculture, et on l'exploite en divers lieux pour s'en servir comme engrais, soit en le répandant à la surface des terres, ce qui est le plus ordinaire, soit en le mélangeant avec du terreau, pour en former un *compost*. M. Vitalis a donné sur cet emploi des détails curieux dont nous avons été plusieurs fois à même de reconnaître l'exactitude (1).

On se sert en Basse-Normandie de deux espèces de compost. Le premier est un mélange de terreau et de chaux; on en fait usage dans l'intérieur des terres. Le deuxième est formé par du terreau uni, dans certaines proportions, à de la tangue. On l'emploie principalement tout le long des côtes (2). L'analyse que l'on a faite de la tangue a montré qu'elle était essentiellement formée par du sable fin micacé, et du carbonate de chaux. Le sable fin micacé, comme nous l'avons dit, est le résultat du détritus des terrains quarzeux et micacés que les rivières charrient, et qu'elles apportent sur les côtes, tandis que le carbonate de chaux est dû uniquement à cette prodigieuse quantité de fragmens de coquilles et de zoophytes, que le flux et le reflux amène et mélange sans cesse avec l'espèce de limon qui descend des fleuves.

(1) Mém. sur les composts employés dans la Basse-Normandie pour fertiliser les terres. (*Précis analytique des travaux de l'Académie royale des Sciences, Belles-Lettres et Arts de Rouen*, pendant l'année 1819, in-8°.)

(2) M. Vitalis, qui s'étend sur ce sujet, dit qu'on distingue deux sortes de tangue (il écrit tanque et non pas tangue), la *tangue vive* et la *tangue morte* ou *grasse*. La tangue vive est d'une couleur grisâtre, elle a un aspect granuleux et est rude au toucher.

La tangue grasse est d'un gris foncé, presque brun, et ressemble à un limon

La formation de la tangue semble donc due au double concours des alluvions déposées chaque jour par les rivières ou les ruisseaux, qui traversent des

ou sédiment très-fin; elle est grasse et presque onctueuse sous le doigt. L'analyse de ces deux variétés de tangue a offert à M. Vitalis les résultats suivans.

ANALYSE de LA TANGUE VIVE.			ANALYSE de LA TANGUE GRASSE.		
	gramme.	centigr.		gramme.	centigr.
Eau	6	00	Eau	3	50
Oxide de fer	0	60	Oxide de fer	1	10
Sable grossier micacé	20	30	Sable fin micacé	40	00
Carbonate de chaux	66	00	Carbonate de chaux	47	50
Alumine	4	00	Alumine	3	50
Perte	3	10	Perte	4	40
	100	00		100	00

« En comparant entre eux ces résultats, on voit, dit M. Vitalis, que la tangue vive contient moins de sable et plus de carbonate de chaux que la tangue morte. Or, le carbonate de chaux et le sable étant les élémens dominans de l'une et de l'autre tangue, il est naturel d'en conclure que c'est particulièrement à ces deux substances que l'on doit attribuer les effets qu'elles produisent en agriculture. Les petites quantités d'oxide de fer et d'alumine qui s'y rencontrent ne paraissent devoir jouer ici qu'un rôle secondaire et subalterne. »

Les diverses espèces de tangues ne paraissent donc être rien autre chose que des marnes calcaires dans un état de très-grande division, et c'est ainsi qu'on peut expliquer comment elles rendent la terre plus meuble et plus perméable aux racines; le terreau qu'on lui associe fournit ensuite à la nourriture de la plante.

En effet la tangue ne s'emploie guère qu'associée au terreau, si ce n'est pour les prairies artificielles; alors on se contente de la répandre avec la main, de la même manière qu'on sème le blé. M. Vitalis nous apprend que le terreau qu'on mêle avec la tangue se prépare avec une partie de terre en volume et une partie de fumier. Pour former ensuite le compost, on recouvre ce ter-

terrains primitifs et surtout des terrains de transition,
et au mélange qu'en font sans cesse les eaux de la mer
avec les débris solides des animaux de tous genres
qu'elle nourrit dans son sein. Et cette opinion nous
paraît d'autant plus probable, que c'est toujours dans
le voisinage de quelque cours d'eau douce qu'on observe l'espèce de sable marin qu'on a distingué indif-
féremment sous les noms de Tangue ou de Tanque.
Nous pourrions apporter à l'appui de ce fait une foule
d'exemples; et il suffirait pour les recueillir de jeter
les yeux sur une carte et de noter les différens lieux
où l'on exploite en grand la tangue pour les besoins
de l'agriculture; on verrait que, toujours, c'est à
l'embouchure ou non loin de l'embouchure des cours
d'eaux que se fait cette exploitation; mais l'exemple
le plus remarquable, que nous puissions citer, est,
sans contredit, la baie du mont Saint-Michel dans laquelle débouchent, à une très-petite distance les uns
des autres, plusieurs ruisseaux et quatre fortes rivières
(le Couesnon, la Guintre, la Sée, la Cellune), et qui
de tous les lieux connus est celui où la tangue s'offre
non seulement en plus grande abondance, mais oc-

reau d'une couche de tangue de même épaisseur; on laisse huit jours en repos,
et après avoir bien mêlé ensemble les matières, on en forme des tas ou *tombes*
qu'on laisse reposer pendant 5 à 6 semaines.

Le compost se distribue ensuite sur le terrain, qui doit avoir reçu préalable-
ment un labour, à raison de 12 voitures par acre, et il ne se renouvelle que
tous les 4 ans.

Plus près des côtes de la mer, on donne la préférence à la tangue morte que
l'on mélange avec une demi-partie de terreau. On charge les terres de ce compost à raison de 12 voitures par acre; mais il demande à être renouvelé tous
les ans.

Enfin quelques cultivateurs se contentent de porter tous les ans sur leurs
terres deux voitures de tangue par acre, et de fumer tous les 4 ans.

15

cupe encore une plus grande étendue de terrain ; car
c'est elle qui constitue en majeure partie les grèves
si vastes et si dangereuses de cette baie.

Nous avons dit, en parlant de la fabrication du sel
ignifère, que la tangue qui a servi à ce dernier usage,
c'est-à-dire qui a été lavée par l'eau, est très-recherchée
par les agriculteurs qui la connaissent sous le nom de
cendres et l'emploient souvent de préférence pour
répandre sur les prairies artificielles. Ce résidu contient encore beaucoup de matières salines, et c'est à
leur présence qu'on attribue ses effets remarquables (1). La quantité qu'il renferme est encore telle
qu'on pourrait en retirer du sel ; c'est pour ce motif
que la douane en surveille avec sévérité l'enlèvement,
et qu'elle ne le permet que sur la présentation d'un
certificat de propriété délivré par le maire du lieu où
on le transporte.

Du reste, la quantité de sable que l'agriculture
retire des salines ignifères est bien petite en comparaison de celle qu'on exploite directement sur les
bords de la mer et dans un grand nombre de localités ;
ainsi on nous a assuré qu'on enlevait chaque année de
la seule baie du mont Saint-Michel et tout près d'A-
vranches 50,000 charretées environ de tangue que l'on

(1) L'action seule du sel répandu sur les prairies est non seulement sensible
sur la végétation qui acquiert plus de vigueur, mais elle paraît donner aux
plantes une saveur particulière ou les rendre plus succulentes. « En Angleterre,
où le sel employé par le cultivateur n'est soumis à aucune taxe, on l'emploie
très-fréquemment pour les terrains légers, et dans la proportion de quinze à
vingt boisseaux par acre. L'influence sur la végétation est très-sensible et ap-
préciable par les bestiaux qui naturellement se portent de préférence sur les
points où le terrain a subi cette préparation, pour y brouter l'herbe. » *Revue
britannique*, juillet 1828, p. 69.

transporte plus ou moins loin dans l'intérieur des
terres, quelquefois à 10 ou 12 lieues (1). Nous ne connaissons pas le produit que ce trafic donne; mais nous
savons que dans un département voisin, celui du Finistère, ce produit s'élève annuellement à une somme
assez forte; ainsi les renseignemens transmis par l'administration au ministère de la marine portent qu'à
Morlaix, la récolte du sable marin et du goëmon ou
varec (2) destinés à l'agriculture a été évaluée

En 1819 à 42,850 fr.
En 1821 à 32,100
En 1822 à 38,500

(1) M. le docteur Houssard, dont nous avons déjà eu l'occasion de citer l'obligeance, a bien voulu nous transmettre la note suivante sur l'emploi, comme
engrais, des sables de mer de la baie du mont Saint-Michel.

« Ces sables sont transportés à une distance de 10 ou 12 lieues de la
côte, pour être employés comme engrais en agriculture; on leur donne
le nom de sable de mer, de sablon ou de tangue. Cependant sur le bord de
la côte, on entend particulièrement sous le nom de tangue, l'engrais que l'on
prend dans la grève au moyen de la bêche. Mais cette tangue ainsi recueillie
ne convient que dans les terrains tout-à-fait voisins de la côte, et surtout pour
recouvrir, ou, comme l'on dit, réchauffer les luzernes sur lesquelles on en met
ainsi un grande quantité vers la fin de février. Cette tangue bêchée ne pourrait
être transportée au loin; elle n'est pas assez salée pour produire un effet qui
dédommagerait des frais.

« Quant au sablon très-salé, on ne pourrait l'employer tout-à-fait dans le
voisinage de la côte, il serait trop fort, et on ne récolterait rien. Plus on
emploie loin de la côte ce sablon, plus ses effets sont remarquables. Aussi
dès que l'on s'éloigne de la côte, on emploie du sablon *haveté*. Souvent ce
sablon est chargé d'une grande quantité de sel. Quelquefois même on emporte
du sablon qui pourrait très-bien servir à faire du sel, ce qui fait que la douane
est obligée d'en surveiller l'emploi. »

(2) Les produits de la tangue sont ordinairement réunis, sous le titre d'engrais marins, à ceux du varec dans les notes statistiques soumises au ministère
de la marine, et c'est par suite de cette confusion que nous revenons ici sur le
varec dont il a été parlé avec quelques détails ailleurs. Voy. pag. 63.

En 1823 à 53,420
En 1825 à 65,062
En 1826 à 78,400
En 1827 à 76,300
En 1828 à 59,800

On calcule que chacune de ces sommes peut être divisée par moitié, dont une pour le sable marin et l'autre pour le goëmon. L'exactitude des chiffres ne peut être cependant regardée que comme approximative, à cause des récoltes du goëmon qui ont lieu clandestinement hors du temps fixé par les réglemens ou sans l'emploi des bateaux. Quoi qu'il en soit, on voit qu'en général les produits ont augmenté chaque année, et que le chiffre donné pour 1828, quoique de beaucoup plus faible que celui de 1827 et de 1826, est encore bien supérieur à celui des années 1819, 1821 et 1822.

La même augmentation progressive se remarque dans d'autres parties du littoral où l'usage de la tangue est d'un emploi infiniment plus général, et où, suivant les localités, on la transporte dans des tombereaux attelés en même temps de chevaux et de bœufs, ou bien dans des bateaux à fond plat non pontés de 6 à 19 tonneaux, qu'on nomme des *gabarres*, et dont l'équipage est composé de marins et de journaliers à la solde des cultivateurs.

Il existait en 1815 dans le seul quartier de la Hougue, qui dépend de l'arrondissement de Cherbourg, 83 de ces gabarres, uniquement employées dans les rivières d'Isigny et de Carentan au transport du sable de mer pour l'engrais des terres. En 1826 ce nombre était de 95.

On a évalué de la manière suivante le produit brut qu'on a retiré de ce trafic dans ces dernières années :

En 1823	55,800 fr.
En 1824	57,600
En 1825	57,800
En 1826	62,020
En 1827	166,572
En 1828	104,800

Ce tableau montre combien a été rapide la progression du produit. La cause en est certainement dans le plus grand emploi de la tangue pour l'agriculture, car ce sable est si abondant que sa diminution n'est pas sensible, et qu'on ne saurait attribuer à celle-ci l'augmentation annuelle des produits. Ces chiffres, quelque forts qu'ils soient, semblent cependant être beaucoup au-dessous de la réalité. En effet, un grand nombre de bateaux trouvent moyen de se soustraire à l'action de l'administration, et la quantité en est telle que dans son rapport de 1826, M. le commissaire de la marine observe que le produit de 62,020 pourrait être porté à 100,000, si on ajoutait les produits de 35 gabarres environ qui échappent annuellement à la surveillance des employés de la marine. C'est peut-être parce que cette surveillance a été plus active et mieux dirigée, que les produits des années suivantes sont si élevés.

En continuant de suivre la côte qui borde la baie du mont Saint-Michel et qui s'étend vers Granville, on rencontre, après avoir dépassé le havre de Saint-Léonard, une seconde anse au fond de laquelle est

Côte de Gouest.

situé le village de Genest ; on y voit l'embouchure d'une
petite rivière ; aussi toute la plage est-elle encore ici
couverte de tangue ; mais au nord du *Bec-d'Andrenne*,
qui sépare ce havre de la côte de Dragey (1), la nature
de la grève change complètement dans une étendue
considérable ; cette côte est bordée de dunes qui ne
laissent passer aucun filet d'eau douce ; dès-lors la
tangue a disparu et la plage n'est recouverte que de
sable quarzeux à grains assez gros. A l'extrémité de
cette ligne de dunes on remarque, au bas des falaises
de Champeaux, un petit ruisseau, et dans ce point la
tangue apparaît de nouveau, mais elle ne se trouve
qu'en très-petite quantité. Nous insistons sur cette
alternance de la tangue et sur les circonstances qui l'accompagnent, parce qu'elle vient à l'appui de ce que
nous avons dit précédemment sur la nature et l'origine
de ce dépôt.

C'est vis-à-vis Genest, et à une très-petite distance
de la côte, qu'est situé le mont Tombelaine, dont il
a été précédemment question. Près de ce village, la
côte qu'on désigne sous le nom de *Saint-Jean-Thomas*
est formée par une roche de transition qui a tous les
caractères d'une Eurite, et qui appartient à la variété schistoïde, c'est-à-dire qu'elle a une texture
dense et une structure fissile. Dans cette même localité on rencontre d'assez gros nodules ou des espèces
de poudingues formés par l'assemblage de fragmens
de schiste et de pyrite ferrugineuse décomposée en
ocre. Mais ce sont là des petits accidens au milieu de
la formation euritique qui y domine.

(1) On voit près du village de ce nom des sources d'eaux minérales ferru-
gineuses qui jouissent d'une grande renommée dans le pays.

La côte de Champeaux, à laquelle on arrive ensuite, est élevée et très-escarpée ; elle se dirige vers l'ouest, et la pointe qui la termine établit la limite entre la baie du mont Saint-Michel et la côte de Granville. Ces falaises sont formées de couches inclinées appartenant aux terrains de transition ; mais en s'avançant un peu dans l'intérieur des terres on rencontre du granite aussi estimé que celui de Chausey, et qui lui ressemble beaucoup par sa couleur grise-noirâtre, et par la transparence de son feldspath. C'est dans une carrière, dite la *Hourrière*, et près du village de Champeaux, que nous avons eu occasion d'examiner cette belle variété de granite ; quelques paysans l'exploitent à ciel ouvert et par des procédés fort défectueux. En effet, ils creusent la terre çà et là et en retirent la roche la plus superficielle ; bientôt les débris s'accumulent autour d'eux, s'écroulent, et les encombrent tellement qu'à moins qu'un bloc très-volumineux et très-beau ne les invite à poursuivre leur exploitation, ils l'abandonnent lorsqu'elle n'est pas même à moitié achevée. Ce que la position du granite nous a offert de plus curieux dans cette localité, c'est que partout où on le trouve il forme de petits monticules qui semblent s'être élevés au-dessus du sol postérieurement au dépôt des roches de transition qui les entourent et ne laissent à nu que l'extrémité du mamelon.

Le pays situé entre Avranches et le Bec-de-Champeaux est la partie la plus fertile du département. Sa surface est assez unie, et la chaîne de collines qui s'étend de Champeaux vers Montoiron, l'abrite des vents du nord ; aussi la température y est-elle très-douce : on y cultive beaucoup d'arbres fruitiers et des légumes.

Au nord du Bec-de-Champeaux, on traverse deux autres chaînes de collines parallèles, qui s'avancent aussi vers la mer, et qui se terminent en formant deux petits promontoires, élevés et escarpés, qu'on nomme les pointes de Carolles et de Bouillon, d'après les villages du même nom situées dans leur voisinage.

Nous avons recueilli dans ces localités trois roches de nature différente : 1°. du granite ; 2°. une espèce de trappite terne ; 3° une leptynite qui paraît constituer une variété nouvelle. Ces trois roches sont quelquefois très-voisines l'une de l'autre, et on peut voir leur point de contact.

Après qu'on a dépassé la pointe de Bouillon, on arrive à une plage unie, bordée d'abord par des dunes peu élevées ; enfin, à environ un quart de lieue de Granville, on rencontre de nouveau des rochers qui s'avancent dans la mer.

Côte de Granville. Le cap Lihou, sur lequel, comme nous l'avons déjà dit, est bâti Granville, ainsi que les collines environnantes, sont formés par des roches schisteuses très-dures.

Annélides et mollusques qui s'y trouvent. Près du roc de Granville, on voit dans plusieurs parties voisines de la côte des rochers qui s'avancent assez loin dans la mer, mais qui ne s'élèvent guère au-dessus du niveau de la plage ; au premier abord, on les prendrait même pour des monticules de sable, tant leur surface est incrustée de tubes de Hermelles (1). D'autres rochers, plus élevés, sont au

(1) Les Hermelles, comme il a été dit précédemment, sont des annélides

contraire presque nus, et habités seulement par des
Balanes, des Actinies, et quelques autres animaux qui
ne craignent pas la violence des vagues.

Au nord du roc, la côte devient bientôt basse et
sablonneuse : elle est bordée de dunes ; et lorsque la
mer se retire, elle laisse à découvert une plage étendue, qui se continue avec celle située au sud de ce
même roc. Mais il existe entre ces deux plages voisines une grande différence ; l'une, celle qui est située
au sud, est plus ou moins vaseuse ; et l'autre, celle
du nord, est complètement sablonneuse. Dans celle-ci,
on trouve enfoncé dans le sable beaucoup d'Annélides, telles que des Arénicoles, des Aricies, des
Nephthis, etc., et près de la limite des plus basses
eaux un assez grand nombre de mollusques, en général
plus abondans dans cette grève que dans celle du sud ;
ce sont, comme M. de Beaucoudrey en avait déjà fait
la remarque, la Buccarde comestible (1), la grande
Mactre (2), des Donaces (3), des Solens (4) et des
Vénus ; il est curieux aussi de voir que la variété rose
de la petite Telline (5) est assez commune dans cette
localité ; tandis qu'au sud du roc, où le sol est vaseux,
on ne rencontre guère que la variété jaune.

Au nord de Granville, près de Breville et des corps
de garde de Saint-Martin, on trouve également sur la
plage une immense quantité de Pholades de la grande

tubicoles, qui construisent, avec des fragmens de coquilles, de la vase et du
sable, des tubes remarquables quelquefois par l'élévation qu'ils acquièrent.

(1) *Cardium edule.*
(2) *Mactra glauca.*
(3) *Donax complanata.*
(4) *Solen vagina.*
(5) *Tellina tenuis.*

et de la petite espèce ; mais ce n'est pas dans le sable
que ces animaux vivent, ils creusent leurs demeures
dans une espèce de terre glaise noirâtre qui est
très-abondante dans cette localité. La surface du sol,
qui est criblée de trous, indique leur présence. Les
deux espèces de pholades vivent donc dans les mêmes
endroits; mais, en général, la Pholade dactyle s'enfonce
beaucoup plus profondément dans le sol que la Pholade
blanche.

Il existe près de cette partie de la côte beaucoup
d'autres mollusques dont le test est souvent rejeté
sur le rivage, mais qu'on n'y trouve point vivans,
parce qu'ils habitent toujours le fond de la mer, tandis
que les espèces dont nous venons de parler sont
propres à la plage. Lorsqu'on jette la drague à quelque
distance du rivage, et sur certains fonds, particulièrement sur les bancs d'huîtres, on ramène dans ces
parages la petite espèce de mactre, connue sous le
nom de *mactra solida*, des peignes, des arches, etc.
Ainsi les mollusques bivalves ou acéphales, de même
que les coquilles univalves ou gastropodes, sont encore ici distribuées par zones; et dans chacune de
ces régions, la nature du terrain présente avec les
espèces qui les habitent des rapports qui paraissent
être constans. Pour donner à ce sujet des règles précises, il faudrait les déduire d'observations plus nombreuses que celles que nous avons encore eu l'occasion
de faire : cependant nous croyons pouvoir déjà donner ici quelques unes des considérations générales
auxquelles nous a conduit l'étude que nous avons faite
de la côte.

Distribution   En résumant nos observations sur la distribution

topographique des animaux sans vertèbres de cette des animaux marins de ces parages en diverses zones.
côte, nous avons cru pouvoir y distinguer d'abord
quatre zones ou régions principales, comprises entre
les limites des plus hautes et des plus basses eaux, régions qui sont en général assez nettement limitées, et
qui sont caractérisées par les espèces qui y ont fixé
leur demeure.

La plus élevée de ces zones, qui reste toujours à sec
pendant les marées ordinaires, est peuplée de Balanes
qui y vivent attachées sur les rochers; mais là où c'est
une plage sablonneuse qui la forme, on n'y trouve que
peu ou point d'animaux marins.

La seconde région commence un peu au-dessous du
niveau de la mer haute pendant la morte eau. Dans les
points où il existe des rochers, ceux-ci sont ordinairement couverts de varecs et habités par des Turbots,
des Patelles, des Pourpres, des Nasses, des Actinies
rouges, etc.; sur les plages formées par du sable fin,
on peut espérer d'y rencontrer des Talitres ou des Orchesties, ainsi que des Térébelles et des Arénicoles;
enfin, dans les localités où le sol est vaseux, il existe
presque toujours, outre ces dernières Annélides, des
Nephthis et de petits Siponcles.

La troisième zone est principalement caractérisée
par la présence des Corallines et ne découvre que lors
des marées assez fortes; les animaux qui l'habitent
diffèrent suivant la nature des localités. Sur les rochers
non bouleversés, mais battus des vagues, on voit souvent des Moules, des Patelles, etc.; dans les points
les mieux abrités, se fixent des Actinies vertes et des
Ascidies composées; dans les endroits où il existe beaucoup de grosses pierres qui ne tiennent pas au sol, on

découvre, en les retournant, des Étrilles, des Porcel-
lanes, des Doris, des Pleurobranches, des Haliotides,
des Ascidies simples et composées, des Polynoés, des
Serpules, des Planaires; et lorsque les rochers sont
confusément entassés les uns sur les autres, les interstices qu'ils laissent entre eux sont souvent tapissés
d'Éponges, de Théties, de Lobulaires et d'Ascidies.
La portion non rocailleuse de cette région est également peuplée d'un grand nombre d'animaux qu'on ne
rencontre guère à des niveaux plus élevés. Si la plage
est couverte de *Zostera marina*, que les habitans de
cette côte appellent *Herbiers*, on est presque sûr de
rencontrer, dans les flaques d'eau que la mer laisse en
se retirant, des milliers de petites Cérites et beaucoup
de Rissoas; enfin, dans les points où le sable n'est pas
mêlé de beaucoup de vase, on découvre souvent, à
quelques pouces au-dessous du sol, des Bucardes,
des Vénus, des Solens, ainsi que des Térébelles et
d'autres Annélides.

Dans la quatrième zone, qui n'est mise à sec que
dans les plus fortes marées, les rochers sont en général
couverts de Laminaires et de diverses grandes plantes
marines au milieu desquelles vivent de jolies Patelles
(*Patella pellucida*, Lam.), certaines Astéries; des
Actinies et plusieurs des animaux qui se rencontrent
aussi dans la région précédente. Ce n'est guère que
dans cette région que nous avons trouvé les Callianas-
ses, les Axies et les Thies qui se tiennent enfoncés
dans le sable fin, ainsi que les Bullées et les Pandores
dont les mœurs sont analogues.

A un niveau plus inférieur, c'est-à-dire, dans les
fonds que la mer n'abandonne jamais, commence la

cinquième région habitée par les Huîtres, les Calyp-
trées, les Peignes, certaines Portunes, les Majas, les
Inachus, les Pises, les Pirimèles, les Pilumnes, les
Aphrodites, diverses Serpules, des Phillodocés, des
Polynoés, de grandes Astéries à aigrettes, etc.

Enfin, plus bas encore, c'est-à-dire alors loin des
côtes, le fond des eaux ne paraît plus être habité, du
moins dans nos mers, par aucun de ces animaux.

Tels sont les principaux résultats auxquels nous ont
amenés nos diverses excursions zoologiques le long de
la côte comprise entre Granville et le cap Fréhel, ou
sur les écueils qui l'avoisinent.

La distinction des divers niveaux qu'habitent ex-　*Application*
clusivement, et quelquefois d'une manière fort tran-　*de cette étude*
　　　　　　　　　　　　　　　　　　　　　　　　　　à la géologie.
chée, les animaux marins, nous a paru d'autant plus
importante à faire ressortir, que cette étude, poursui-
vie avec quelques soins, peut être un jour d'un grand
secours à la géologie, et jeter une vive lumière sur
plusieurs théories fondamentales de cette science. En
effet ne voyons-nous pas l'usage fréquent que l'on fait
déjà de la présence des coquilles fossiles dans la dé-
termination des terrains ; ne dit-on pas avec assurance
que tel dépôt s'est formé dans les eaux de la mer, parce
qu'on y trouve des Huîtres, des Vénus, des Turbots et
d'autres animaux marins ; n'admet-on pas au contraire
que tel autre est de formation d'eau douce, parce qu'il
renferme des Paludines, des Planorbes, des Anadon-
tes, etc. Voilà sans doute des résultats déjà fort précieux ; mais sont-ce bien les seuls qu'on puisse tirer
de l'existence de ces restes anti-diluviens? Nous ne
le pensons pas, et nous croyons que bientôt la connaissance que l'on aura de la distribution, à différens

niveaux, des animaux actuellement vivans pourra s'appliquer très-fructueusement aux études géologiques. Ainsi, aux moyens de savoir discerner un terrain d'eau douce d'un terrain marin, viendra se joindre celui de préciser rigoureusement si ce terrain formait un littoral, et même si ce littoral avait beaucoup ou peu de profondeur. On pourra aussi juger par l'association impossible de certaines coquilles que le dépôt ne s'est pas formé dans l'endroit même où vivaient ces coquilles, mais qu'après avoir été charriées, elles ont été accumulées dans le point où on les voit réunies. Enfin, de ce qu'une couche ou un terrain ne renferme pas de coquilles, on n'en conclura pas toujours que le lac ou les mers dans lesquels il s'est déposé n'en contenaient pas ; mais on pourra admettre que ce dépôt a eu lieu dans les régions profondes de ces lacs ou de ces mers, ou dans le lit d'un courant rapide, c'est-à-dire, dans les parties qui n'éta ent pas habitées par ces mollusques. Nous n'insisterons pas davantage sur les applications nombreuses qu'on pourra faire à la géologie de ces observations zoologiques, car n'étant pas appelé par nos études à parcourir cette nouvelle route, il doit nous suffire d'en avoir indiqué la trace.

Granville étant le point où nous nous proposions de terminer ces premiers travaux sur l'histoire naturelle du littoral de la France, nous ne continuâmes donc pas à suivre la côte qui s'étend vers Cherbourg. L'un de nous se rendit à Valogne pour comparer nos collections avec celles que M. de Gerville avait déjà faites sur les côtes voisines, et pour obtenir de son obligeance des renseignemens sur les espèces qui pouvaient nous manquer ; l'autre demeura encore pendant quel-

que temps à Granville , afin d'y terminer diverses
recherches zoologiques , et pour y recueillir des documens relatifs à la pêche de la morue , dont l'histoire
fera le sujet de l'un des chapitres suivans. Il visita ensuite le port de Courceulles , dans le but d'y étudier
les procédés qu'on y emploie dans le parcage des
huîtres , et ces dernières recherches , qui nous ont
procuré la connaissance de plusieurs points curieux
de l'histoire de ces mollusques , trouveront leur place
dans une autre partie de cet ouvrage.

CHAPITRE IV.

Considérations sur l'état actuel des Pêches maritimes en France,
par M. H. Milne Edwards.

PREMIER MÉMOIRE.

Statistique de la petite pêche.

LES voyages fréquens que nous faisons M. Audouin et moi, sur les côtes de la France, afin d'en étudier les produits zoologiques, nous ont conduits naturellement à nous occuper d'une question de statistique qui se lie d'une manière intime au sujet principal de nos travaux : l'histoire de nos pêches maritimes.

Depuis quelques années, la tendance des esprits vers les recherches qui peuvent conduire immédiatement à des applications utiles est devenue générale ; on a compris que l'économie politique, tant qu'elle ne consisterait que dans une suite de définitions, de raisonnemens et de théories, ne pouvait fournir à la pratique des préceptes dignes de confiance, et que pour la faire sortir du domaine des spéculations plus brillantes qu'utiles, il fallait en chercher les bases dans l'étude des faits positifs ; le besoin des connaissances

exactes sur toutes les questions qui touchent à la prospérité publique, s'est également fait sentir de plus
en plus vivement ; aussi la marche de la statistique a-
t-elle été très-rapide, et aujourd'hui la plupart de ses
branches sont même cultivées avec autant de succès
que de zèle ; mais l'origine de cette science est trop
récente pour qu'elle ne présente encore bien des
questions importantes qui n'aient été qu'effleurées, et
qui réclament une investigation plus minutieuse. L'é-
tat de nos pêches est de ce nombre ; jusqu'ici on ne
s'en est que peu occupé, et cependant c'est un sujet
qui mérite, à tous égards, de fixer notre attention.

Dans la vue de remplir en partie la lacune que nous
venons de signaler, nous avons profité des circonstances favorables où nous nous trouvions pour commencer une série de recherches sur l'histoire de cette
branche de notre industrie qui intéresse également le
zoologiste et le statisticien.

Sur la demande de l'administration du Jardin-
du-Roi, M. le ministre de la marine a bien voulu
engager les commissaires maritimes des ports que
nous visitâmes, à faciliter nos études ; et nos rapports journaliers avec les pêcheurs les plus expérimentés, ainsi qu'avec plusieurs des armateurs les plus
éclairés, nous ont procuré sur ce sujet une foule de
renseignemens. Enfin M. Marec, chef du bureau des
pêches au ministère de la marine, nous a communiqué,
avec une obligeance et une libéralité digne de toute
notre reconnaissance, un grand nombre de documens
relatifs aux diverses questions dont nous nous occupions
l'un et l'autre. Telles sont les sources où j'ai puisé la
connaissance des faits que je vais rapporter ici. Les

documens qui auraient été propres à éclairer plusieurs des points les plus intéressans de l'histoire statistique des pêches m'ont souvent manqué, et en général je n'ai pu tirer de ceux que je possédais que des résultats approximatifs. Le travail que j'ai entrepris sur la pêche des poissons faite près de nos côtes ou par des bâtimens expédiés de nos ports pour des mers lointaines, sera par conséquent très-incomplet. Néanmoins, dans l'état actuel de la statistique, il me paraît pouvoir être utile, et il le deviendra encore davantage s'il provoque sur ce sujet des recherches nouvelles et plus approfondies.

Importance de la pêche maritime en France.

Pendant long-temps la pêche maritime a été la source principale des richesses et de la force des Hollandais (1). En France, cette branche d'industrie est loin d'avoir acquis une telle importance; mais elle ne laisse pas que de contribuer puissamment à la prospérité de tout notre littoral, et d'exercer sur la forma-

(1) Le grand pensionnaire De Witt assurait qu'un cinquième de la population devait sa subsistance à la pêche maritime, et il paraît que cette évaluation n'était pas exagérée, car en 1669 on classait les habitans de la Hollande de la manière suivante :

Personnes employées comme pêcheurs, ou à équiper les bâtimens de pêche, au transport du sel, etc.	450,000
Personnes employées sur des bâtimens de commerce extérieur n'ayant pas de rapport aux pêches.	250,000
Personnes employées comme manufacturiers, constructeurs de bâtimens, etc, etc.	650,000
Personnes employées à l'agriculture, à la pêche intérieure, ouvriers journaliers, etc.	200,000
Personnes oisives, militaires, hommes d'état, mendians, etc., entretenues par le travail des autres habitans.	200,000
Habitans divers non compris dans les catégories ci-dessus	650,000
	2,400,000

tion de nos marins une influence très-grande. Pour en
donner la preuve la plus convaincante, il nous suffira
de citer un seul fait.

D'après les états de situation dressés chaque année Comparaison du nombre total des matelots et de celui des pêcheurs.
dans les divers quartiers maritimes du littoral de la
France, et transmis à l'administration centrale, on
voit que le nombre total des hommes qui chez nous se
consacrent volontairement à la marine, est d'environ
cent mille, ce qui correspond à peu près à 146 matelots pour chaque lieue de développement de nos côtes.
A quelques exceptions près, ces marins sont âgés de
14 ans et au-dessus; ils représentent donc une population de 283,000 âmes, et ce nombre correspond à
près de $\frac{1}{37}$ de la population totale des départemens du
littoral, et à $\frac{1}{106}$ de celle de toute la France (1). Or,
les pêches maritimes occupent à elles seules plus du
tiers de ces marins, et le nombre de nos pêcheurs est
au moins aussi considérable que celui des matelots
employés pour toutes les autres branches réunies de
notre commerce maritime.

En effet, pendant l'année 1826, que nous prendrons
ici pour exemple, les équipages de tous les bâtimens
français faisant le cabotage ou des voyages de long
cours ne se composaient que d'environ 32,000 hom-

(1) Ces calculs sont basés sur les *Lois de la population en France*, publiées
par Mathieu. Ce savant a constaté que, sur une population de 10,000,000
d'âmes, il y a 7,063,526 habitans âgés de 14 ans et au-dessus, dont moitié
mâles et moitié femelles. Il en résulte que dans les départemens du littoral où
la population totale est de 10,583,796 âmes, on doit compter à peu près
3,737,946 habitans mâles de 14 ans et au-dessus, dont environ 100,000
ou $\frac{1}{37}$ de marins; et que pour toute la France, dont la population est d'environ 36,000,000 d'âmes, il y a environ 10,595,289 hommes de l'âge indiquée
ci-dessus, et qui est environ 106 fois autant que de matelots.

mes, et sur les bateaux ou navires pêcheurs, on en
comptait 36,000. Un petit nombre de marins s'occupaient de navigations intérieures; mais la plupart des
autres étaient en inactivité ou bien embarqués à bord
des bâtimens de l'État, et ne contribuaient par conséquent pas d'une manière directe à la production des
richesses du pays. On peut donc dire, sans crainte
d'exagération, que c'est à la pêche qu'environ la moitié de nos marins industriels doivent leur subsistance.

Distinction des trois branches principales des pêches.

Ce résultat montre assez combien la branche d'industrie qui nous occupe ici offre d'intérêt pour l'État;
mais les chiffres que nous venons d'indiquer ne donnent pas encore la mesure de toute son influence sur
la population de nos côtes. Les pêches qui s'y pratiquent se rangent dans trois classes : la grande et la pe-

Pêche du rivage.

tite pêche en mer, et la pêche du rivage. Or, cette
dernière, qui se fait à pied pendant que la mer est
basse, n'a pas été comprise dans nos calculs; elle est
ordinairement pratiquée par des femmes et des enfans,
et, dans un grand nombre de localités, elle occupe
une portion considérable de la population indigente
du littoral.

Grande pêche.

La grande pêche, dont nous nous proposons de
traiter spécialement dans une autre occasion, est celle
qui se fait dans des parages lointains; on n'y emploie
que des bâtimens propres à faire des voyages de long
cours, et elle est pratiquée chaque année par dix mille
matelots, c'est-à-dire par les $\frac{5}{7}$ environ du nombre
total d'hommes que nous avons indiqué comme s'oc-
cupant des pêches nautiques en général.

Petite pêche.

La petite pêche, qui fait le sujet principal de ce
Mémoire, se pratique assez près des côtes, et on n'y

emploie guère que des bâtimens non pontés de 5 à 20
tonneaux, qui ne tiennent la mer que pendant peu de
temps. Le document suivant donnera une idée de son
importance.

*Tableau des armemens effectués pour la petite pêche
dans les divers ports de la France depuis 1817
jusqu'en 1828 inclusivement.*

ANNÉES.	NOMBRE de BATIMENS.	TOTAL du TONNAGE.	TOTAL des ÉQUIPAGES.
1817	5,356	34,021	26,806
1818	6,196	37,814	29,147
1819	5,387	37,645	27,896
1820	6,010	38,048	27,764
1821	5,829	37,316	26,379
1822	5,945	37,705	26,010
1823	5,874	38,213	25,342
1824	5,721	37,714	24,652
1825	5,738	35,396	25,625
1826	5,753	35,976	26,264
1827	5,861	37,855	26,588
1828	5,837	39,797	26,324
Terme moyen annuel	5,792	37,291	26,566

Nous voyons donc que, terme moyen, la petite
pêche maritime occupe sur nos côtes 26,000 hommes,
et que ce nombre s'élève quelquefois à 29,000.

Cette classe de pêcheurs constitue par conséquent,
à elle seule, plus du quart du nombre total des marins

industriels de la France, et près des $\frac{3}{7}$ de ceux embarqués à bord de tous les bâtimens du commerce. Enfin elle égale en nombre les $\frac{1}{4}$ du nombre total des matelots employés pour le transport des marchandises; et en la comparant avec la population du littoral, on voit que dans les départemens qui touchent à la mer il y a, terme moyen, 1 de ces pêcheurs sur 143 hommes de 14 ans et au-dessus.

Nombre de bateaux employés à la petite pêche.

Le nombre moyen des bateaux ou des navires armés chaque année pour la petite pêche maritime est d'environ 5,800, dont le jaugeage est, terme moyen, de six tonneaux et demi; et la comparaison de ces chiffres avec ceux représentant le nombre d'hommes embarqués, montre qu'il y a, terme moyen, $4\frac{61}{100}$ de ces pêcheurs par bâtiment, et que chaque pêcheur correspond à un tonnage de $1\frac{38}{100}$.

Évaluation des produits de la petite pêche.

La petite pêche, comme on le sait, est peu lucrative, et l'industrie la plus infatigable ne peut en retirer que des bénéfices médiocres; cependant elle est une ressource des plus précieuses pour la population de nos côtes : elle donne du travail non-seulement à des hommes dans la force de l'âge, mais aussi à une foule d'adolescens et de vieillards, et elle fournit à tout le pays voisin des alimens très-nutritifs et d'un bas prix.

L'évaluation exacte de ses produits nous paraît impossible dans l'état actuel des choses, et nous ne pouvons présenter à ce sujet que des estimations approximatives; elles sont basées sur les rapports annuels adressés par les commissaires des divers quartiers maritimes, à leurs préfets respectifs, et par ces derniers administrateurs au Ministre de la marine; souvent ces documens ne sont pas assez détaillés pour

qu'on puisse avoir une entière confiance dans les résultats qui en découlent, et ceux qui les dressent
n'ont pas toujours des moyens de contrôle assez directs pour pouvoir le faire avec une parfaite connaissance de cause. D'après les renseignemens que nous
avons recueillis par nous-mêmes, il nous a paru que,
dans plusieurs cas, les sommes partielles que certains
quartiers maritimes représentent dans ce total étaient
au-dessous de la vérité, et d'autres fois, elles nous
ont semblé avoir été plutôt exagérées que diminuées.
Néanmoins nous sommes portés à croire que les résultats généraux ne s'éloignent pas beaucoup de la
réalité, et du reste, nous ne connaissons aucun autre
moyen d'évaluation qui puisse nous offrir des garanties plus grandes. Pour arrêter nos idées sur la valeur
des produits de cette branche d'industrie, nous rapporterons donc ici les chiffres fournis par le rapprochement des diverses évaluations partielles que l'administration fait dresser annuellement dans chacun de
nos ports.

*Tableau de l'évaluation en numéraire des produits
bruts de la petite pêche en France depuis 1817
jusqu'en 1828.*

1817	13,326,777 fr.	1823	13,890,116 fr.
1818	13,603,735	1824	15,179,717
1819	11,737,883	1825	17,185,551
1820	12,675,197	1826	17,834,068
1821	12,178,047	1827	16,667,925
1822	13,729,516	1828	16,639,645

D'après ce tableau on voit que chaque année (de-

puis 1817) la petite pêche a dû produire, terme
moyen, environ 13 millions et demi, et que, dans
les années les plus prospères, cette somme s'est élevée
à plus de 17 millions. Ce résultat est assez important; mais lorsqu'on le compare au nombre d'hommes qui travaillent pour le produire, on reconnaît
que le salaire que cette branche d'industrie leur offre est peu considérable. La part que chaque pêcheur représente dans cette somme est de 548 francs
par an, sur lesquels il faut défalquer les frais d'armement, etc.; de façon que ses profits ne montent même
pas à cette somme modique.

Composition
des équipages.

Mais les avantages que l'industrie nautique en général retire de la petite pêche maritime sont bien plus
grands qu'on ne serait porté à le croire d'après les
faibles bénéfices qu'elle donne à ceux qui la pratiquent. Son influence dépend principalement de ce
qu'elle sert d'école à un grand nombre de jeunes marins et qu'elle offre des moyens d'existence à ceux que
l'âge empêche de s'aventurer au loin. Pour s'en convaincre il suffit d'examiner la composition des équipages qui montent les bâtimens employés à la petite
pêche et de les comparer avec ceux qui sont occupés
au transport des marchandises. C'est ce qu'on pourra
faire à l'aide des documens suivans.

Tableau du classement des hommes composant les
équipages des bâtimens employés à la petite pêche
depuis 1817 jusqu'en 1828.

ANNÉES.	Nombre de Patrons.	Nombre de matelots valides.	Nombre de novices.	Nombre de mousses.	Nombre d'hommes non classés ou hors de service.	Total des équipages (1).
1817	4,649	8,111	3,010	3,943	7,093	26,806
1818	5,093	8,342	2,775	3,608	8,321	28,139
1819	4,868	8,251	2,776	3,710	7,346	26,946
1820	4,828	8,466	2,721	3,501	7,358	26,874
1821	4,856	7,930	2,545	3,246	6,867	25,424
1822	4,631	8,140	1,892	3,212	7,207	25,682
1823	4,897	7,194	1,660	3,335	7,683	24,769
1824	4,708	7,740	1,555	3,299	7,350	24,652
1825	5,001	8,193	1,636	3,281	7,514	25,625
1826	4,694	7,789	1,690	3,341	8,750	26,264
1827	4,777	7,956	1,808	3,322	8,625	26,588
1828	4,534	7,126	1,696	3,829	9,139	26,324
Terme moyen annuel	1,494	7,939	2,149	3,468	7,604	26,124

Il résulte de ce tableau que la moitié des hommes
employés à la petite pêche sont des mousses, des novices, des hommes qui ne sont pas inscrits sur les con-
trôles des classes maritimes, mais qui acquièrent ainsi
l'habitude de la mer, ou enfin des matelots que leur
âge rend impropres au service actif de la marine.

Parmi ces pêcheurs on compte, terme moyen, plus

(1) Dans ce total on ne comprend pas les étrangers qui viennent faire la
pêche sur nos côtes de la Méditerranée, et il en résulte, pour les premières
années surtout, des différences comparativement aux chiffres de la page 245.

Comparai-
son du nombre
de marins for-
més par la pe-
tite pêche et
par les autres
branches de
navigation.
de 5,600 novices ou mousses, et en comparant ce
nombre avec celui des apprentis matelots formés par
chacune des différentes branches de notre commerce
maritime, on voit qu'il les dépasse tous. En effet, le
petit cabotage ne fournit pas tout-à-fait autant de novices et de mousses que la petite pêche; le grand cabotage n'en occupe que le quart à peu près, et sur les
bâtimens faisant les voyages de long cours, on n'en
trouve guère plus de la moitié de ce nombre, ainsi
qu'on peut s'en assurer par l'inspection du tableau
suivant.

*Tableau du classement des hommes composant les
équipages du commerce pendant l'année 1828.*

	Nombre de capitaines, patrons ou maîtres.	Nombre d'officiers maritimes.	Nombre de matelots.	Nombre de novices.	Nombre de mousses.	Nombre d'hommes hors de service.	Total des équipages.
Petit cabotage	5,302	457	7,530	2,174	3,356	348	17,367
Grand cabotage	724	184	2,726	687	613	83	5,017
Voyage de long cours.	1,008	514	5,191	2,088	910	513	10,224
Totaux.	7,034	1,155	15,447	4,949	4,879	944	32,608

Abstraction faite des grandes pêches, dont nous
traiterons spécialement dans un autre Mémoire, nous
voyons donc que de toutes les branches de notre industrie maritime, c'est la petite pêche qui forme le

plus grand nombre de jeunes matelots. Sous ce rapport le petit cabotage se range en seconde ligne, les
voyages de long cours en troisième, et le grand cabotage en quatrième. Il est par conséquent de toute évidence que la petite pêche maritime est une des écoles
pratiques les plus précieuses pour notre marine; et
nous voyons aussi que c'est la branche d'industrie nautique qui offre à la vieillesse le plus de ressources.

D'après les divers faits que nous venons de rapporter, on comprendra facilement tout l'intérêt qui s'attache aux pêches dont nous nous occupons ici, et
combien le dépérissement de cette industrie porterait
atteinte à la prospérité du littoral de la France. Ce
n'est donc pas sans inquiétude que pendant nos voyages sur les côtes nous avons entendu de toutes parts
les plaintes les plus vives sur ce sujet. « Le poisson,
nous disaient les pêcheurs, devient chaque année de
plus rare en plus rare; et si cet état de choses continue,
nous serons tous réduits à la misère la plus affreuse. »
Les armateurs de plusieurs de nos ports prédisaient
également la ruine prochaine de la petite pêche, et
réclamaient avec instance l'intervention du gouvernement pour faire cesser l'emploi des engins de pêche,
à l'usage desquels ils attribuent la destruction des richesses ichthyologiques de nos côtes.

Plaintes re-
lativement à la
rareté du pois-
son.

L'examen du nombre annuel de ces pêcheurs depuis
1817 jusqu'en 1828, tel que nous l'avons rapporté
plus haut, semble, au premier abord, fournir des argumens en faveur de cette opinion; car si l'on divise
ces douze années en deux séries égales, on voit que,
dans la première, il y avait, terme moyen, 27,000 de
ces pêcheurs, et que, dans la seconde, on n'en compte,

Faits qui ten-
dent à prouver
que la pêche
est aussi pro-
ductive qu'au-
trefois.

terme moyen, que 25,795; ce qui donne une diminution de 10 pour 100. Mais si l'on compte les années
1826, 1827 et 1828 avec 1816, 1821 et 1822, on
verra que la petite pêche a occupé pendant les premières tout autant d'hommes que pendant les dernières, et que la différence que nous avons signalée
plus haut dépend du grand développement de cette
industrie pendant les années 1818, 1817 et 1820, et à
la diminution notable qu'elle a subie en 1823 et 1824,
époque pendant laquelle les armemens considérables
faits par l'État devaient nécessairement appeler à bord
des bâtimens de guerre un grand nombre des matelots
qui auparavant s'adonnaient à la pêche. Du reste, s'il
fallait attribuer à la destruction du poisson la diminution que l'on remarque dans le nombre des pêcheurs
pendant 1823 et 1824, cela n'aurait aujourd'hui rien
d'inquiétant, car, depuis 1824, nous voyons chaque
année le nombre de ces mêmes pêcheurs augmenter
d'une manière assez régulière.

Mais si, au lieu de juger de l'état plus ou moins florissant de la petite pêche par le nombre d'hommes
qui la pratiquent, on prend en considération l'évaluation de ses produits, on trouvera que cette branche
d'industrie, loin de dépérir, acquiert d'année en année plus d'importance. En 1819 on n'a évalué ses retours qu'à environ 11,700,000 fr. Pendant les quatre
années suivantes cette somme monte à plus de 13 millions par an ; en 1824 ses produits ont été, d'après les
mêmes bases d'évaluation, d'environ 15 millions, et
depuis cette époque jusqu'en 1828, ils ont été estimés, terme moyen, à plus de 17 millions par an.

Nous voyons donc que si la pêche est devenue moins

productive dans quelques localités, ce qui ne peut être
révoqué en doute, il n'en est pas de même pour cette
branche d'industrie considérée dans son ensemble. En
effet elle occupe aujourd'hui autant d'hommes qu'il y
a treize ans et rapporte environ un cinquième en plus.
Il serait possible que cette augmentation de valeur
tint en partie au renchérissement des poissons ; mais
on ne peut l'attribuer en entier à cette cause, et nous
devons en conclure que si le poisson est réellement
plus rare qu'autrefois dans quelques points de nos
côtes, nos mers, considérées dans leur ensemble, ne
sont pas moins poissonneuses qu'il y a quinze ans.

La petite pêche est loin d'avoir acquis un égal développement dans toutes les parties de notre littoral ; et
lorsqu'on considère en masse les diverses branches de
nos pêches maritimes, ces différences deviennent bien
plus grandes. En 1820, par exemple, on comptait dans
les ports de la Manche 22 à 23 mille hommes embarqués, soit pour la grande soit pour la petite pêche,
tandis que la portion de notre littoral qui est baignée
par l'Atlantique n'en offrait que 9 à 10 mille, et que,
sur les côtes de la Méditerranée, leur nombre ne s'élevait qu'à environ 7,000. Eu égard à l'étendue relative
des côtes, il en résulte qu'au sud et à l'ouest le développement proportionnel de cette industrie est à peu
près le même ; mais qu'au nord le nombre relatif de
ces pêcheurs est plus de deux fois aussi considérable
que dans les deux autres grandes divisions de notre
littoral.

En ne considérant que la petite pêche, nous ren-
contrerons encore des degrés très-variés dans le développement que cette industrie a acquis dans di-

verses parties de nos côtes. Le tableau suivant donnera une idée de son importance relative sur les bords
de la Manche, de l'Atlantique et de la Méditerranée;
mais les inégalités deviendront bien plus grandes lorsqu'au lieu de ces divisions géographiques, nous exa-
minerons les différentes régions ichthyologiques de
notre littoral.

*Tableau de l'état de la petite pêche maritime sur
nos côtes du nord, de l'ouest et du sud pendant
l'anné 1820.*

	NOMBRE D'HOMMES.	NOMBRE des BATIMENS.	TONNAGE des BATIMENS.	EVALUATION des PRODUITS.
Manche	12,490	2,167	20,997	7,793,474
Atlantique	5,769	2,159	9,641	2,099,182
Méditerranée	5,615	1,684	7,212	2,782,590

D'après ces documens, nous voyons que sur les
côtes de la Manche, il y a plus de deux fois autant de
ces pêcheurs que sur les bords de la Méditerranée, et
que dans la partie ouest de notre littoral, leur nombre
est, relativement à celui des premiers, à peu près
comme 4 est à 6, et par rapport aux derniers comme
4 est à 3. La différence est encore plus grande dans
le tonnage des bâtimens employés à la petite pêche, car dans les eaux de la Manche, il est plus de
deux fois aussi considérable que sur les bords de l'At-

lantique, et près de trois fois aussi élevé que sur les côtes de la Méditerranée. Enfin les produits de cette industrie sont moins considérables dans la portion ouest de notre littoral que sur nos côtes du Sud, et au nord on les évalue à une somme presque quadruple.

Ces différences sont d'autant plus remarquables qu'elles ne coïncident en aucune façon avec le développement relatif de la marine commerciale en général dans ces mêmes parages. En effet on compte presque autant de matelots dans nos ports de l'ouest que dans ceux de la Manche, et dans ceux de la Méditerranée il s'en trouve à peu près les trois cinquièmes des derniers. C'est ainsi qu'en 1826, il y avait, d'après les registres des inscriptions maritimes, environ 37,000 matelots valides ou hors de service sur les côtes de la Manche, 36,000 sur les bords de l'Atlantique, et 20,000 dans les ports de la Méditerranée.

Si nous examinons maintenant le degré de développement que la petite pêche a acquis, non pas dans chacune des trois grandes divisions de notre littoral, mais bien dans les divers quartiers maritimes que l'on rencontre en se portant de Dunkerque aux frontières de l'Espagne, et des Pyrénées aux Alpes, nous serons frappés par des différences bien plus grandes que celles dont nous venons de parler. Nous verrons par exemple que, dans l'étendue de côtes comprises entre la Bidassoa et la Loire, on ne comptait guère que 2,500 pêcheurs, tandis qu'entre la pointe de Quiberon à l'île de Batz, c'est-à-dire dans une longueur de côtes d'environ moitié, il s'en trouve plus de 6,500, et que dans les quartiers maritimes de Boulogne, Saint-Valéry, Dieppe et Fécamp, dont

Développement de la pêche dans les divers quartiers maritimes.

l'étendue n'excède guère le quart de celle de la
portion des côtes du Golfe de Gascogne mentionnée
plus haut, leur nombre s'élève à plus de 5,500; de
sorte que pour une égale étendue de littoral on compte
entre le Pas-de-Calais et l'embouchure de la Somme,
11 de ces pêcheurs; vers l'extrémité de la Bretagne,
5; et entre la Loire et la Bidassoa, seulement 1. C'est
ce qu'on pourra voir d'après le tableau suivant.

QUARTIERS MARITIMES.	NOMBRE DE PÊCHEURS.				
	1825.	1826.	1827.	1828.	ANNÉE MOYENNE.
Dunkerque	184	201	326	307	254
Calais	333	317	305	296	312
Boulogne	1,928	2,042	2,078	1,980	1,957
St.-Valéry sur S.	430	726	858	428	610
Dieppe	1,622	1,548	1,711	1,714	1,648
Fécamp	1,475	1,521	1,463	1,038	1,474
Le Havre	60	53	44	52	51
Honfleur	540	528	491	531	522
Caen	804	706	732	822	791
Hougue	786	891	829	863	842
Cherbourg	245	248	251	252	249
Granville	415	352	336	342	361
Saint-Malo	719	730	665	711	706
Dinan	172	179	179	175	176
Saint-Brieux	280	310	291	288	292
Paimpol	572	541	568	533	558
Morlaix	421	457	469	457	453
Brest	1,113	1,143	1,186	1,150	1,148
Quimper	2,160	2,260	2,270	2,431	2,280
Lorient	1,989	2,145	2,163	2,147	2,111
Auray	475	469	478	479	475
Vannes	73	81	49	58	65
Belle-Ile	442	440	430	465	444
Croisic	444	449	402	470	443
Bourgneuf	35	35	33	46	37

QUARTIERS	NOMBRE DE PÊCHEURS.				
MARITIMES.	1825.	1826.	1827.	1828.	ANNÉE MOYENNE.
Paimbœuf	5	6	6	2	4
Nantes	127	167	155	144	148
Noirmoutier	42	43	48	45	44
Les Sables	429	411	353	371	391
La Rochelle	132	133	115	115	123
Ile de Ré	156	160	164	164	161
Ile d'Oléron	83	62	58	60	65
Rochefort	122	117	118	124	120
Saintes	5	5	2	»	4
Marennes	246	275	289	288	274
Royan	32	29	35	43	34
Blaye	30	40	70	88	57
Bordeaux	6	8	8	8	7
La Teste	559	591	559	519	557
Bayonne	49	57	50	43	49
Saint-Jean-de-Luz	154	85	99	102	110
Collieure	646	640	564	545	598
Narbonne	309	329	275	314	307
Agde	502	656	574	535	566
Cette	590	547	732	758	656
Arles	21	22	21	19	21
Martigues	427	553	612	593	546
Marseilles	1,639	1,337	1,442	1,379	1,449
La Ciotat	244	228	279	294	261
La Seyne	233	256	257	273	254
Toulon	285	289	296	267	284
Saint-Tropez	139	129	156	149	143
Antibes	226	236	239	224	231
Corse	360	485	406	405	414

Le nombre des bateaux ou navires employés à la petite pêche dans ces diverses localités varie moins que celui des pêcheurs eux-mêmes ; mais cela ne doit pas nous étonner, car dans les ports où cette industrie

a acquis le plus de développement, on arme de préférence des bateaux d'un jeaugeage assez élevé, tandis
que dans les autres, on ne se sert ordinairement que
de bateaux très-petits. Les différences qui existent dans
le tonnage total de ces bâtimens sont même beaucoup
plus considérables que celles que nous a offert le
nombre des pêcheurs. Pour s'en convaincre, on n'a
qu'à jeter les yeux sur le tableau suivant.

*Tableau du nombre et du tonnage des bâtimens em-
ployés à la petite pêche dans les divers quartiers
maritimes pendant les années* 1825, 1826, 1827
et 1828.

QUARTIERS MARITIMES	1825.		1826.		1827.		1828.		TERME MOYEN.	
	Nombre des bâtimens.	Tonnage des bâtimens.	Nombre des bâtimens.	Tonnage des bâtimens.	Nombre des bâtimens.	Tonnage des bâtimens.	Nombre des bâtim.-ns.	Tonnage des bâtimens.	Nombre des bâtimens.	Tonnage des bâtimens.
Dunkerque	23	279	28	307	30	534	41	548	33	417
Calais	48	422	42	296	39	383	39	401	42	375
Boulogne	181	3,102	192	3,366	196	3,560	190	3,680	189	3,427
St.-Valéry sur S.	57	522	84	680	101	806	103	783	86	697
Dieppe	160	3,695	143	3,172	158	3,684	159	3,702	155	3,563
Fécamp	148	2,780	145	3,024	129	2,970	113	3,116	133	2,972
Le Havre	23	177	21	113	17	102	20	107	20	123
Honfleur	155	1,890	151	1,830	150	1,820	154	1,872	152	1,853
Caen	82	1,305	90	1,435	91	1,512	94	1,579	89	1,458
La Hougue	241	2,001	218	2,317	241	2,642	243	2,645	235	2,401
Cherbourg	87	175	88	178	76	118	77	125	82	149
Granville	82	450	70	360	67	345	68	350	71	376
Saint-Malo	89	613	91	623	94	660	95	667	92	667
Dinan	24	195	30	228	30	226	30	228	28	207
Saint-Brieux	66	318	64	295	65	299	61	303	64	303
Paimpol	262	574	240	480	255	510	261	521	254	568
Morlaix	159	679	166	674	170	687	166	677	165	679
Brest	323	979	314	920	318	947	305	918	315	941
Quimper	432	1,296	452	1,356	454	1,302	482	1,446	455	1,365

QUARTIERS MARITIMES.	1825.		1826.		1827.		1828.		TERME MOYEN.	
	Nombre des bâtimens.	Tonnage des bâtimens.	Nombre des bâtimens.	Tonnage des bâtimens.	Nombre des bâtimens.	Tonnage des bâtimens.	Nombre des bâtimens.	Tonnage des bâtimens.	Nombre des bâtimens.	Tonnage des bâtimens.
Lorient	450	1,565	484	1,749	498	1,760	491	1,749	480	1,705
Auray	116	526	109	559	111	550	112	553	112	532
Vannes	20	344	20	393	19	224	22	248	20	302
Belle-Ile	93	457	93	387	80	410	93	464	91	454
Croisic	85	267	90	270	80	246	90	302	87	269
Bourgneuf	12	139	12	139	12	126	15	152	11	139
Paimbeuf	3	31	3	31	3	31	1	9	2	25
Nantes	49	233	62	247	56	221	54	232	55	216
Noirmoutier	18	158	18	147	20	185	19	154	18	161
Les Sables	66	445	67	452	56	304	62	336	62	371
La Rochelle	44	472	43	470	37	408	37	408	40	412
Ile de Ré	44	313	46	315	45	285	45	267	45	295
Ile d'Oleron	23	56	23	57	23	56	23	56	23	56
Rochefort	34	363	34	356	32	354	32	371	33	361
Saintes	3	18	3	18	1	4	»	»	2	10
Marennes	111	812	118	790	129	1,161	128	1,166	121	982
Royan	11	113	9	98	11	128	16	164	11	123
Blaye	10	75	12	65	16	81	13	81	13	75
Bordeaux	2	21	2	21	2	21	2	21	2	21
La Teste	293	398	333	485	327	495	318	591	317	492
Bayonne	5	14	6	19	6	19	5	14	5	15
Saint-Jean-de-Luz	18	122	17	121	17	120	16	107	17	117
Collioure	161	575	158	553	140	570	130	736	147	608
Narbonne	75	415	80	447	75	412	85	474	78	437
Agde	91	1,475	107	1,650	103	1,622	98	1,558	102	1,555
Cette	404	1,045	401	1,063	443	1,244	439	1,197	421	1,137
Arles	3	10	4	14	4	14	3	14	4	13
Martigues	99	1,094	110	1,060	115	999	104	967	107	1,014
Marseilles	291	1,211	238	967	251	1,288	243	1,162	255	1,161
La Ciotat	87	253	81	236	92	267	82	264	85	256
La Seyne	78	123	88	181	87	179	92	272	86	188
Toulon	79	375	83	379	86	388	88	450	84	398
Saint-Tropez	31	74	32	86	37	104	40	108	35	92
Antibes	61	150	65	160	69	163	61	157	63	157
Corse	81	255	73	230	85	256	75	224	78	241

Du reste, les différences que certaines parties de notre littoral présentent dans le rapport du nombre d'hommes et du tonnage des bâtimens employés à la

Produits de
la petite pê-
che dans cha-
que quartier
maritime. petite pêche, toutes grandes qu'elles nous ont paru,
sout encore bien au-dessous de celles qu'offrent dans
les mêmes localités les produits bruts de cette industrie. Nous avons vu que dans les quatre quartiers maritimes de la Manche, dont il a déjà été question, le
nombre des pêcheurs est plus du double de celui des
marins de la même classe appartenant aux quatorze
quartiers composant l'arrondissement de Rochefort, et
que dans les premiers, le tonnage total des bâtimens
pêcheurs est plus de quatre fois aussi considérable que
dans les derniers. Or, les produits bruts de la petite
pêche y sont évalués à peu près dans la proportion de
6 à 1, comme on le voit dans le tableau suivant.

*Tableau de l'évaluation des produits de la petite
pêche dans les divers quartiers maritimes pendant
les années 1825, 1826, 1827 et 1828.*

QUARTIERS MARITIMES.	1825.	1826.	1827.	1828.	TERME MOYEN.
Dunkerque	201,690	218,209	249,420	300,360	242,419
Calais	194,429	201,711	233,170	214,215	210,881
Boulogne	1,964,924	2,552,999	2,205,934	1,810,070	2,133,481
St.-Valéry sur S.	272,732	309,240	344,424	375,792	325,542
Dieppe	2,322,641	1,166,816	2,834,513	2,910,409	2,308,594
Fécamp	1,068,920	2,783,648	1,281,522	1,421,608	1,388,924
Le Havre	12,520	3,800	1,450	4,920	5,672
Honfleur	300,378	328,998	305,388	260,600	298,841
Caen	1,013,493	923,939	1,104,415	1,189,785	1,057,908
La Hougue	752,361	749,785	780,695	835,598	779,609
Cherbourg	96,300	96,600	87,400	92,000	90,575
Granville	390,000	320,000	290,000	290,000	322,500
Saint-Malo	371,348	374,600	366,150	371,000	370,799
Dinan	29,300	28,000	27,000	29,000	28,325
Saint-Brieux	87,140	85,290	89,000	85,250	86,670

QUARTIERS MARITIMES.	1825.	1826.	1827.	1828.	TERME MOYEN.
Paimpol	226,000	214,000	236,000	170,000	211,250
Morlaix	32,580	31,860	29,840	55,080	32,340
Brest	414,300	337,560	222,280	303,400	319,385
Quimper	1,190,746	803,670	931,758	960,256	971,607
Lorient	718,636	960,470	424,860	779,544	720,877
Auray	75,000	78,000	75,000	110,000	84,500
Vannes	30,000	30,000	28,000	36,000	31,000
Belle-Ile	68,580	57,350	64,340	76,140	66,602
Croisic	227,000	240,000	167,000	116,000	187,500
Bourgneuf	16,000	16,000	15,000	16,000	15,751
Paimbœuf	200	225	250	90	191
Nantes	73,900	112,500	105,850	102,950	98,800
Noirmoutier	2,000	1,800	2,000	2,500	2,075
Les Sables	201,868	198,013	197,680	126,306	180,944
La Rochelle	120,000	80,000	70,000	65,000	83,750
Ile de Ré	19,700	19,000	19,500	19,700	19,475
Ile d'Oléron	15,000	14,950	10,280	10,000	12,557
Rochefort	52,700	52,760	52,100	57,600	53,790
Saintes	"	"	"	"	"
Marennes	175,000	140,000	136,000	130,200	145,300
Royan	3,700	3,050	3,820	5,600	4,042
Blaye	15,000	14,400	19,200	14,300	15,720
Bordeaux	6,450	7,500	7,250	7,000	7,050
La Teste	352,700	356,400	310,050	347,710	341,712
Bayonne	8,500	10,000	8,500	10,000	9,250
Saint-Jean-de-Luz	20,000	20,000	30,000	25,000	23,750
Collieure	178,700	152,500	174,400	177,900	170,875
Narbonne	119,277	96,974	74,365	77,016	91,908
Agde	562,000	660,000	476,000	439,000	534,250
Cette	1,150,000	1,000,000	840,000	655,000	911,250
Arles	14,300	27,830	15,678	18,600	19,102
Martigues	519,800	541,500	350,500	324,800	431,650
Marseille	725,500	670,000	650,000	650,000	673,875
La Coïtat	170,900	113,707	100,900	45,000	107,626
La Seyne	109,963	110,814	103,692	88,221	103,180
Toulon	220,000	237,000	228,000	220,000	226,250
Saint-Tropez	81,375	65,600	65,351	40,125	63,112
Antibes	70,000	75,000	72,000	67,000	71,000
Corse	120,000	140,000	150,000	180,000	147,500

Causes de ces différences. Les différences énormes que nous venons de signaler dans le degré d'importance que la petite pêche présente sur les divers points de notre littoral, dépendent en partie des débouchés plus ou moins avantageux que les pêcheurs y trouvent pour les produits de leur industrie ; la disposition topographique de ces localités, qui les rendent plus ou moins favorables à la navigation, peut aussi avoir de l'influence. Mais c'est principalement dans la nature et dans le degré d'abondance de leurs richesses zoologiques qu'il faut en chercher la cause ; pour le démontrer, il nous suffira de passer brièvement en revue les différentes pêches qui s'y pratiquent.

Ces pêches se divisent naturellement en trois classes principales. Les unes ont pour objet les poissons qui séjournent habituellement dans les mêmes parages et que l'on peut appeler *poissons sédentaires ;* d'autres sont dirigées d'une manière spéciale contre les poissons voyageurs qui ne s'approchent de nos côtes qu'à une certaine époque de l'année, et s'en éloignent quelque temps après ; enfin la troisième classe comprend la pêche, ou plutôt la récolte des animaux marins qui vivent stationnaires au fond de la mer, et qui sont pour ainsi dire des produits inhérens au sol.

Pêche des poissons sédentaires. Les pêches de la première classe se subdivisent à leur tour en deux branches qu'il importe également de distinguer : celle dont les produits sont consommés à l'état frais, et celle dont les produits sont destinés à la salaison.

La pêche ordinaire du poisson sédentaire est une branche d'industrie d'autant plus précieuse qu'elle peut être exploitée tous les jours, et que tous les points de notre littoral y prennent part. Cependant elle n'est pas d'une importance aussi majeure qu'au premier abord on pourrait être porté à le croire ; car en général elle est incertaine et ses produits ne sont pas très-abondans. En effet, ces poissons vivent presque toujours plus ou moins isolés entre eux ; ils sont épars dans la mer, et le pêcheur ne parvient à s'en emparer pour ainsi dire qu'un à un.

Les principales espèces de poissons que l'on prend ainsi sont les raies, les squales, le turbot, la limande, la barbue, la plie, la sole, le merlan, le bar, le lieu, la lingue, le merlu, le congre, la dorade, le rouget, le mulet, le surmulet, la baudroie, etc. Quelques-uns de ces animaux, tels que le merlan, le bar, les raies, les squales, la sole, le turbot et plusieurs autres pleuronectes, se montrent également dans les eaux de la Manche, de l'Atlantique et de la Méditerranée. D'autres espèces sont au contraire particulières à certaines parties du littoral, les congres et le lieu, par exemple, ne commencent à devenir très-abondans qu'à l'ouest du promontoire de Cherbourg ; les dorades et les vielles habitent surtout la côte sud de la Bretagne, et la Méditerranée possède d'autres espèces qu'on ne retrouve ni dans l'Atlantique ni dans la Manche. L'abondance des poissons varie aussi suivant les localités ; mais l'influence de ces circonstances sur l'état de la petite pêche en général, n'est pas assez grande pour que nous devions nous y arrêter ici, et les détails que nous aurions à présenter sur ce sujet trouveront leur place ailleurs.

La pêche du poisson sédentaire à salaison ne se pratique guère que sur les côtes de la Bretagne. On y Salaison du lieu, congre, etc.

prépare, soit au vert, soit au sec, le lieu, le merlu, la
julienne, le congre, et quelquefois la raie. Ces poissons se rencontrent en très grande abondance sur toute
la côte de la Bretagne; mais la salaison s'en fait presque exclusivement dans les îles qui en avoisinent l'extrémité ouest, et sur la côte comprise entre Bréhat
et les Glenans. Aujourd'hui cette branche de commerce est peu florissante, car ses produits sont moins
estimés que ceux de la pêche de Terre-Neuve; mais
lorsque la guerre maritime vient interrompre nos communications avec cette île, elle présente beaucoup
d'intérêt. C'est ainsi qu'en 1812, ses produits furent
évalués à plus d'un million (1).

Pêche des
poissons voya-
geurs.
Les pêches de la seconde classe influent bien plus
sur la question dont nous nous occupons ici, que la
pêche du poisson sédentaire. En effet, les poissons de
passage qui fréquentent nos côtes ne s'y montrent
point partout; chacun d'eux affectionne des parages
déterminés, et appartient en quelque sorte à une certaine région de notre littoral; enfin ils y arrivent pour
la plupart en troupes si nombreuses et si serrées, qu'ils
forment des bancs immenses, et sont pour le pêcheur
d'une capture facile. Aussi les produits de ces pêches
sont-ils si abondans qu'il est impossible de les consom-
mer en entier à l'état frais; une petite partie seulement
peut s'écouler avec assez de rapidité pour cela, et
afin de conserver le reste, on est obligé d'avoir recours
à des préparations particulières qui permettent de le
garder pendant long-temps en réserve, et de le transporter au loin. Or, il est des parties de nos côtes qui

(1) Documens du bureau des pêches, au ministère de la marine.

ne sont visitées par aucun des poissons vivant ainsi en société, et l'on conçoit facilement combien cette circonstance doit influer sur l'extension qu'est susceptible d'acquérir dans ces diverses localités la branche d'industrie dont nous nous occupons de tracer l'histoire.

Les poissons voyageurs qui viennent enrichir de la sorte certaines régions de notre littoral, sont principalement le hareng, le maquereau, la sardine, le germon, l'anchois et le thon; et parmi les pêches spéciales dont ils sont l'objet, une des plus importantes est celle du hareng.

Elle commence ordinairement au mois de septembre, se continue jusqu'en février, mars ou même quelquefois mai, et est faite par 3oo à 4oo bâtimens, dont plus des trois quarts sont pontés, et dont le tonnage total varie de 8oo à 1,200 tonneaux. Le nombre de pêcheurs qu'elle occupe est, terme moyen, d'environ 5,000, et ses produits annuels sont évalués à plus de trois millions et demi.

Nous voyons donc que pendant près de la moitié de l'année, la pêche du hareng emploie à elle seule environ le cinquième du nombre total d'hommes occupés à la petite pêche sur toute l'étendue du littoral de la France; que le tonnage des bâtimens qui se livrent à cette pêche constitue plus du quart du tonnage total de tous les bateaux pêcheurs, et que ses produits entrent pour environ un cinquième dans l'évaluation des retours que donne chaque année l'ensemble des petites pêches maritimes de toutes nos côtes. Or le hareng ne fréquente guère que la portion de notre littoral comprise entre Dunkerque et l'embouchure de la Seine, et c'est par conséquent presque exclusivement à cette

Hareng.

région qu'appartient la pêche dont nous venons de
faire voir toute l'importance. Les quartiers maritimes
de Boulogne, Saint-Valéry, Dieppe et Fécamp sont le
siége principal de cette industrie, et cette circonstance
nous explique déjà en partie le grand développement
que nous avons remarqué dans les pêches de ces localités.

Maquereau.

La région maritime qu'enrichit ainsi la présence du
hareng est également favorisée sous d'autres rapports,
car une seconde espèce de poisson voyageur, le maquereau, vient aussi y séjourner chaque été pendant
un laps de temps assez long; mais cette seconde région
fréquentée par les bancs de maquereau est moins cir-
conscrite que celle du hareng, car la pêche de ce poisson se pratique avec plus ou moins d'activité depuis
Dunkerque jusqu'auprès de Brest. Dans plusieurs localités on fait des salaisons considérables de maquereau, et dans les quartiers maritimes de Boulogne,
Dieppe et la Hougue, les produits de cette pêche s'é-
lèvent souvent à sept ou huit cent mille francs par
campagne.

Sardine.

Une troisième région ichthyologique, caractérisée
par l'apparition périodique de légions innombrables
de sardines, s'étend depuis l'extrémité de la Bretagne
jusque vers l'embouchure de la Loire. Ce poisson se
montre aussi au-delà de ces limites; on en pêche dans
le voisinage de Morlaix et dans tout le golfe de Gascogne; mais c'est surtout dans les eaux de Groix, de
Concarneau et de Douarnenez que son abondance est
extrême. Les pêcheurs des quartiers maritimes de
Quimper et de l'Orient, au nombre de plus de quatre
mille, s'occupent presque tous exclusivement de cette

pêche pendant une grande partie de l'été et de l'automne, et on évalue à environ deux millions les produits qu'elle fournit chaque année entre Brest et le Croisic.

Au sud de la Loire, il est aussi quelques ports où l'on s'occupe de la pêche de la sardine, les sables d'Olonne et Saint-Jean-de-Luz, par exemple ; mais cette branche d'industrie n'y présente pas assez d'importance pour influer d'une manière notable sur le développement général des pêches sur ces côtes.

La pêche du germon, au contraire, appartient spécialement à cette dernière partie du littoral ; on s'y livre à Saint-Jean-de-Luz et à l'île d'Yeu, mais elle n'est pas d'une importance majeure. A Saint-Jean-de-Luz on ne fait guère le commerce de ce poisson, et à l'île d'Yeu on n'en exporte que pour la valeur d'environ 25,000 fr. par an.

Germon.

La sardine se pêche dans la Méditerranée aussi-bien que dans l'Atlantique, et dans le quartier maritime de Collieure on en fait des salaisons assez considérables ; mais les principales richesses ichthyologiques de ces côtes consistent dans les légions de thons et d'anchois qui les fréquentent. La pêche du premier de ces poissons se poursuit avec une grande activité sur presque toute leur étendue. Dans quelques ports, ceux de la Corse par exemple, la pêche de l'anchois occupe la majeure partie des pêcheurs. C'est ce qui explique le développement assez considérable que l'ensemble de ces diverses branches d'industrie a acquis dans tous ces parages.

Anchois, thon, etc.

Les pêches de la troisième classe, qui comprend celle des huîtres, des moules, du corail, etc., ten-

Pêche des animaux marins stationnaires.

les huîtres dent aussi à produire l'inégalité que nous avons signalée
etc.
plus haut. La petite pêche du corail et celle des moules
sont trop peu importantes pour nous occuper ici;
mais celle des huîtres est la source principale de la
prospérité de plusieurs de nos ports.

Ces animaux habitent deux régions principales.
L'une est située sur la côte de l'ouest, près de Ma-
rennes, et la pêche qui s'y fait produit dans ce quartier maritime environ deux fois autant que celle du
poisson. La seconde de ces régions est bien plus étendue et plus importante; elle est située dans la Manche,
et s'étend dans une grande partie des côtes de la Normandie et de la Bretagne. La pêche de ces mollusques
et leur parcage y produit chaque année de huit à
neuf cent mille francs, et c'est presque exclusivement
aux quartiers maritimes de Saint-Malo, de Granville,
de la Hougue et de Cherbourg qu'appartient cette
branche d'industrie.

En résumé, nous voyons donc que s'il existe des
différences énormes dans le degré de développement
que la petite pêche a acquis dans les divers quartiers
maritimes de la France, il en existe de non moins
grandes dans les richesses ichthyologiques de ces localités. C'est toujours dans les régions fréquentées
par les poissons voyageurs ou habitées par les mollusques stationnaires que cette industrie présente le plus
d'importance, et, quelles que soient les autres causes
qui influent aussi sur sa prospérité, nous pouvons conclure que c'est à la distribution inégale de ces animaux
le long de nos côtes que l'on doit attribuer en majeure
partie les différences dont nous venons de rechercher
la cause.

Les divers faits consignés dans ce Mémoire suffiront, à ce que nous croyons, pour donner une idée générale de l'état actuel de la petite pêche en France. Pour la mieux faire connaître, il serait nécessaire de traiter d'une manière spéciale de chacune des branches dont elle se compose ; c'est ce que nous nous proposons de faire par la suite, et ces mémoires trouveront leur place dans nos recherches pour servir à l'histoire naturelle du littoral de la France à mesure que nous nous occuperons des localités où chacune de ces pêches, dont nous venons de tracer l'esquisse, est pratiquée avec le plus de succès.

———

CHAPITRE V.

Mémoire sur la pêche de la Morue à Terre-Neuve; par
M. H. MILNE EDWARDS.

———

PARMI les grandes pêches, dont nous n'avons dit
que quelques mots dans le chapitre précédent, la plus
importante est sans contredit celle de la morue, et
d'après le plan que nous nous sommes tracé, c'est ici
que nous devons en présenter l'histoire; car la majeure
partie des matelots qui s'y livrent sont des Bretons
ou des Normands. Elle constitue la source principale
des richesses de Granville, de Saint-Malo et de Saint-
Brieux; et l'on concevra facilement combien doit être
grand le mouvement commercial occasioné par cette
branche d'industrie maritime, lorsqu'on saura qu'environ douze mille marins y sont employés annuellement (1), et qu'un capital de plus de quinze millions
y est consacré (2).

Caractères distinctifs de la morue. La MORUE (*Gadus morrhua*, Linné) est, comme on
le sait, un poisson à squelette osseux de l'ordre des
malacoptérygiens subbranchiens et de la famille des
gadoïdes; en effet, toutes ses nageoires sont soutenues
seulement par des rayons cartilagineux, et les nageoires ventrales, aiguisées en pointe, sont attachées sous

(1) Rapport au Roi sur les primes d'encouragement pour la pêche de la
morue, par M. le ministre de l'intérieur. (Moniteur du 9 décembre 1829.)
(2) Deuxième Mémoire de la chambre de commerce de Saint-Malo sur les
primes, par M. Godefroy, etc. Saint-Malo, 1829.

la gorge; caractères sur lesquels sont basées ces divisions. Sa longueur, à l'âge adulte, est d'environ 3 pieds,
et son corps, médiocrement alongé comparativement à
sa grosseur, est revêtu d'écailles molles et très-petites ;
en dessous, il est blanc, et en dessus d'un gris tacheté
de jaune ; sa tête est bien proportionnée, un peu com-
primée, et sans écailles ; les yeux sont volumineux ;
les mâchoires sont armées de plusieurs rangées de
dents aiguës, et l'inférieure porte à son extrémité un
barbillon ; enfin le dos est garni de trois nageoires,
et il en existe deux derrière l'anus.

On rencontre quelques morues dans nos mers ; cependant c'est l'Océan boréal qui est, pour ainsi dire, la
patrie de ces animaux ; et c'est entre le 40ᵉ et le 60ᵉ
degré de latitude nord qu'ils se trouvent en plus grande
abondance. Pendant l'hiver, ces poissons se retirent
dans les profondeurs de la mer ; mais pendant la saison
chaude, le besoin de jeter leur frai et de pourvoir à leur
subsistance les rapproche des côtés et des bas-fonds ;
ils y poursuivent des légions de harengs, de capelans,
de maquereaux non moins grandes, et y viennent en
troupes presque innombrables.

Régions qu'elle habite.

Avant le quinzième siècle, qu'on pourrait appeler
à juste titre le siècle des navigateurs, la pêche de la
morue se faisait presque exclusivement sur les côtes
de la Norwége, de la Baltique, de l'Ecosse, et des
nombreuses îles qui l'avoisinent, de l'Irlande et de
l'Islande (1). Mais aujourd'hui, c'est en majeure partie à l'île de Terre-Neuve et sur les bancs voisins
qu'elle est pratiquée, non seulement par les Français,

Parages où la pêche s'est faite.

(1) Voyez Noel, *Histoire générale des pêches*, t. 1, p. 249 et suivantes, ou-

mais aussi par les Anglais et les Américains. Sur
385 bâtimens armés en 1827 pour cette pêche dans
les divers ports de la France, 283 étaient destinés pour
les eaux de Terre-Neuve, tandis que 102 seulement
se sont dirigés vers les Dogger-Bank et les côtes de
l'Islande (1). Enfin toutes les expéditions qui se font
de Granville, de Saint-Malo, de Saint-Brieux, et des
autres ports de la France situés plus à l'ouest ou
plus au sud, ont la première de ces destinations;
aussi est-ce plus particulièrement de la pêche de
Terre-Neuve dont nous allons nous occuper.

Découverte
de Terre-Neu-
ve.
La découverte de Terre-Neuve paraît avoir eu lieu
vers la fin du quinzième siècle. D'après certains auteurs, ces parages auraient été visités par les pêcheurs basques plus d'un siècle avant les découvertes de Colomb (2). D'autres assurent qu'en 1495,
les Malouins, les Dieppois et les Biscayens visitèrent
l'île de Terre-Neuve, ainsi que quelques points
des côtes du Canada (3). Mais d'après l'opinion la
plus généralement répandue et les récits les mieux
avérés, la connaissance de ce pays lointain est due à
un navigateur vénitien nommé Jean Cabot ou Ga-
betto, à qui le roi d'Angleterre Henri VII avait confié
le commandement d'une expédition, entreprise dans
l'espoir de trouver, par le nord-ouest, une route vers le
Cathai oriental, ou les Grandes-Indes. Ce marin partit
de Bristol au commencement du mois de mai, dans

vrage précieux, mais qui malheureusement n'a pas été continué, et ne traite de
la pêche que dans l'antiquité et le moyen âge.

(1) Documens communiqués dans les bureaux du ministère de la marine.

(2) Rees's, *Cyclopedia art. fisheries*, vol. 14.

(3) L'abbé Manet, Notice historique sur la ville de Saint-Malo, p. 9

l'année 1497, et, le 24 du mois de juin suivant, il découvrit une terre qu'il nomma *Prima-Vista*, et que les Anglais désignèrent par un nom analogue, celui de *Newfoundland*, ou Terre-Neuve (1).

De toutes les îles d'Amérique que le génie aventureux des navigateurs fit connaître vers la même époque, Terre-Neuve est peut-être celle dont la découverte devait, au premier abord, faire espérer le moins d'avantages; mais l'expérience a fait voir que, malgré l'aridité de ses côtes et son climat inhospitalier, on y trouve une source inépuisable de richesses.

Terre-Neuve touche presque à la côte de l'Amérique septentrionale, et occupe l'entrée du vaste golfe de Saint-Laurent; elle s'étend depuis 47° jusqu'au 52° de latitude nord, et se trouve au 55° degré ouest du méridien de Paris. Mesurée du nord au sud, cette île a 95 lieues de long; de l'est à l'ouest, on en compte jusqu'à 80. Sa forme est à peu près triangulaire; mais l'étendue de ses côtes est immense, car elles sont comme déchirées par l'Océan, et leurs circonvolutions présentent à chaque pas des baies spacieuses et des anses profondes. Au dire des voyageurs, l'intérieur du pays est en partie montueux et couvert d'une vaste forêt d'arbres verts et rabougris, et en partie marécageux; mais les côtes et tous les points qui se montrent à l'œil des navigateurs, avant qu'ils ne soient enfoncés dans les havres dont nous venons de parler, sont nues et arides (2).

(1) CAMPBELL, *Lives of the British admirals containing a naval history*, vol. 1, p. 258. — FORESTER, Histoire des découvertes faites dans le nord, t. 11, p. 17. — RAYNAL, Histoire philosophique et politique des établissemens et du commerce des Européens dans les Deux-Indes, livre XVII, t. VI, p. 223, etc.

(2) Voyez à ce sujet CHAPPELL, *Voyage of H. M's ship Rosamond to New-*

Près de la côte sud de Terre-Neuve on rencontre
quelques autres îles, si petites et si stériles, que,
si elles n'étaient devenues le siége du seul établissement sédentaire que la France possède dans ces
parages, leurs noms seraient presque inconnus. Ce
sont les îles de Saint-Pierre, de Miquelon et d'Anglade, qui aujourd'hui est réunie à la seconde par
des dunes de sable. Enfin, à l'entour de Terre-Neuve,
se trouvent aussi un certain nombre de grandes élé-
vations sous-marines ou bancs, dont la connaissance
n'est pas moins précieuse que celle des îlots que nous
venons d'indiquer. Le plus vaste et le plus étendu de
ces bas-fonds est situé au sud-est de Terre-Neuve,
et porte le nom de *Grand banc;* la profondeur de l'eau
y varie de 60 à 24 brasses (1); sa longueur est d'environ 200 lieues, et sa plus grande largeur de 60, mais
aux deux extrémités il se termine presque a en pointe.

Premières
expéditions de
pêche dans ces
parages.
On s'aperçut de bonne heure combien ces parages
étaient poissonneux. Il paraît qu'en 1504 des marins
de Saint-Malo découvrirent le grand banc; et il existe
quelques relations qui disent que vers la même époque les Normands, les Bretons, les Espagnols de la
Biscaye et les Portugais auraient commencé à y
envoyer un grand nombre de vaisseaux pour la
pêche de la morue (2). En 1534, un des ma-

foundland. — CORMAC, note sur l'histoire naturelle de Terre-Neuve, insérée
dans le *Edinburgh philosophical journal*, janv. 1824, et dans les Annales des
Sciences naturelles, t. 1; M. LAPYLAIE, Voyage à l'île de Terre-Neuve, Mémoires
de la Société Linnéenne de Paris, t. IV; Rapport fait en 1821 par la commission chargée de procéder à une nouvelle reconnaissance des havres de Terre-
Neuve, broch. in-fol.

(1) La brasse équivaut à un mètre 625 millimètres.
(2) FORESTER, *op. cit.*, t. II, p. 52.

rins qui ont illustré la ville de Saint-Malo, Jacques
Cartier, explora la plus grande partie des côtes de
Terre-Neuve, et lors de son retour, il rencontra
plusieurs vaisseaux faisant la pêche sur le grand
banc (1). En 1540, il retourna dans ces contrées éloignées pour y conduire la colonie que de la Roque
de Roberval, nommé vice-roi du Canada, de Terre-
Neuve, de Labrador, etc., voulait y établir; mais
des circonstances imprévues le ramenèrent bientôt
en France, et l'établissement projeté n'eut pas de
succès (2).

A cette époque, l'Angleterre, à qui l'on doit probablement la découverte de Terre-Neuve, ne connaissait
pas encore la nature des richesses qu'on pouvait en retirer. En 1502, Henri VII autorisa, par une charte,
deux marchands de Bristol, Elliot et Ashurst, à fonder
des colonies dans les contrées nouvellement découvertes par Cabot; mais on ignore s'ils le tentèrent (3). D'a-
près le récit du voyage de Hore, qui eut lieu en 1536,
on voit que les aventuriers qui l'accompagnèrent ne
savaient pas combien les côtes de cette ile sont poi-
sonneuses; car ils y souffrirent tellement de la disette,
qu'ils furent sur le point de tirer au sort lequel d'entre eux serait dévoré par ses compagnons, lorsque
l'arrivée d'un bâtiment français, dont ils s'emparèrent,
leur procura les moyens de subsister et de retourner
dans leur patrie (4).

(1) ANDERSON, *History of the origin of commerce*, in-fol., t. 1, p. 363.

(2) PURCHAS, *Pilgrimage or relations of the world*, in-fol., Lond., 1626, p.
824 — FORESTER, *op. cit.*, t. 11, p. 290. — M. l'abbé MANET, Biographie des
Malouins célèbres, p. 44.

(3) FORESTER, *op. cit.*, p. 50.

(4) FORESTER, *op. cit.*, t. 11, p. 52.

Les Français (1), les Espagnols et les Portugais, au contraire, s'occupaient déjà, avec beaucoup d'activité, de la pêche de la morue dans ces eaux. On trouve dans la collection de Hackluit le récit du capitaine d'un vaisseau de Bristol, d'après lequel il paraîtrait que, dès l'année 1578, la pêche y était très-considérable, et qu'on y comptait :

- 150 vaisseaux français, jaugeant ensemble envi on 7000 tonneaux, et venant principalement de la Bretagne ;
- 100 vaisseaux espagnols, occupés également à la pêche de la morue, et 20 ou 30 de la Biscaye, faisant la pêche de la baleine ;
- 50 vaisseaux portugais faisant la pêche de la morue, et jaugeant environ 3000 tonneaux ;

Enfin 50 vaisseaux anglais occupés de la même manière.

Mais d'après un acte du parlement passé sous le

(1) A défaut de documens historiques, il serait encore facile de prouver que les Français, mais surtout les Bretons, sont les premiers qui aient fréquenté les côtes de Terre-Neuve, bien que la découverte de cette île appartient à Cabot, car les noms donnés aux havres, aux pointes et aux bancs dans ces parages, sont pris en grande partie de ceux de divers points du littoral de la Bretagne ou du reste de la France. Ainsi, près de Saint-Malo, il existe un cap Fréhel, des îles de la Conchée et de Sésambre, un port de Saint-Servan, un village de Saint-Lunaire et de Saint-Méen, une île Bréhat et un havre de Kerpont; à Terre-Neuve, on rencontre aussi le cap Fréel, la Conche, la baie de Saint-Lunaire, la baie de Saint-Méen, le port de Saint-Servan, le banc du cap Sésambre, Bréhat, le Kerpont ou Querpont, etc. D'autres parties de cette île ou des parages voisins sont appelés la Rochelle, Belle-Ile, Groix, le port de Brest, l'anse de Toulinguet, le banc de la Hève, etc, noms qui tirent évidemment leur origine de ceux de différens ports, îles et caps de nos côtes, qui sont trop généralement connus pour que nous ayons besoin de les rappeler ici. La plupart des autres noms sont également français. (On peut consulter à ce sujet les cartes de Terre-Neuve et un Mémoire sur les différens lieux des côtes de Terre-Neuve dont les noms ont été défigurés par les Anglais, par l'amiral Thévenard, inséré dans les mémoires relatifs à la marine, t. III.)

règne d'Edouard VI, il semble que le gouvernement
anglais commençât alors à sentir combien la pêche de
la morue pouvait devenir importante pour l'état ; car
il exempta de toute imposition les matelots qui y
étaient employés (1) ; et sous le règne d'Elisabeth, en
1582, sir Humphry Gilbert eut mission de fonder
des établissemens à Terre-Neuve ; mais il parait s'être
borné à prendre possession de l'ile au nom de sa sou-
veraine (2).

Tant que l'Espagne, le Portugal et la France furent
puissans sur mer, l'Angleterre n'essaya pas de disputer
leurs droits à la pêche dans ces parages ; mais en 1585,
lorsqu'elle fut en guerre avec l'Espagne, elle envoya
à Terre-Neuve une flotte, sous le commandement du
célèbre Drake, qui s'empara des vaisseaux portugais
qu'il y rencontra (le Portugal était alors réuni à l'Espagne), et prit de nouveau possession de Terre-
Neuve (3). Ces deux pays furent ainsi exclus de cette
branche si productive d'industrie maritime ; mais les
colonies anglaises n'y prirent quelque solidité que vers
1606. John Guy est un des premiers qui s'y établirent
à cette époque, et Purchas nous apprend qu'en 1612,
le nombre des colons s'élevait à soixante-deux, dont
cinquante-quatre hommes, six femmes et deux enfans (4). Ce petit établissement eut d'abord peu de
succès. Mais l'avantage que l'on en retira fut si grand,
que dans l'espace de quarante ans environ, quatre mille
Anglais vinrent occuper toute la partie du littoral, qui

*Etablisse-
ment des pre-
mières colonies
à Terre-Neuve.*

---

(1) Forester, *op. cit.*, p. 54.
(2) Purchas, *Pilgrimage*, etc. p. 822.
(3) Forester, *op. cit.*, t. 11, p. 60.
(4) Purchas, *Pilgrimage*, etc., p. 822.

s'étend depuis la baie de la Conception jusqu'au cap de
Raye, et que des pêcheurs français fondèrent aussi une
petite colonie dans la baie de Plaisance (1). Cette possession était d'une grande importance pour le commerce
de la France ; cependant le gouvernement ne s'en oc-
cupa que peu, et ce ne fut qu'en 1687 qu'on y cons-
truisit un petit fort dans lequel on mit une garnison de
cinquante hommes. Du reste, l'espèce d'oubli où on
avait laissé jusqu'alors ces pêcheurs laborieux leur était
plus avantageux que cette protection ; car elle fut
accompagnée d'un système d'oppression qui s'affermit
de plus en plus par l'avidité des commandans qui s'y
succédèrent (2).

Ruine des colonies françaises.

Néanmoins, la part que les Français possédaient
dans la pêche de Terre-Neuve était très-considérable,
et excitait depuis long-temps la jalousie de l'Angleterre ; aussi une des conditions de paix que cette dernière puissance exigea en 1713, fut la cession entière
de cette ile. Par le traité d'Utrecht, la France con-
serva le droit de pêche et de sécherie sur une portion
des côtes de Terre-Neuve, et eut la possession exclusive de l'ile du cap Breton, situé au sud de l'embouchure du golfe Saint-Laurent (3). Les établissemens
sédentaires qu'elle y forma l'année suivante acquirent
une grande importance ; mais elle ne fut pas d'une
longue durée, car, en 1745, l'Angleterre s'empara de

(1) RAYNAL, Histoire philosophique et politique de l'établissement du commerce des Européens dans les deux Indes, t. VI, p. 144.

(2) RAYNAL, op. cit., t. VI, p. 225.

(3) ANDERSON, Historical et chronological deduction of the origin of commerce, etc. London, 1787, vol. 3, p. 51. — HERBIN, Statistique de la France,
t. VII, p. 78. — RAYNAL, op. cit., t. VI, p. 90, etc.

cette colonie (1). Lors de la paix d'Aix-la-Chapelle, en
1748, l'île du cap Breton fut rendue à la France (2);
enfin, dix ans après, l'Angleterre l'envahit de nouveau, et dans le traité définitif, conclu à Fontainebleau
en 1763, il fut arrêté que la France conserverait seulement le droit de pêche sur les bancs; le droit de sécher
et de saler la morue sur la partie nord de la côte de
Terre-Neuve, depuis le cap de Bona-Vista jusqu'à la
pointe Riche, et la faculté de fonder des établissemens
sédentaires aux îles de Saint-Pierre, de Miquelon et
d'Anglade, mais sans pouvoir y élever de fortifications (3).

La paix de 1783 apporta quelques changemens
dans les limites des pêcheries françaises sur la côte
de Terre-Neuve. On arrêta qu'elles seraient bor-
nées, d'une part par le cap Saint-Jean, et de l'autre
par le cap Raye, situé par le 47° 5o′ de latitude
nord (4). Le gouvernement, comprenant alors combien cette branche d'industrie était importante pour
la marine de l'Etat, aussi-bien que pour le commerce
de la France, lui donna des encouragemens puissans (5). Enfin, dans le traité conclu à Paris, en
1814, il est dit que le droit de pêche sur le grand
banc de Terre-Neuve, sur les côtes de l'île du même
nom et des îles adjacentes, et dans le golfe de Saint-

Droits ac-
tuels de la
France sur
Terre - Neuve
et les îles voi-
sines.

---

(1) ANDERSON, *op. cit.*, v. III, p. 247. — *Journal of the siege of Louisbourg
by sir W. Pepperell.*

(2) ANDERSON, *op. cit.*, vol. III, p. 267.

(3) HERBIN, *op. cit.*, t. VII, p. 79, etc.

(4) Traité de Versailles, art. 5.

(5) Voyez les arrêts du conseil des 30 août 1784, 18 septembre 1785,
11 février 1785, 11 février 1787, et les décisions des 11 janvier 1784, 7 janvier 1785, et 9 février 1788.

Laurent, serait remis sur le même pied qu'en 1792 ;
c'est-à-dire, que les Français auraient le droit de
pêcher dans ces divers parages, celui de sécherie,
sur les côtes de Terre-Neuve, depuis le cap Saint-Jean
jusqu'au cap Raye, en remontant par le nord ; mais
sans pouvoir hiverner dans ces contrées ; et enfin, celui
d'avoir des établissemens sédentaires à Saint-Pierre et
aux Miquelons (1).

Île de Saint-Pierre.

L'île de Saint-Pierre est située par le 46°, 49 degré
de latitude nord et le 58° 37′ de longitude ouest de Paris ; sa circonférence est de quatre lieues et demie (2),
et sa plus grande longueur d'une lieue trois quarts.
Sa surface, hérissée de pointes élevées de deux à trois
cents pieds au-dessus du niveau de la mer, ne présente en général que des rochers arides couverts de
mousses et de très-peu de terre végétale ; il y croît
quelques arbres, mais en si petite quantité, que les
habitans sont obligés d'aller tous les ans à Terre-
Neuve couper du bois pour leur approvisionnement
d'hiver. Dans l'intérieur de l'île, il y a des gorges et
des fondrières impénétrables ; l'eau provenant des
pluies et de la fonte des neiges, y forme un grand
nombre de petits lacs ou de flaques d'eau, et s'échappe
vers la mer par une infinité d'issues cachées sous la
mousse ou bien en formant des ruisseaux ; ce qui rend
les hauteurs d'un accès encore plus difficile. Dans quelques parties de l'île, on trouve de l'herbe assez belle
et en quantité suffisante pour nourrir, pendant l'été,

(1) Traité de Paris, art. 13. Voyez Annales maritimes, 1809-1815, t. II,
p. 39.

(2) Et non de vingt-cinq, comme le dit Herbin dans sa Statistique de la
France, t. XII, p. 72.

une centaine de têtes de gros bétail, ainsi qu'un très-
grand nombre de chèvres et de moutons; mais, pour
l'hiver, on est obligé de chercher les fourrages à
l'Anglade ou sur les dunes de Miquelon. Il est enfin
d'autres endroits où la terre pourrait être défrichée,
et dans la plaine où est située la ville de Saint-Pierre,
les habitans sont parvenus à cultiver, dans de petits
jardins, une quantité de légumes suffisante pour leur
consommation. Enfin, pour donner une idée exacte
du climat, nous dirons que des observations météo-
rologiques, faites à Saint-Pierre en 1818 (1), montrent
que sur trois cent soixante-cinq jours il y en a eu :

> 109 jours de gelée, dont 61 de neige ou *pou-
> drerie* (2),
> 92 de brume,
> 87 de pluie,

Enfin le nombre total de jours où le temps pouvait
être considéré comme beau, n'a été que de 125 . et
le *maximum* de la chaleur a été de 16°.

D'après ce que nous venons de dire, on voit combien le séjour de Saint-Pierre doit offrir peu d'attraits;
mais ce qui a déterminé nos colons à s'y établir, c'est
surtout l'étendue et la sûreté de son port (le Bara-
chois), dans lequel cinquante bâtimens de commerce
peuvent aisément s'amarrer pendant toute la saison de
la pêche. L'entrée de ce port est défendue par deux
petits canons de huit, et tous les soirs, depuis le 1er mai

(1) Notes manuscrites communiquées par M. Fuec de Granville.
(2) On désigne sous le nom de *poudrerie* la neige chassée par un vent vio-
lent; tantôt elle tombe des nuages, mais d'autres fois est enlevée de terre comme
la poussière, et il n'est pas rare de voir en même temps le ciel parfaitement
serein et la poudrerie s'élever à six ou douze pieds au-dessus du niveau du sol.

jusqu'au 15 novembre on y allume un phare ; ce qui permet aux habitans de prolonger leur pêche jusqu'à la nuit (1).

Etat de la
colonie. Le bourg de Saint-Pierre est situé le long de ce port, au pied de la montagne du Calvaire ; c'est la résidence du commandant et de l'administration et même le seul lieu de toute l'île qui soit habité. Deux fois il a été, ainsi que les établissemens à Miquelon, complétement détruit par les Anglais, la première fois en 1778, et la seconde en 1794. Lorsque la France en eut repris possession, en 1816, l'Etat fit des sacrifices assez considérables pour favoriser l'établissement de la petite colonie qu'on voulait y ramener, et l'on y voit aujourd'hui une église, un hôpital, une caserne, divers bâtimens appartenant à l'administration et un assez grand nombre de petites maisons à un étage, bâties en planches. Néanmoins cet établissement est encore loin d'avoir repris toute l'importance qu'il avait autrefois, car en 1776, avant la prise de Saint-Pierre et de Miquelon, on y comptait (2) 1208 habitans possédant :

        1 bateau ponté ;
        2 brigantins ;
       55 goëlettes ;
      154 chaloupes ;
      100 waries (3);
   Et 14 demi-chaloupes.

(1) L'établissement de ce feu ne date que de 1819, et est dû à M. Fayolle.

(2) CARPILHET, Mémoire descriptif des îles Saint-Pierre et Miquelon, 1784, manuscrit communiqué par M. Fnee de Granville.

(3) On donne le nom de waries à de petits bateaux plats de quinze à dix-huit pieds de long sur environ quatre pieds de ban ; ils tirent de huit à douze pouces d'eau et sont construits en sapin avec une membrure en chêne. Le prix

En 1784 il n'y avait que 763 habitans possédant :

    1 brigantin ;
    10 goëlettes et bateaux pontés ;
    77 chaloupes ;
    68 waries ;
    21 canots ;
Et 17 demi-canots.

Enfin, en 1821 (1) le nombre d'habitans sédentaires ne s'élevait qu'à environ 300, et ils ne possédaient que :

    24 goëlettes ;
    22 chaloupes ;
Et 11 waries, ou petits bateaux plats.

Les deux îles de Miquelon et d'Anglade (ou Petit-Miquelon) sont réunies par un isthme de sable et de gravier ; mais la mer les sépare quelquefois, et se fraie un chemin à travers ces dunes. C'est ce qui est arrivé en 1757 : le canal qui séparait ces deux îles avait alors 250 toises du nord au sud, 220 de l'est à l'ouest, et deux ou trois brasses de profondeur. Mais peu à peu les courans y ont amoncelé du sable ainsi qu'une grande quantité de plantes marines, et en 1781, Miquelon et l'Anglade furent de nouveau réunis.

Miquelon est la seule de ces deux îles qui soit habitée ; en 1821 on y comptait 350 habitans sédentaires ; mais il ne présente point de port où les bâti-

de ces embarcations, tout équipées, ne dépasse pas 200 fr., et elles sont en général montées par deux hommes.

(1) Notes manuscrites de M. Fuee, ancien chirurgien de l'hôpital de la marine à Saint-Pierre.

mens puissent se mettre à l'abri des coups de vent si
fréquens dans ces parages.

Portion française de Terre-Neuve. La portion de la côte de Terre-Neuve consacrée
à la pêche des bâtimens français, s'étend, comme
nous l'avons déjà dit, depuis le cap Saint-Jean jusqu'au cap Raye. Elle comprend la langue de terre
étroite et alongée qui constitue l'extrémité nord de
l'ile et toute la côte occidentale : on y compte 68
havres (1), qui pour la plupart offrent des refuges
sûrs pour les bâtimens, du poisson en abondance,
des grèves spacieuses pour le faire sécher, et tout
le bois nécessaire aux établissemens de pêche. Mais
malheureusement la France a renoncé depuis long-
temps au droit d'y avoir des colonies permanentes,
et c'est seulement pendant l'été que ses pêcheurs
peuvent y résider. La propriété de toute l'ile de
Terre-Neuve est regardée comme appartenant à l'Angleterre, et la France ne jouit de la portion qu'elle
possède qu'à titre d'usufruit. Des navires expédiés
chaque année des ports de la métropole, y viennent
faire la pêche, et quittent ces parages à l'approche de
la mauvaise saison. Ils ne font que ce que l'on appelle
la pêche d'été, tandis que, s'ils pouvaient hiverner à
Terre-Neuve, ils feraient aussi une pêche d'automne,
qui est souvent très-abondante.

Anciens usages relatifs à la pêche sur la côte de Terre-Neuve. Jadis, il était d'usage que le vaisseau qui arrivait
le premier à Terre-Neuve, jouit du droit de choisir le
havre qui lui paraissait le plus avantageux, ainsi que le
parage qu'il trouvait le plus propre à la pêche. Outre
cela, il avait le titre d'amiral de tous les vaisseaux

(1) Savoir 17 à la côte ouest, et 51 à la côte est.

pêcheurs, portait le pavillon au grand mât et disposait non-seulement du bois qui se trouvait aux environs, mais aussi il décidait des contestations qui pouvaient s'élever entre les pêcheurs relativement au choix ou aux limites des havres, des grèves, etc. (1). Ces prérogatives inspiraient une si grande émulation, que, sans attendre la fonte des glaces, qui ferment d'ordinaire toûs les havres pendant les mois de mars et d'avril, les vaisseaux envoyaient des hommes à terre dans leurs chaloupes à plus de 50 lieues de la côte, et ces gens, après avoir abordé sur la glace, allaient de là jusqu'à terre où ils dressaient des cabanes, et s'y logeaient, tandis que les vaisseaux restaient en mer en attendant que la côte devint libre (2). Il en résultait, comme on le pense bien, des accidens fréquens; souvent les chaloupes se heurtaient pendant la nuit contre les glaces flottantes et s'y brisaient; d'autres fois un coup de vent les submergeait; mais ces tristes exemples ne diminuaient pas la témérité des pêcheurs, et il est probable qu'ils auraient continué à affronter ces dangers, si le gouvernement ne fût intervenu, en rendant ce mode de débarquement inutile, en même temps qu'il le défendait sous peine d'amende.

En 1803, les négocians proposèrent que les havres et grèves ne fussent plus au choix du premier arrivant, et que la répartition en fût faite avant le départ des bâtimens; cette disposition eut force de loi d'après l'ordonnance du 15 pluviose an XI, et depuis lors, les

<small>Distribution des havres et grèves.</small>

_____

(1) Voyez DUHAMEL, _Traité des Pêches_, in-fol., Paris, 1772, t. 2, p. 91.
(2) PEUCHET, Dict. de géographie commerçante. Paris, an VIII (1800), t. v, p. 630.

armateurs qui ont l'intention d'expédier des navires à
Terre-Neuve, se réunissent à Saint-Servan, s'accordent entre eux sur le choix des places qu'ils occupe-
ront, ou en décident par la voie du sort. Le renou-
vellement de la répartition des places avait d'abord
lieu de trois ans en trois ans; mais depuis 1815 il ne se

Époque de
l'ouverture de
la pêche. fait que tous les cinq ans (1). Aujourd'hui rien n'appelle
donc les bâtimens sur les côtes de Terre-Neuve avant
qu'elles ne soient débarrassées des glaces qui les entourent pendant l'hiver; car pendant cette saison la morue reste en général loin des côtes, à des profondeurs
considérables, et ne vient jamais sur les bas-fonds.
L'époque à laquelle ces poissons commencent à se rap-
procher du rivage varie suivant les localités et divers
autres circonstances. Ce qui les attire d'abord près de
la côte est, suivant l'opinion générale, le besoin de
frayer et la présence des harengs qui, à cette époque, y
arrivent en si grande abondance que leur pêche pourrait
bien devenir à elle seule une branche importante de
commerce, si celle de la morue ne promettait des avantages plus grands. Les bancs de hareng et la morue
qui les suit se montrent sur les côtes de Saint-Pierre
et de Miquelon vers le commencement de mai, tandis
qu'au petit nord ils ne paraissent ordinairement qu'au
mois de juin (2).

(1) Voyez Arrêté contenant règlement sur la police et la pêche de la morue
à l'île de Terre-Neuve, 15 pluviose an 11 (4 février 1803); Ordonnance du Roi
du 13 février 1815; Ordonnance du Roi du 21 novembre 1821.

(2) D'après l'ordonnance du 8 mars 1702, il est défendu, sous peine de
1,000 fr. d'amende, à tout capitaine expédié pour la pêche de la morue sur
les côtes de Terre-Neuve, d'appareiller et de faire route avant le 1er mars pour
la côte de l'ouest, et avant le 20 avril pour celle de l'est. (Voyez Ordonnance
du 21 novembre 1821, tit. 2, art. 21.)

La manière dont se fait la pêche de la morue n'est pas la même dans tous les parages, et à diverses époques elle a également beaucoup varié. Les procédés employés pour la conservation du poisson diffèrent également suivant que la pêche a lieu près des côtes, ou sur le grand banc par des bâtimens qui tiennent la mer pendant toute la durée de la saison; aussi parlerons-nous successivement de cette dernière pêche et de celle qui se fait dans le voisinage des terres.

Jadis, aussitôt qu'un bâtiment destiné à la pêche de la morue arrivait sur le grand banc, on y construisait, avec des barils défoncés par le haut, une galerie extérieure, nommé *bel*, qui régnait d'un côté du navire, et qui était surmontée d'un petit toit (ou *theu*), fait avec de la toile goudronnée. Les pêcheurs s'établissaient dans chacune de ces petites loges destinées à les préserver des injures du temps, et jetaient leur ligne pendant que le bâtiment, abandonné aux courans et aux vents, allait en dérive.

Il serait inutile d'entrer ici dans plus de détails sur ce mode de pêche, car elle est abandonnée depuis un demi-siècle; et cependant, dans la plupart des ouvrages qui traitent du sujet qui nous occupe on le décrit avec soin comme étant encore suivi de nos jours (1).

Vers l'année 1775, une amélioration importante fut introduite dans nos procédés de pêche. Au lieu de

---

(1) DUHAMEL, Traité général des pêches, t. II, p. 6, in-fol., Paris, 1772, et Encyclopédie méthodique, Dictionnaire des pêches, article *Morue*. — RAYNAL, Hist. phil. et polit., liv. 17, t. VI, p. 227. — M. BAUDRILLART, Dictionnaire des Pêches, art. *Morue*, p. 327, Paris, 1827. — M. LENORMAND, art. *Morue*, dans le Dictionnaire technologique, t. XIV, Paris, 1828.

laisser le bâtiment aller en dérive, on jeta l'ancre, et
l'avantage de cette manœuvre est facile à comprendre.
Le temps nécessaire pour filer la ligne et la retirer (ou
la haler, pour nous servir du terme technique), dépend
en majeure partie du nombre de brasses qu'il faut filer.
Si le navire reste stationnaire, la ligne descendra à peu
près droite, et restera dans cette position jusqu'à ce
qu'on la retire ; mais si le navire change de place pendant cette opération, il faudra continuer à filer de la
ligne, après que le plomb, dont son extrémité est garnie, aura atteint le fond, sans quoi il n'y resterait pas,
et plus la dérive est forte, plus la corde qu'il faut filer
ainsi doit être longue. Il est donc évident qu'en pêchant
à l'ancre on doit obtenir une grande économie de temps,
et avoir par conséquent, toutes choses égales d'ailleurs, une pêche plus abondante que si l'on s'abandonnait à la dérive. C'est effectivement ce qui a eu
lieu ; et comme on n'était plus obligé de faire des campagnes aussi longues pour compléter les chargemens,
on abandonna l'usage des galeries dont nous avons
parlé plus haut. Dès la paix de 1783, on ne voyait
plus que quelques navires Olonnois suivre l'ancienne
méthode, et bientôt presque tous nos pêcheurs, à
l'exemple des Anglais, mouillèrent et pêchèrent chacun avec deux lignes de main, l'une pendue le long
du bord, l'autre écartée de la première à l'aide d'une
perche de vingt à trente pieds de long étendue en
dehors du bâtiment.

Ces modifications, en apparence légères, dans le
procédé de pêche, ont exercé une grande influence
sur les produits de cette branche d'industrie maritime.
En 1768, lorsqu'on pêchait à la dérive, et que chaque

pêcheur n'était armé que d'une seule ligne de main, la durée de la campagne était très-longue ; et cependant nous voyons, d'après les calculs de Raynal, que la pêche de chaque homme n'était évaluée, terme moyen, qu'à sept cents morues, ce qui fait de huit à dix mille morues par navire (1). En 1784, au contraire, on estimait la pêche moyenne de chaque navire à vingt mille morues et les bâtimens expédiés de Saint-Pierre faisaient même davantage ; car ils allaient au banc trois ou quatre fois pendant la saison de la pêche et en rapportaient des cargaisons complètes ; de sorte que les produits montaient, terme moyen, à trois mille morues par homme (2).

A l'époque dont nous venons de parler, c'était principalement une espèce de mollusque céphalopode vulgairement nommé l'*Encornet*, qu'on employait comme appât pour amorcer les lignes. Depuis le commencement de juillet jusqu'à la fin de septembre, on en prenait facilement autant qu'on pouvait en employer. Mais, après la paix de 1794, il n'en fut plus de même ; ce mollusque devint alors, sans qu'on en connût la cause, extrêmement rare sur le grand banc, et si l'on n'avait pas eu recours à de nouvelles méthodes, nos bâtimens auraient presque infailliblement manqué leur pêche.

Il arrive souvent que des squales, ou chiens de mer, et d'énormes flétans (3) (poissons plats voisins des tur-

Pêche avec des lignes de fond.

(1) Raynal, *op. cit.*, t. vi, p. 228.

(2) Mémoire manuscrit sur la pêche sédentaire de la morue aux îles Saint-Pierre et Miquelon, et sur la pêche errante au grand banc et à la côte de Terre-Neuve, adressé par M. de Carpilhet au ministre de la marine, en 1784, communiqué par M. Fuee de Granville.

(3) *Pleuronectes Hippoglossus*, Linné. Voyez Bloch, 47, et le Règne animal de M. Cuvier, t. ii, p. 340.

bots) se prennent aux hameçons destinés pour les morues. Pendant long-temps les pêcheurs ne tiraient aucun
parti de ces poissons ; car, lorsqu'ils en employaient la
chair pour amorcer leurs lignes, la morue n'y mor-
dait pas bien. Mais quand les encornets devinrent rares,
on fit de nouveaux essais, et l'on trouva qu'en employant des lignes de fond au lieu de lignes de main, le
choix des appâts devenait peu important (1). Des morceaux de flétans, de squales, ou même les intestins
des morues ainsi que divers poissons salés, tels que
sardines, maquereaux, capelans, etc., servaient alors
également bien pour cet usage. Il est assez difficile de
concevoir comment ces appâts font prendre des morues sur des lignes de fond et n'en font pas prendre
sur des lignes ordinaires ; mais on assure qu'une longue expérience a démontré ce fait, et les lignes de
fond, que les pêcheurs de Dieppe paraissent avoir été
les premiers à employer dans les parages de Terre-
Neuve, sont encore généralement en usage (2).

Ces lignes de fond sont des cordes très-fortes sur
lesquelles on fixe, à la distance d'une brasse l'une de
l'autre, des lignes de pêche ordinaires d'une demi-
brasse de long, armées chacune d'un hameçon. A
l'aide de cette disposition, les hameçons sont toujours
assez éloignés entre eux pour ne pas se mêler, et
après les avoir garnis d'appâts, les pêcheurs arrangent
les cordes circulairement dans des paniers, de manière à pouvoir les filer dehors sans les emmêler ;

(1) Notes manuscrites de M. Fuec.

(2) Sur les côtes de la Norwège, les pêcheurs de morue employaient depuis
long-temps les lignes de fond pendant une partie de la saison, tandis que pendant d'autres mois de l'année ils faisaient usage de lignes ordinaires. Voyez
Natural history of Norway, by PONTOPPIDON, vol. 2, p. 155.

puis ils placent ces mannes dans une chaloupe et les
transportent au point où ils veulent commencer à les
tendre. Lorsque le bateau y est arrivé, on attache
à l'extrémité de la corde un grappin garni d'un orin
et d'une bouée (1), et on la file jusqu'au fond où elle
reste fixée à l'ancre ; puis on fait avancer le bateau
à l'aide des rames, et au fur et à mesure qu'elle s'é-
loigne, on file la corde et les hameçons. Si le temps
est propice, on tend de la sorte jusqu'à deux et même
trois mille hameçons, et lorsqu'on a mis dehors toute
la corde, on y attache un second grappin garni comme
le premier d'un orin, et on le file sur le fond. Chacune
des bouées qui restent flottantes au-dessus des grappins
est surmontée d'un petit mat portant un pavillon pour
faciliter la reconnaissance des cordes dans le cas où le
mauvais temps forcerait le navire à s'éloigner. Le
bateau reste amarré à l'orin du second grappin, ou
bien retourne à bord, et après avoir laissé les lignes
ainsi au fond de l'eau pendant six ou huit heures, on
les retire.

Cette manière de faire la pêche est plus fatigante et
beaucoup plus dangereuse que celle qu'on fait le
long du bord avec des lignes ordinaires, car il arrive
souvent que les bateaux qui vont tendre des lignes
s'égarent par la brume, et quelquefois les coups de
vent les font périr. Le prix de l'armement des navires
se trouve aussi augmenté par là de deux à quatre mille
francs. Et de plus quelques personnes assurent que le
poisson est d'une moins bonne qualité à cause du temps

(1) On donne le nom de *bouée* à un corps léger qui flotte sur l'eau et sert
a marquer la place où se trouve une ancre, un écueil, etc. L'*orin* est la corde
qui le fixe à l'ancre.

qu'il reste souvent dans l'eau après avoir été pris. Mais
d'un autre côté les produits de cette pêche sont bien
plus abondans, et s'élèvent quelquefois, pour la saison
entière, à 70 mille morues pour un équipage de treize
à quinze hommes, ce qui fait environ 4,500 morues
par homme (1), tandis qu'en 1768 nous avons vu que
la pêche de chaque homme, pendant le même espace
de temps, n'était évaluée qu'à 700.

Points divers où l'on emploie ces procédés.

Le grand banc n'est pas le seul où l'on pratique la
pêche de la morue de la manière que nous venons de
l'indiquer. Les mêmes procédés sont employés sur le
banc Vert, qui est situé au sud de Saint-Pierre, entre
cette île et le grand banc; sur le Banquereau, qui se
trouve un peu plus à l'ouest; et dans quelques autres
localités analogues. Mais tous ces parages ne sont pas
également avantageux, et c'est le sud du banc, c'est-
à-dire la portion comprise entre le 44ᵉ et le 48ᵉ degrés
de latitude, qui est la plus fréquentée. Les pêcheurs
quittent en général nos ports vers le commencement
de mars; depuis la mi-avril jusqu'à la fin d'août, ils se
dirigent principalement vers l'est du grand banc par
le 43ᵉ degré, puis ils remontent jusqu'au 47ᵉ degré,
et reviennent, à la fin de la saison, vers le sud (2).
Quant à la nature des fonds les plus avantageux, les
opinions varient beaucoup; mais l'on s'accorde généralement à admettre que dans les eaux peu profondes
et près des côtes, la morue est de plus petite taille

(1) En général on ne compte qu'environ 3,500 morues par homme, savoir
1,500 pour chacun des deux premiers voyages, dont on fait sécher les produits
à Saint-Pierre, et 500 pour le dernier voyage, ou voyage de retour.

(2) Voyez DUHAMEL, Traité général des Pêches, in-fol. Paris, 1772, 2ᵉ partie, p. 50.

que celle qui se prend en pleine mer. Le temps influe
aussi sur l'abondance de la pêche ; un ciel couvert et
une mer faiblement agitée lui sont le plus favorables.
Enfin, c'est dans les points où l'eau présente une
profondeur de 30 ou 40 brasses qu'on la pratique le
plus ordinairement (1).

Lorsqu'on fait la pêche sur le petit banc qui avoisine   Pêche près
Saint-Pierre et Miquelon, ou bien le long des côtes   des côtes.
de Terre-Neuve, les procédés employés ne sont pas
les mêmes que ceux dont nous venons de parler.

Ici l'équipage ne demeure pas à bord pendant toute
la saison de la pêche, comme sur le grand banc. Aussitôt arrivés à Terre-Neuve, les bâtimens sont amarrés
et désarmés. Une partie de l'équipage reste à terre
pour exécuter les travaux nécessaires à la préparation
de la morue, et l'autre est répartie dans des barques
du port de quatre à cinq tonneaux. Ces chaloupes sont
presque toutes expédiées de France en paquets, c'est-
à-dire en quartiers sans être montées; on les place
ainsi dans la cale des bâtimens auxquels ils appartiennent, et, lorsqu'on approche de Terre-Neuve, on
commence à les monter; aussitôt après l'arrivée, on
termine cette opération et on leur met leurs agrès,
qui consistent en une voile latine et une autre carrée,
et en trois avirons. Leur nombre est en rapport avec
la grandeur du navire. Un bâtiment du port de cent
tonneaux est ordinairement pourvu de cinq de ces
bateaux, et ce nombre est augmenté ou diminué à
raison d'un pour vingt tonneaux de port. Lorsqu'on
ne se servait que de lignes pour faire la pêche sur la
côte, on comptait ces chaloupes dans la proportion

(1) PENNANT, *Introduction to artic Zoology*, p. 307, etc.

d'une pour cinq hommes d'équipage, trois d'entre eux
s'embarquent comme pêcheurs, et les deux autres
restent à terre ; mais depuis l'introduction de l'usage
des scines à morues, la proportion des équipages a
été portée à environ six hommes par chaloupe. Les
bateaux employés aux mêmes usages par les pêcheurs
sédentaires de Saint-Pierre et de Miquelon sont pour
la plupart armés et équipés de la même manière.

C'est en général vers trois heures du matin que les
chaloupes partent pour la pêche ; on y place quelques
provisions pour la journée ; savoir : de l'eau, du cidre
ou de la bière, de l'eau-de-vie et du biscuit, ainsi
que des appâts et les instrumens de pêche. Enfin, lorsque les matelots ont rencontré un endroit où la morue abonde, ils y mouillent un grappin, et pour la
plupart du temps, ne reviennent à terre que le soir,
pour y déposer le fruit de leur travail.

Procédés
de pêche em-
ployés

Les procédés de pêche employés sur la côte de
Terre-Neuve ont moins varié que ceux que l'on suit
sur le grand banc, et la description qu'on en a donnée
dans des ouvrages déjà anciens ou qu'on a reproduite
dans des livres plus nouveaux, est encore exacte, du
moins en partie, car on se sert de la ligne comme
autrefois ; mais on emploie aussi, avec beaucoup d'a-
vantage, la seine.

Pêche à la
ligne.

C'est principalement dans les endroits où l'eau est
profonde et le fond rocailleux, comme à Saint-Pierre
et au sud de la Conche, qu'on se sert de la ligne :
chaque pêcheur est muni de deux de ces instrumens
qu'il tient à la main et qu'il jette de chaque côté du
bateau. Du reste, la manière de pêcher varie suivant
les saisons et suivant les localités.

A la côte du petit nord, les pêcheurs ne portent pas avec eux d'appât ou de boîte, et en attendant l'arrivée du capelan, ils pêchent *à la faulx*, c'est-à-dire, sans amorcer leurs lignes, et en y imprimant des secousses brusques, afin d'accrocher les poissons, qui, dit-on, sont attirés par la lueur des hameçons, et se rassemblent autour. Les lignes qu'on emploie à cet usage ne doivent pas être assez longues pour atteindre le fond, et doivent être armées de deux ou trois grands hameçons du poids d'environ 12 grammes chacun, réunis en faisceau et fixés à un plomb pesant de 680 à 700 grammes. Chaque pêcheur est pourvu de deux de ces lignes, qu'il jette à droite et à gauche du bateau; et lorsqu'il a réussi à accrocher un poisson, il retire sa ligne, puis la laisse retomber pour recommencer la même manœuvre de l'autre côté du bateau, et ainsi de suite. Ces mouvemens alternatifs et continuels, ont été comparés à ceux qu'exécutent les faucheurs; et c'est de là que vient le nom qu'on a donné à cette manière de faire la pêche.

On comprend facilement que la pêche à la faulx doit être très-fatigante, et qu'en l'employant on doit blesser beaucoup plus de poisson qu'on ne peut en prendre. On assure aussi que, lorsqu'on la pratique au commencement de la saison, elle a souvent le grand désavantage de faire disparaître la morue pendant tout l'été; mais il paraît que ces inconvéniens sont pour le moins très-exagérés. En effet, au petit nord, où ce procédé de pêche est le plus employé, c'est avant l'apparition des capelans qu'on y a recours, ou bien lorsque ce poisson est en si grande abondance que la morue ne se jette pas avec avidité sur les appâts, et

quoiqu'il arrive souvent que l'on fasse ainsi environ
un cinquième du chargement total, cela n'empêche
pas les pêcheurs de le compléter plus tard (1).

Dans d'autres localités, la pêche à la ligne de main
se fait toujours de la manière ordinaire, c'est-à-dire,
en amorçant les hameçons. Pendant qu'on fait à terre
les préparatifs nécessaires pour commencer la pêche,
la plupart des bateaux sont employés à la recherche
des poissons qui servent d'appâts, et pendant toute
la durée de la pêche, un certain nombre de ces chaloupes, qu'on appelle *bateaux capelaniers*, continuent à être spécialement affectés au même service.
Les bateaux que l'on choisit pour cet usage, en
général un peu plus grands que les autres, sont montés
par 4 ou 5 hommes.

En attendant l'arrivée du capelan, les pêcheurs de
Saint-Pierre se servent, pour amorcer leurs lignes,
de grands mollusques bivalves que l'on connait sous
le nom de palourdes, et que l'on prend au barachin
de Miquelon, espèce d'étang salé, qui se trouve
dans le point de jonction des îles Miquelon et Lan-
glade; ils les emploient soit à l'état frais, soit après
les avoir fait saler. Quant aux pêcheurs qui viennent
de France, ils amorcent pendant cette saison avec des
harengs, des sardines, des maquereaux, des encornets
salés, qu'ils emportent avec eux, ou qu'ils se procu-
rent sur les lieux.

(1) Mémoire manuscrit de M. Raepffel, lieutenant de vaisseau, communiqué
par M. Marec. Voyez aussi Duhamel, Traité général des Pêches, deuxième partie, page 80, in-fol., et le Dictionnaire des Pêches, de l'Encyclopédie méthodique, par le même; ou bien encore les extraits textuels que M. Baudrillart a
donnés de cet ouvrage dans son Dictionnaire des Pêches, article *Morue*.

C'est surtout après l'arrivée du capelan, que la pêche est abondante, car non-seulement ce poisson est le meilleur appât pour la morue, mais aussi sa présence attire un nombre immense de ces animaux voraces.

Ce poisson appartient à la division des malacoptérygiens abdominaux de M. Cuvier, et rentre dans la famille des saumons. Les noms qu'on lui a donnés varient : Othon Fabricius le désigne sous celui de *salmo articus* (1), Gmelin l'appelle *clupea villosa* (2), Bloch, *salmo groenlandicus* (3), et M. Cuvier l'a pris pour type de son genre *mallotus* (4) ; enfin, il est assez généralement connu sous le nom de lodde ou de capelan d'Amérique (5), qu'il ne faut pas confondre avec le capelan de la Méditerranée, qui est une espèce de gade (6). Comme tous les autres malacoptérygiens abdominaux, le capelan a les nageoires soutenues seulement par des rayons cartilagineux, et celles de la paire ventrale sont suspendues sous l'abdomen, en arrière des pectorales, sans être attachées aux os de l'épaule. Les caractères qui lui sont communs avec les autres salmones, et qui le distinguent des familles voisines, est d'avoir le corps écailleux et une première nageoire dorsale à rayons, mais suivie d'une seconde formée par un simple repli de la peau, sans être soutenue par des rayons. La longueur de ce poisson est

---

(1) Fauna Groenlandica, p. 177, n° 128.

(2) Linn., Syst. nat., t. 1, part. 3, p. 128.

(3) *Ichthyologie*, 11ᵉ partie, p. 80, tab. 381, f. 1.

(4) Règne animal, 2ᵉ édit., t. 11, p. 305.

(5) Duhamel, Traité général des Pêches, in-fol., deuxième partie, pl. 24.

(6) *Gadus minutus*, Linné, *op. cit.*, p. 1164.

d'environ 6 pouces, son épaisseur est de 7 à 8 lignes, sa hauteur d'à peu près 1 pouce ; sa tête est assez pointue et sa mâchoire inférieure plus saillante que la supérieure ; la bouche est grande et armée de dents en velours ; les ouïes ont huit rayons et les nageoires pectorales sont arrondies et très-grandes ; le corps couvert de petites écaille est d'une couleur noire verdâtre sur le dos, mais argentée sous le ventre. Enfin, pendant la saison du frai, le mâle prend, tout le long du flanc, une bande d'écailles longues, étroites et relevées, qui ont l'apparence de poils. Le nombre de ces poissons est incalculable ; ils forment des légions immenses et commencent à paraître sur les côtes de Saint-Pierre et de Miquelon, vers le 20 juin ; sur la côte de Terre-Neuve, ils ne deviennent abondans qu'au commencement de juillet, et dans l'un et l'autre endroit, on ne les voit que pendant l'espace de deux à quatre semaines.

C'est le besoin de jeter leur frai qui les attire sur les plages sablonneuses de ces îles ; souvent ils s'élancent hors de l'eau et sillonnent la grève dans toutes les directions ; puis, après y avoir déposé leur frai, ils cherchent à regagner la mer ; mais un grand nombre n'y réussissent pas, et les côtes du Labrador sont fréquemment jonchées de leurs cadavres.

Pour prendre le capelan, on se sert de seines d'environ huit brasses de haut sur trente de montée, c'est-à-dire de longueur, mesurée à l'un ou à l'autre bord (1). Lorsque les capelans longent la côte, on les prend

_____

(1) Cette longueur est le *maximum* fixé par les réglemens (Ordonnance du Roi du 21 nov. 1821, tit. 3, art. 29). Mais il paraît qu'en général on emploie des seines beaucoup plus grandes, même de quatre-vingts brasses de montée.

souvent en tirant la seine à terre ; mais aujourd'hui cette manière de pêcher est prohibée par les réglemens, et on déborde toujours ce filet au moulinet, c'est-à-dire de manière à ce qu'elle forme une enceinte circulaire, qu'on rétrécit ensuite de plus en plus, comme nous aurons l'occasion de le décrire plus en détail par la suite.

En général, on envoie à bord des bateaux pêcheurs une nouvelle provision de capelans deux fois par jour ; ce poisson ne se conserve même pas frais pendant vingt-quatre heures, et lorsqu'il commence à se gâter, la morue n'y mord pas bien. Lorsqu'il est rare, on le coupe en deux, avant que de s'en servir comme appât ; mais, en général, on garnit chaque hameçon d'un capelan entier. Enfin, lorsqu'on craint d'en manquer par la suite, on en fait saler une certaine quantité.

Après que la saison du capelan est passée, on emploie au même usage le hareng, le maquereau et l'encornet. Pour prendre le hareng et le maquereau, on tend des filets dans les mailles desquels ces poissons s'enfoncent jusqu'aux ouies, de manière à ne pouvoir plus se dégager. *Harengs.*

L'encornet (*loligo piscatorum*) est une espèce de sèche dont la longueur totale est d'environ 53 centimètres (22 pouces). Vers le milieu de juillet, ce mollusque paraît en troupes immenses dans la rade de Saint-Pierre, mais il n'approche des côtes sud et ouest de Terre-Neuve qu'au mois d'août ou de septembre, et fréquente de préférence certaines localités (1). On a recours à deux moyens différens pour *Encornets.*

(1) Voyez *Notice sur l'encornet des pêcheurs*, par M. LAFYLAIR, Annales des Sciences naturelles, t. IV, p. 319, avec figure.

prendre l'encornet ; tantôt on en fait la pêche sans
amorce et à la faulx, en se servant d'un petit instrument nommé *turlutte*, qui consiste en un cylindre de
plomb fixé à la ligne par l'un de ses bouts, et garni
tout autour, à l'extrémité opposée, par des épingles
recourbées en forme de crochets. D'autres fois, on le
prend sur la côte ; alors pendant la nuit on allume des
feux le long du rivage, et les encornets, attirés par la lumière, se laissent échouer sur la plage où les pêcheurs
viennent les recueillir quand la mer est basse (1).

Différences
dans les hame-
çons.   Pendant la saison du capelan, la pêche de la morue
à la ligne se fait avec une *vette* ou *manivelle*, c'est-à-
dire un hameçon du poids de six à huit grammes,
garni de quatre-vingt-cinq à quatre-vingt-douze grammes de plomb, et fixé à l'extrémité d'une ligne de une
à cinq brasses de long. A cette époque, la morue, en
poursuivant les bans de capelans, s'approche beaucoup de la côte et vient plus près de la surface de
l'eau que pendant le reste de la saison ; aussi la pêche
est-elle alors bien plus expéditive et moins fatigante.

Lorsqu'on emploie comme appât le maquereau, le
hareng, l'encornet, etc., on ne se sert plus de la vette,
mais bien de lignes ordinaires, dont l'extrémité est
garnie d'un plomb du poids de deux à quatre livres,
auquel sont fixées une ou deux lignes d'environ une
brasse de long, armées chacune d'un hameçon. A
cette époque, la morue se tient à des profondeurs plus
considérables, et on est obligé de filer dix à vingt
brasses de ligne.

Ici, comme pour la pêche à la faulx, chaque homme

(1) CHAPPELL, *Voyage of H. M's ship Rosamond to Newfoundland and the
southern coast of Labrador*. Lond., 1818. Notes manuscrites de M. FURC, etc.

est muni de deux lignes, et quand le bateau est
mouillé, et que le pêcheur les a amorcées, il les jette à
droite et à gauche, et les agite continuellement, jusqu'à ce que le poisson ait mordu à l'une d'elles ; il fixe
alors momentanément l'autre ligne au bord du bateau,
pendant qu'il relève la première. Lorsqu'il a amené le
poisson à bord, il en retire l'hameçon (1), puis amorce
de nouveau sa ligne et la jette à la mer pour s'occuper
de celle qui est placée de l'autre côté du bateau ;
quand on pêche sur un banc abondant, le poisson
mord à l'appât avec tant de promptitude qu'il n'a que
le temps de faire cette manœuvre alternativement avec
l'une et l'autre ligne. On assure qu'alors un pêcheur
habile peut prendre jusqu'à 400 morues par jour (2).

Sur les côtes de la partie nord de Terre-Neuve,
depuis Querpon jusqu'au delà de la Conche, la pêche
à la ligne est peu usitée, pendant la première partie
de la saison, et c'est alors la seine que l'on emploie
presque exclusivement. Ce n'est que depuis une quinzaine d'années que nos pêcheurs ont commencé à se
servir de ces filets, et l'avantage qu'ils y trouvent est
très-grand, car ce procédé de pêche nécessite l'emploi
d'un plus petit nombre d'hommes, et donne des produits plus abondans que celui dont nous venons de
parler. Cette innovation fit naître des réclamations
vives et nombreuses ; l'usage de la seine, disait-on,

(1) Pour faciliter l'extraction du hameçon, les pêcheurs anglais ont l'habitude de poser le poisson sur une espèce d'établi placé en travers du bateau, et
de lui asséner sur l'occiput ou partie postérieure de la tête un coup qui l'é-
tourdit, et qui lui fait ouvrir légèrement la bouche ainsi que les ouïes. (Voyez
CHAPPELL, op. cit.)

(2) REES's, Cyclopedia art. fish.

devait détruire toutes les jeunes morues, et dépeupler
en peu d'années ces mers, si riches en poisson. Cependant, depuis six ans qu'on emploie un grand nombre de ces filets sur tous les points de la côte de
Terre-Neuve, où la nature des localités ne s'y oppose
pas, les morues ne sont pas moins nombreuses qu'auparavant, et les produits de la pêche sont plus abondans; seulement la seine étant employée de préférence au commencement de la saison, donne des
poissons plus petits que ceux qu'on prend plus tard à
l'aide de la ligne (1). Mais si l'usage de ce genre de
filets n'avait été réglée d'une manière sage, et la
grandeur de leurs mailles fixée, il est probable que
les résultats auraient été bien différens. La grandeur
des mailles ne peut être moindre de 5o millimètres
(un pouce dix lignes) en carré (2). L'étendue des
seines n'est pas limitée, et en général on leur donne
de quatre-vingts à cent brasses de longueur (lorsqu'elles sont montées), sur quinze à vingt de profondeur. Toutefois le nombre de ces filets est déterminé
par les réglemens de pêche; ainsi, les bâtimens de 188
tonneaux et au-dessus ayant un équipage de cinquante
hommes, au *minimum*, ont droit à deux seines, et
ceux d'un moindre tonnage, ou ayant moins de cinquante hommes d'équipage, ne peuvent en avoir
qu'une. La manière d'employer ces filets est aussi
fixée par des ordonnances; il est expressément défendu de les déborder à terre, et on ne peut s'en
servir qu'au moulinet. Voici comment cela s'exé-

(1) Renseignemens communiqués par M. Godefroy de Saint-Malo, etc.
(2) Ord. du 21 nov. 1821, art. 33.

cute : lorsque le bateau est arrivé sur le lieu où l'on
veut jeter la seine, on en fixe une extrémité au fond
avec un grappin, qui, à l'aide de deux cordes, est
attaché aux deux bords du filet ; puis on éloigne le
bateau en nageant avec deux rames d'un côté et trois
de l'autre, de manière à décrire un cercle, et en
même temps on continue à déborder la seine. Quand
cette opération est terminée, et qu'on est revenu au
point de départ, la seine, dont le bord supérieur est
garni de liége, et le bord inférieur de plomb, de manière
à faire tomber celui-ci jusqu'au fond de l'eau, représente un enclos circulaire qui transforme l'espace ainsi
circonscrit en une espèce de bassin, où tout le poisson
qui s'y trouve est retenu prisonnier. Le bateau mouille
ensuite, et l'on commence à *couper la seine*, c'est-à-
dire à la ramener à bord en tirant en même temps
par les deux bouts sur le plomb, ou bord inférieur du
filet, de manière à diminuer de plus en plus l'espace
qu'il circonscrit, et à rassembler, dans l'anse qu'on
forme avec le fond de la seine, toutes les morues qui
y sont retirées. Il arrive quelquefois que les bateaux
prennent ainsi d'un seul coup de filet plus de poissons
qu'ils ne peuvent en contenir.

C'est le 1ᵉʳ avril qu'a lieu l'ouverture de la pêche à   Saisons de
Saint-Pierre et à Miquelon; sur la côte de Terre-Neuve,   pêche.
on ne commence qu'au mois de mai ou même au mois
de juin, et les bâtimens qui s'y rendent de nos ports
n'appareillent qu'à la fin d'avril. La pêche d'été se
termine le jour de Saint-Michel, 29 septembre, et
les navires français ont souvent complété leur chargement au commencement d'août ; mais là où il existe
des établissemens sédentaires, c'est-à-dire, à Saint-

Pierre et sur la côte anglaise de Terre-Neuve, on fait
souvent une pêche d'automne, qui dure jusqu'à la fin
de novembre, et qui produit environ le cinquième
de la pêche d'été. Pendant l'hiver, le froid est si ri-
goureux que la pêche devient presque impossible. On
a vu cependant des Anglais la continuer pendant presque toute la durée de cette saison, bien qu'ils fussent
obligés de pratiquer des trous dans la glace pour y
faire passer leurs lignes, et obtenir ainsi une récolte
presque aussi abondante que celle qui résulte de la
pêche d'été dans les mêmes parages ; mais alors les
morues ne viennent jamais sur les bas-fonds, et on
ne les trouve que dans des endroits tels que la baie
de Fortune, où la mer est assez profonde pour
qu'elles puissent se tenir à une centaine de brasses
de sa surface.

Quant aux procédés de pêche employés sur le Dog-
gerbanc et dans les mers du Nord, ils ne diffèrent pas
notablement de ceux que l'on suit sur le grand banc de
Terre-Neuve.

Conservation
de la morue.

La conservation de la morue s'obtient de trois
manières principales, par la simple dessication, par
la salaison et par ces deux moyens réunis. La morue
desséchée sans avoir été salée, porte le nom de
stockfish (ou *poisson en bâton*) ; celle que l'on fait
sécher après l'avoir salée, est appelée *morue sèche*,
et enfin, la *morue verte* est celle qu'on conserve
dans le sel sans la dessécher ensuite. Les pêcheurs de
Terre-Neuve n'emploient que ces deux derniers procédés, et le stockfish ne se prépare guère qu'en Norwège et en Islande.

Une partie des bâtimens employés à la pêche sur

le grand banc, portent leurs morues à terre, soit sur
la côte de Terre-Neuve, soit à l'île Saint-Pierre, pour
les faire sécher, ensuite ils reviennent chercher un
nouveau chargement. Lorsqu'ils vont à Saint-Pierre ils
font en général deux de ces voyages, puis ils retournent
une troisième fois sur le grand banc d'où ils reviennent
directement en France; mais ceux qui portent leur
morue à Terre-Neuve ne peuvent guère se rendre sur
le grand banc plus de deux fois pendant la saison de
la pêche. D'autres bâtimens, aussitôt après avoir complété leur chargement, l'apportent en France, et font
ordinairement deux voyages sur le banc, par saison.
Ces derniers et ceux qui font, comme nous venons de
le dire, une pêche de retour, conservent leur poisson
uniquement au moyen du sel. Ce sont les seuls qui
préparent de la morue verte, car à terre on la fait
toujours sécher.

Voici la manière dont on y procède :

Après avoir détaché le hameçon auquel le poisson Morue verte.
s'est pris, on enlève avec un couteau la langue et
toute la chair comprise entre les deux branches de
la mâchoire inférieure, partie dont le goût est réputé
très-délicat; on place ensuite le poisson sur une
espèce de table, qu'on appelle *étal*, et un homme,
qui, en raison de ses fonctions, est nommé *ététeur* ou
décolleur, coupe la tête et retire les viscères, dont il
sépare avec soin le foie et quelquefois les œufs pour
des usages que nous indiquerons plus bas; puis il passe
la morue au *trancheur*, qui l'ouvre depuis la gorge
jusqu'à l'anus (que les pêcheurs appellent nombril)
et la désosse, c'est-à-dire, ôte dans l'étendue que nous
venons d'indiquer, la grosse arête, ou colonne verté-

brale, à laquelle adhère la vessie natatoire (ou *noue* des
pêcheurs). Le poisson ainsi préparé est porté dans la
cale, où on le frotte bien avec du sel et où on le range
en pile, en ayant soin de séparer toutes les couches
de poissons par des couches de sel. Enfin, après les
avoir laissé dégorger pendant un ou deux jours, on
construit, toujours dans la cale, avec des branchages
secs ou des fagots, une espèce de plancher (ou *fardage*)
qu'on recouvre de nattes, sur lesquelles on met une
couche de sel, puis on y range la morue comme on
l'avait fait d'abord, c'est-à-dire par couches alternatives de poisson et de sel, et on la laisse ainsi
jusqu'à ce qu'on décharge le navire.

La plupart des pêcheurs de Dunkerque qui se rendent dans les parages de l'Islande ne conservent pas
la morue *en grenier*, c'est-à-dire dans la cale, comme
nous venons de le décrire, mais la tranchent à plat
(c'est-à-dire la fendent dans toute sa longueur) et la
salent dans des barriques à l'instar des Hollandais.

Morue sèche. Ainsi que nous l'avons déjà dit, toute la morue
pêchée près des côtes de Terre-Neuve, ou que l'on y
apporte du grand banc, se sèche après avoir été salée
et porte dans le commerce le nom de *morue sèche*.
Les établissemens nécessaires à cet usage consistent
en un échafaud où l'on décharge le poisson, une
cabane pour y préparer la morue, un lavoir et une
grève ou des vigneaux pour le faire sécher.

La construction de l'échafaud est très-simple; on
commence par fixer en terre un grand nombre de
gros piquets, formés de jeunes sapins; puis on place
au-dessus une plate-forme horizontale de piquets
semblables aux premiers et assujétis avec de gros

clous. L'une des extrémités de l'échafaud doit avancer assez dans la mer pour que les chaloupes puissent
y arriver en tout temps ; tandis que l'autre doit se
continuer sur la terre et être assez élevée pour rester
à sec lorsque la mer est haute.

C'est sur ces échafauds (désignés par les Anglais sous
le nom de *fishflakes*) que l'on établit la cabane dont
nous avons parlé ci-dessus. Elle est construite en
clayonnage et recouverte avec des voiles de navire,
des écorces d'arbres ou des herbes sèches. On y ménage une espèce de grenier où couchent les *chafau-
diers* (ou hommes employés à la préparation de la
morue), et on y place les étaux sur lesquels on habille
le poisson, c'est-à-dire, où on le tranche.

Lorsque les chaloupes arrivent de la pêche, elles
se rendent aux échafauds et s'y amarrent ; les pêcheurs déchargent ensuite le bateau, et pour cela
s'arment de perches terminées par une pointe de fer,
que l'on nomme *piquerons*, *dijons* ou *sistes*, avec
lesquelles ils piquent les morues par la tête, et les
jettent sur l'échafaud, dans un endroit appelé la
poissonnière. Un garçon ouvre ensuite la gorge de
ces poissons pour en retirer la langue, puis on les
charge sur les traîneaux et on les porte aux *habil-
leurs*, qu'on distingue encore ici en décolleurs et en
trancheurs, et qui travaillent de chaque côté de la
table ou étal, placé dans la cabane. Le premier sépare
du corps du poisson la tête et les viscères, et détache
le foie qu'il place dans une cuve voisine ; le second
ouvre la morue en dessus, depuis le collet ou cou
jusqu'à la queue, et enlève l'arête dorsale depuis le
même point jusqu'au niveau de l'anus, que les pê-

cheurs appellent le nombril; il en résulte que la
morue préparée de la sorte est toujours complètement fendue et plate, tandis que la morue verte est
en général ronde et entière vers la queue, puisqu'on
ne la fend que jusqu'à l'anus. L'habilleur laisse ensuite
tomber le poisson dans une caisse carrée, qu'on
nomme l'esclipot, et un garçon de grève vient le
charger sur un traîneau pour le porter au saleur, qui
met une couche de sel sur les planches de l'échafaud,
dans une partie de la cabane réservée à cet usage,
range au-dessus une couche de morues placées la
peau en bas, la recouvre de sel, y étend un second
lit de morues, et ainsi de suite, jusqu'à ce qu'il ait
élevé à la hauteur de trois ou quatre pieds ces tas
(ou pattes), qui ont en général de quatre à cinq
pieds de large, et vingt à trente de long (1).

Sel employé
pour la prépa-
ration de la
morue.

Les pêcheurs s'accordent à dire que le choix du sel
employé pour la préparation de la morue influe beaucoup sur la qualité des produits, et cette assertion n'a
rien que de très-plausible, puisque la composition de
cette substance varie un peu suivant les procédés aux
moyens desquels on l'obtient. Mais lorsqu'on cherche
à approfondir davantage la question, on n'arrive à
aucun résultat bien avéré, et on voit que les avis sont
partagés relativement à l'espèce de sel le plus propre
à la conservation des poissons. En Angleterre, on emploie de préférence pour cet usage le *bay salt* ou sel
marin, obtenu par l'évaporation spontanée de l'eau
de mer dans nos marais salans de l'ouest ou dans ceux
du littoral espagnol. Mais on se sert aussi avec avantage du sel gemme du comté de Cheshire, que l'on

(1) Voyez Duhamel, *op. cit.*

fait cristalliser à une température peu élevée afin de l'avoir en cristaux volumineux et presque pur (1). Les Américains recherchent beaucoup nos sels du midi, et les achètent même à des prix plus élevés que ceux de Cadix ou de Lisbonne (2). Enfin une opinion contraire prévaut généralement en France : il est vrai qu'on ne se sert pour la préparation de la morue que des sels de la Rochelle, de Bouc, du Croisic, etc.; mais l'on regrette généralement que les droits, dont sont frappés les sels étrangers, nous en interdisent l'usage, et c'est même à l'emploi des sels de Portugal et d'Espagne que la plupart des armateurs attribuent la supériorité de la morue de pêche américaine ou anglaise sur la nôtre, qui, dans les pays chauds, se conserve beaucoup moins long-temps (3).

Afin de jeter de nouvelles lumières sur cette question, dont chacun sentira facilement toute l'importance pour notre commerce maritime, le ministre de l'intérieur nomma, en 1827, une commission chargée de constater par des expériences comparatives l'effet des divers sels sur la morue sèche. Le résultat de ces recherches montre que, malgré les préjugés qui règnent

(1) Voyez *Art. salt Encyclop. Britannica*, vol. 18, p. 465; *Analysis of several varietes of British salt, by Dr Henry, philosophical transactions*, 1810; *A treatise on the importance of extending the British fisheries, etc.*, by PUELES, 1818.

(2) Deuxième note sur la pêche aux États-Unis, publiée par le ministère de l'intérieur à la suite d'un rapport sur les sels. Paris, 1830.

(3) Mémoire adressé au ministre de la marine, le 13 pluviose an VIII, par les armateurs de Saint-Malo; Mémoire sur la salaison des harengs, etc., Annales des Arts et Manufactures, par B. O'Reilly, 1re série, t. vii, p. 55; Précis et résultats des opérations d'une commission établie au ministère pour constater par des expériences comparatives l'effet des diverses qualités de sel employées à la salaison des morues sèches. Paris, 1830, p. 4, etc., etc.

à cet égard, nos sels, convenablement employés, sont au moins aussi propres aux salaisons que les sels de Portugal, et que celui de Saint-Ubès (qui est le plus vanté parmi ces derniers), laissé à son état naturel, est loin de mériter toute préférence ; ce n'est même qu'en le dénaturant et en y ajoutant une certaine quantité de sulfate de magnésie qu'on a obtenu avec ce sel des produits égaux ou supérieurs en qualité à ceux donnés par le sel du Croisic. La morue préparée à l'aide de ce mélange de sel de Saint-Ubès, première qualité, et de sulfate de magnésie, s'est maintenue au premier rang ; mais celle préparée avec le sel du Croisic, au naturel, l'a atteint, et s'est peut-être mieux conservée. Il paraîtrait aussi, d'après ces expériences, que les salaisons faites avec le sel de Bouc se conservent en bon état pendant plus long-temps que celles faites avec les autres espèces de sels essayés par la même commission (1), ce qui s'accorde avec le jugement que les Américains en portent. Enfin il paraîtrait que le secret de la réussite de ces salaisons est dans l'emploi judicieux des doses et dans les soins qu'on apporte à la préparation, ainsi qu'à la conservation de la morue, plutôt que dans l'origine du sel employé.

Quantité de sel nécessaire pour la morue sèche et verte. La quantité de sel à laquelle on soumet la morue avant que de la faire sécher, est une chose dont l'influence sur la qualité des produits est bien plus marquée. Si le poisson n'est pas suffisamment imprégné de sel, il se gâte très-promptement, et d'un autre côté l'emploi d'une proportion trop forte de cette substance nuit beaucoup à la réussite de la salaison ; le goût de la

(1) Voyez le rapport de MM. Berthier, Gay-Lussac, Thénard, Haudry de Soucy, Lecudennec, Marec et Vincens.

morue devient alors moins agréable, et d'après les recherches dont nous venons de parler, on voit qu'elle
se conserve beaucoup moins bien. L'expérience des
pêcheurs leur a appris que la quantité de sel employée
ainsi, doit varier suivant la qualité de cette substance
et suivant les circonstances dans lesquelles on procède
à la salaison. Il paraît qu'il faut mettre plus de sel du
Croisic naturel que de sel de Saint-Ubès, et que le sel
de Bouc est également moins actif que ce dernier, mais
beaucoup plus que celui de nos marais salans de l'ouest.
Enfin on assure que le sel vieux, qui, par son exposition à l'air, s'est dépouillé des matières déliquescentes
qu'il renfermait, agit avec plus de force que lorsqu'il
est de préparation récente (1). Suivant Duhamel,
sept tonneaux de bon sel suffisent pour 300 à 350
quintaux de morue (2), et d'après les renseignemens
que nous avons recueillis à ce sujet, il paraîtrait que
pour bien préparer 1,000 quintaux de poisson, il suffit
en général de 36,000 kilogrammes de sel vieux et fin
de Bouc, tandis qu'en se servant de sel fabriqué au
Croisic, il en faut 40 à 45,000 kilogrammes. Les pêcheurs français et anglais préfèrent en général le sel
en gros cristaux à celui en petits grains (3), et on a
cherché l'explication de cette supériorité présumée
dans la dissolution plus lente du premier (4); mais les

(1) Notes manuscrites communiquées par M. Godefroy de Saint-Malo, etc.,
Phelps, *op. cit.*, chap. 2, etc., etc. Duhamel assure au contraire que, suivant
les pêcheurs, les sels qu'on rapporte de la pêche et qui n'ont pas servi, ont
contracté une mauvaise qualité et ont perdu leur force. (Traité des Pêches,
t. 11, p. 69.)

(2) Duhamel, *op. cit.*, t. 11, p. 89.

(3) Duhamel, *op. cit.*, t. 11, p. 69. Phelps, *op. cit.*, etc.

(4) Dr Henry *on salt*, Philosoph. Trans., 1810.

Américains, au contraire, ont soin de piler le sel avant
que de s'en servir, et la commission dont nous venons
de citer les travaux, est d'avis que ce procédé rend la
salaison plus complète (1).

Temps pen-
dant lequel on
laisse le pois-
son dans le sel.

Le temps pendant lequel on laisse ainsi la morue
dans le sel varie suivant les circonstances. Trois ou
quatre jours suffisent pour sa conservation, et à Saint-
Pierre il est est très-rare qu'on l'y laisse plus de huit;
mais sur la côte de Terre-Neuve, la pêche est quelquefois si abondante, qu'on n'a pas le temps de retirer
la morue du sel à cette époque, et qu'on est obligé de
l'y laisser pendant plus d'un mois. Enfin, sur la côte
sud de cette île, le soleil est trop ardent pendant les
mois de juin et de juillet, pour que l'on y puisse faire
sécher le poisson sans le détériorer, et on le laisse
alors dans le sel jusqu'au commencement d'août.

La durée de la salaison influe sur la quantité de sel
employée par les pêcheurs; c'est ainsi qu'à Terre-Neuve
on prépare environ quarante quintaux de morue avec le
sel qui suffit à Saint-Pierre pour cinquante ou soixante
quintaux de ce poisson. En général, plus la morue
doit rester long-temps dans le sel, plus la quantité nécessaire pour sa conservation est grande; aussi pour la
morue verte, qui y reste toujours, on en emploie
beaucoup plus que pour la morue sèche.

Lavage et
dessèchement
du poisson.

Lorsqu'on juge que les morues ont été suffisamment
imprégnées de sel, on les place sur des civières et
on les porte au lavoir, espèce de cage en bois, de dix
pieds de long sur sept de large, placée sur le ri-

(1) Deuxième note publiée à la suite du rapport de MM. Berthier, Gay-Lussac, etc., sur les sels, p. 20.

vage de manière à être baignée par la mer sans en
être recouverte. Après que les morues y ont été placées, des hommes les remuent avec des bâtons dont
le bout est garni d'un paquet de laine, puis les
lavent une à une à grande eau. On les replace ensuite
sur des civières; et, après les avoir laissé égoutter, on
les transporte à la grève, où l'on en forme des tas de
cinq à six pieds de haut, et vingt-quatre heures après,
si le temps est propice, on commence à les faire
sécher.

Lorsque la nature des localités le permet, comme
à Saint-Pierre, c'est sur les galets de la grève qu'on
étend la morue pour la faire sécher; mais lorsque la
plage est vaseuse ou couverte de sable fin, qu'elle est
exposée à des inondations, ou que le sol n'est pas bien
sec, comme sur plusieurs points de la côte de Terre-
Neuve, on construit pour cet usage des *vignots*. Tantôt ces séchoirs ressemblent aux échafauds dont nous
avons déjà parlé, et sont formés avec des piquets re-
couverts de clayonnage; tantôt ce sont des espèces de
petits murs faits avec des cailloux entassés les uns sur
les autres; d'autres fois, enfin, on les établit en
plaçant avec une grande régularité les unes sur les
autres des branches de sapin. Les vignots des deux
premières espèces sont en général élevés de vingt
pouces au-dessus du sol, et ont trois ou quatre pieds
de large sur une longueur variable; mais ceux qui ne
consistent qu'en une couche de branchage n'ont que
quatre pouce sà un pied d'épaisseur.

C'est d'abord la chair en dessus qu'on étend les morues une à une sur la grève ou sur le vignot; et après les
avoir laissées ainsi pendant environ douze heures, on les

retourne avant le soir ; on les rassemble plus tard les
unes sur les autres et l'on en fait des tas de huit à douze.
S'il fait beau le lendemain, on recommence la même
opération, mais de manière inverse, c'est-à-dire, en
mettant d'abord la peau en dessus, et ainsi de suite,
jusqu'à ce qu'on les juge suffisamment desséchées ;
seulement, à mesure que l'on approche de ce terme,
on les rassemble le soir en paquets plus considérables.

Pour les petites morues, trois ou quatre jours de
dessication sont en général suffisans ; mais, pour les
grosses, il faut sept à huit jours ou *soleils*, pour nous
servir des termes techniques. On en forme ensuite des
piles de quarante à cent quintaux, en ayant soin de placer les morues la peau en dessus, et on les dispose de
manière à former au sommet du tas une espèce de toit
afin d'empêcher l'eau d'y pénétrer. Après qu'elles ont
été pressées ainsi par leur propre poids pendant sept
ou huit jours, ou même plus, si le temps n'est pas
beau, on les étend de nouveau une à une, d'abord la
peau en dessous, puis dans l'autre sens, et le soir on les
rassemble encore en piles comme avant, mais en ayant
soin de placer dans le bas celles qui étaient au haut ou
qui sont les moins sèches. Quelquefois la dessication
n'est pas poussée plus loin, mais d'autres fois on
expose deux ou trois fois encore le poisson à l'action
du soleil, à des intervalles d'un ou deux mois, et chaque fois on a soin de séparer les morues parfaitement
sèches de celles qui ne le sont pas, afin de donner
à ces dernières un ou deux soleils de plus. Pour préserver les piles de morues, déjà desséchées, du contact
de la pluie, on les recouvre avec des voiles ; enfin, au

moment de l'embarquement, on les étend de nouveau sur la grève.

Pendant l'automne, le soleil n'a plus assez de force pour sécher la morue, et celle qu'on prend alors près des côtes, est conservée dans le sel jusqu'au printemps suivant. D'un autre côté, il est aussi des temps où son ardeur est si grande, qu'en peu d'heures, la morue qu'on exposerait sur la grève serait *cuite*, comme disent les pêcheurs, c'est-à-dire, deviendrait molle et perdrait toute sa valeur; c'est ce qui arrive souvent dans la partie sud de Terre-Neuve pendant les mois de juin et de juillet; enfin le temps le plus propice à cette opération est celui où il y a en même temps du soleil et du vent (1).

L'année dernière (1829) on a tenté un nouveau mode de dessication qui nous paraît devoir offrir des avantages. On a fait sécher la morue en la suspendant par la queue à des cordes tendues à cet usage. Nous ne connaissons pas encore les résultats obtenus par ce moyen, mais nous ne doutons point qu'il ne réussisse et qu'on évite ainsi d'avoir le poisson brûlé par le soleil, comme cela arrive quelquefois lorsqu'on l'étend sur la grève pendant un temps très-chaud et sans vent (2).

La morue bien desséchée perd environ les deux cinquièmes du poids qu'elle avait en sortant du sel; mais dans l'arrière-saison elle ne diminue que d'un quart à peu près, et alors elle se conserve beaucoup moins

(1) Renseignemens communiqués par M. Fuee, etc.
(2) D'après les renseignemens qui nous sont parvenus depuis l'impression de ce Mémoire, il paraîtrait que ce moyen n'a pas répondu à notre attente, mais seulement à cause de la perte de temps que son emploi occasionne.

bien ; dans le premier cas, elle peut être gardée pendant un an, tandis que dans le second elle est à peine mangeable au bout de quatre ou cinq mois.

Souvent on conserve également, à l'aide du sel, la langue et les parties adjacentes de la morue, qui, ainsi que nous l'avons déjà dit, sont très-estimées; mais les quantités préparées de la sorte sont peu considérables.

Huile de mo- | Le poisson n'est pas le seul produit de la pêche de
rue. | la morue. L'huile qu'on retire du foie de ces animaux est également un objet de commerce ; on l'emploie beaucoup dans la préparation des cuirs : aussi, lorsque les habilleurs vident les morues, ont-ils soin de séparer ce viscère de la masse des intestins et de le mettre dans une manne placée à côté d'eux. La préparation de cette huile est très-simple, car c'est par la décomposition spontanée des foies qu'on l'obtient : tantôt, c'est dans un charnier ou foassier, tantôt dans un *cajot*, que l'on entasse ces viscères pour en retirer l'huile. Les charniers, dont on se sert principalement à Saint-Pierre et sur le grand banc, sont des futailles ou des cuves dont le fond est muni de robinets; les cajots sont des espèces de cages en bois, ayant les parois garnies d'une grosse toile appelée serpilière, et inclinées, avec le fond entouré d'une gouttière profonde munie de deux robinets placés un peu au-dessus l'un de l'autre. A mesure que les foies entassés dans ces machines se dégorgent et entrent en putréfaction, le sang, l'eau et l'huile qui en sortent se rassemblent au fond du charnier ou passent à travers la serpilière des cajots, et coulent dans l'espèce de canal qui en entoure le fond. On ouvre alors le

robinet inférieur pour faire sortir l'eau, puis, lorsqu'on commence à voir arriver de l'huile, on ouvre
le robinet placé un peu plus haut, et on tire ce liquide
pour le placer dans des barils.

Le temps nécessaire pour opérer la putréfaction
des foies et la séparation de l'huile, varie suivant la
température, etc.; mais il faut ordinairement sept
ou huit jours. Au commencement de la pêche à
Saint-Pierre, les foies sont rouges et comme charnus; ils
fournissent alors peu d'huile, et on n'obtient qu'une
barrique (ou 240 litres) de ce produit, sur environ
quatre-vingts quintaux de morue sèche. Pendant la
saison du capelan, au contraire, le foie de la morue
devient d'un blanc jaunâtre, plus mou, plus volumineux, et fournit beaucoup plus d'huile. Quarante quintaux de morue sèche donnent alors à peu près une barrique d'huile. Enfin, après la saison du capelan, le foie
tend à redevenir rougeâtre, et il faut environ cinquante
quintaux de morue sèche pour avoir la même quantité d'huile. Sur la côte de Terre-Neuve où la pêche
commence plus tard et finit plus tôt, on obtient en général l'huile dans la proportion d'une barrique pour
45 à 50 quintaux de morues sèches. Dans le golfe on
n'en prépare que peu.

Les pêcheurs de Saint-Pierre, et les pêcheurs qui vien- Rogue de
nent de la plupart de nos ports de la Manche, ne con- morue.
servent pas les œufs des morues; mais ceux des côtes
de la Bretagne les font quelquefois saler dans des barils
et les rapportent en France. Cette préparation, qui
porte le nom de *rogue*, est d'un très-grand usage dans
la pêche de la sardine, qui est une des principales
sources des richesses des départemens du Finistère et

du Morbihan, mais qui ne se pratique pas sur les côtes de la Normandie.

La quantité de rogue ainsi préparée est loin de suffire aux besoins de nos pêcheurs de sardines, et chaque année les Norwégiens et les Hollandais en préparent au Lofoden, ou à bord des bâtimens qui font la pêche sur les côtes d'Islande, le Dogger-bank, etc., des cargaisons très-considérables qu'ils apportent en France. Aussi est-on surpris, au premier abord, que nos bâtimens terre-neuviens ne nous en fournissent pas davantage; mais il paraît que le prix de cette denrée n'est pas suffisamment élevé pour les engager à s'en occuper. En effet, bien que la préparation de la rogue soit très-simple, elle rend celle de la morue beaucoup plus longue à cause des précautions avec lesquelles il faut ouvrir le poisson, afin d'en retirer les œufs sans entamer la pellicule membraneuse qui les recouvre. On assure qu'un trancheur qui, dans un temps donné, habille cent morues, pourrait alors à peine en apprêter vingt-cinq. La saison pendant laquelle les pêcheurs venus de la métropole se trouvent sur les côtes de Terre-Neuve, est aussi défavorable à cette branche d'industrie; car souvent ils n'arrivent que lorsque la plupart des morues n'ont plus de frai. Pendant l'été la rogue n'est pas assez grenée pour supporter la salaison, ni assez abondante pour couvrir les frais de manutention qu'elle exige; et dans l'automne les pêcheurs sont obligés de retourner en France, ne pouvant hiverner sur la côte de Terre-Neuve.

Les pêcheurs sédentaires de Saint-Pierre et Miquelon pourraient peut-être se livrer avec avantage à cette branche d'industrie ; mais, pour les y engager, il faudrait leur assurer pendant quelques années une prime assez élevée (1).

Quoi qu'il en soit, voici en quelques mots les divers procédés les plus usités pour la préparation de cette rogue. En habillant la morue, on extrait des femelles les deux paquets formés par les œufs, et on les sépare de tous les autres viscères, en ayant soin de ne pas déchirer la pellicule qui les recouvre ; puis on les pose sur une planche percée ou sur un filet à petites mailles pour en opérer la dessication. Quand la pellicule est bien sèche, on place les œufs dans une barrique dont le fond est garni de sel, et entre chaque couche on interpose une nouvelle couche de cette substance. Enfin, lorsque la barrique est complétement remplie, on la ferme de manière à empêcher l'entrée de l'air. Un autre procédé également employé en Norwége consiste à mettre les œufs dans une barrique sans les avoir fait sécher, en y mêlant seulement du sel de la manière que nous venons d'indiquer. Dans l'espace de quatre jours, la rogue s'affaisse beaucoup, et on ajoute alors une nouvelle quantité d'œufs, jusqu'à ce que la masse ainsi formée remplisse complétement la barrique, dont on a soin de percer le fond pour déterminer l'écoulement de la saumure. Dans cet état, la rogue se conserve pendant plusieurs mois, et on la transporte des lieux de pêche dans les endroits où on achève la salaison par

Procédés employés pour la préparation des rogues.

___

(1) Compte rendu au ministre de la marine, des conférences qui ont eu lieu à Saint-Malo entre les principaux armateurs de la pêche de la morue, an XI. Observations sur la préparation de la rogue à Terre-Neuve, adressées au ministre de la marine par M. Reppffel, lieutenant de vaisseau, 1820.

l'addition d'une quantité de sel égale à la première ,
et on la place dans de nouvelles barriques dont le fond
doit être encore percé (1). Un troisième procédé qui
diffère peu de celui-ci consiste à déposer les œufs dans
la barrique destinée à les recevoir entre des couches
de sel , et à exercer ensuite sur la masse une pression
assez considérable afin d'exprimer l'huile contenue
dans la rogue. Pour cela on pose une planchette circulaire sur l'ouverture de la barrique , et on la charge
d'un poids convenable, ou bien on se sert à cet effet
d'une barre de bois placée transversalement sur elle et
dont un bout a son point d'appui sur les parois du
bâtiment , tandis qu'à l'autre est suspendu un poids.
L'huile ainsi exprimée passe à travers des trous qu'on
a eu le soin de percer dans le fond des barils, et tombe
dans un vase placé au-dessous (2). Enfin un quatrième
procédé adopté depuis quelques années dans le nord
pour la préparation de cette substance , et qui paraît
être supérieur aux précédens , consiste à dépouiller
les œufs de la membrane qui les entoure , à les laver
à l'eau de mer et à les faire sécher avant de les sou-
mettre à l'action du sel. Ici il est également essentiel
de ne laisser aucun intervalle entre la rogue et le fond
supérieur de la barrique, de bien clore celle-ci, et d'y
pratiquer deux petits trous , un inférieurement pour
l'écoulement de la saumure, l'autre à la partie supérieure
pour livrer passage aux gaz qui se dégagent des œufs.
La quantité de sel nécessaire pour la préparation de la
rogue est d'environ vingt-cinq kilogrammes par quintal

(1) Annales maritimes, 1817, 2ᵉ partie, p. 302 et 442.
(2) Mémoire manuscrit sur la préparation des rogues , adressé au ministère
de la marine par M. PROUST , de Lorient, 1816 , communiqué par M. Marec.

métrique; mais il est important de noter que les œufs provenant de la pêche d'été en exigent plus que ceux de la pêche d'hiver. Le sel marin en petits cristaux paraît être préférable au gros sel ou à celui provenant des mines. En Norwége on n'emploie que des sels de France; ceux du Croisic, de Noirmoutiers, etc., paraissent réunir toutes les qualités nécessaires. Lorsque les œufs sont au point de développement le plus convenable à cet usage, il faut environ 150 pièces de morue pour remplir une barrique, dont le poids est de 212 livres (1).

Ainsi que nous l'avons déjà dit, la pêche de la morue est une des branches importantes de notre commerce maritime. Toutes les fois que la France a joui de quelques années de paix, cette industrie a présenté bientôt un aspect très-florissant; mais malheureusement, depuis les guerres désastreuses qui ont signalé la fin du règne de Louis XIV, cela n'est arrivé que trop rarement.

État de la pêche de la morue à diverses époques.

En 1768, la France expédia pour cette pêche deux cent cinquante-neuf navires, jaugeant ensemble 16,852 tonneaux, et montés par 9,722 hommes d'équipage; mais dix ans après, une nouvelle guerre maritime vint arrêter complètement cet essor, et les établissemens français à Saint-Pierre furent détruits de fond en comble.

Malgré ces revers, nous voyons qu'aussitôt après le rétablissement de la paix, en 1783, nos pêcheries recommencèrent à prospérer. En effet, l'année suivante, on y consacra trois cent sept navires montés par 1,995 matelots.

(1) Annales maritimes, *loc. cit.*

1.   21

En 1784, le nombre des bâtimens employés à la pêche de la morue, soit à Terre-Neuve, soit dans les mers d'Islande, s'éleva à trois cent vingt-huit ; l'année suivante, on en comptait quatre cent cinquante, et on assure qu'en 1786, il y en avait quatre cent cinquante-trois (1) ; mais, pendant les premières années de la révolution, cette branche d'industrie devint languissante ; et, en 1793, elle fut encore une fois complètement interrompue.

Lors de la paix éphémère conclue en 1802, on commença de nouveau à s'occuper de la pêche de la morue, et l'on expédia à Terre-Neuve, à Saint-Pierre et au grand banc, cent cinq bâtimens avec 2,220 hommes d'équipage. Le nombre des armemens projetés pour l'année suivante était du double ; mais ici encore la guerre est venue tout arrêter, et cet état de choses a duré, comme chacun sait, jusqu'en 1814.

Etat actuel. Ce fut en 1816 seulement que l'on s'adonna de nouveau à la pêche, et, depuis lors, la paix maritime n'ayant pas été interrompue, cette branche d'industrie a pris une grande activité. Cependant les troubles de l'Espagne, et la guerre de quelques mois qui en fut la suite, paraissent avoir encore exercé sur elle une influence nuisible. En effet, on n'arma pour la pêche de la morue que cent soixante-quinze bâtimens en 1823, tandis que dans les années précédentes, leur nombre s'était toujours élevé au-dessus de trois cents. On peut attribuer en partie ce changement subit à la petite diminution que l'inter-

(1) ARTHUR YOUNG, Voyage en France, dans le 17ᵉ vol. du Cultivateur anglais.

ruption de nos communications avec l'Espagne dût occasioner dans l'écoulement des produits de la pêche; mais il doit être rapporté principalement à l'inquiétude générale inspirée par l'attitude hostile des autres états de l'Europe.

Pour juger de l'état de la pêche et connaître les fluctuations qui ont eu lieu dans le nombre des bâtimens employés à cet usage, on n'a qu'à jeter les yeux sur le tableau suivant :

Nombre des armemens.

Relevé des armemens effectués pour la pêche de la Morue dans les ports de France, depuis 1816 *jusqu'en* 1826 (1).

ANNÉES.	NOMBRE de NAVIRES.	TOTAL du TONNAGE.	TOTAL des ÉQUIPAGES.
1816	309	32,271	7,950
1817	348	36,011	8,760
1818	316	52,928	7,848
1819	523	55,927	8,711
1820	308	50,721	7,297
1821	326	35,892	9,598
1822	312	33,592	9,842
1823	175	16,493	4,155
1824	317	32,815	9,175
1825	256	24,658	7,042
1826	350	40,016	10,199

D'après ce tableau on voit combien la pêche de la

(1) Les élémens de ce tableau, ainsi que de la plupart des suivans, sont extraits de documens officiels inédits qui nous ont été communiqués par M. Marec, chef du bureau des pêches au ministère de la marine.

morue doit contribuer à la prospérité du littoral de
la France ; mais ce résumé ne suffit pas pour nous
donner une idée de toute son importance ; car elle
est pratiquée , non-seulement par les neuf ou dix
mille matelots qui se rendent chaque année dans les
parages lointains de Terre-Neuve et d'Islande ; mais
aussi par tous les habitans de nos colonies de Saint-
Pierre et de Miquelon , ainsi que par un assez grand
nombre de passagers qui , des divers ports de la
France , se rendent dans ces îles pour y passer l'hiver.
Les armemens effectués par ces pêcheurs sédentaires
sont peu considérables, et ne consistent guère qu'en
chaloupes et en waries au nombre d'environ deux
cents ; mais les produits en sont assez considérables.

En 1819, par exemple, les habitans de ces deux
îles, ou les passagers qui y sont venus faire la pêche ,
sans être compris dans les rôles des équipages mentionnés ci-dessus, ont employé quinze goëlettes ou
chaloupes pontées, seize chaloupes non pontées et
deux cent soixante-deux waries.

Comparai-
son de l'état
actuel et de
l'état ancien.

Depuis l'année 1816 jusqu'en 1822, nous voyons
que la pêche de la morue est restée presque stationnaire , ce qui paraît avoir dépendu de l'insuffisance
des primes d'encouragement accordées alors par le gouvernement (1); mais, à dater de 1823, elle est devenue
chaque année de plus en plus importante, et depuis
la paix, il n'y a pas eu d'armemens aussi nombreux
qu'en 1829. Cet état de choses est donc très-sa-
tisfaisant ; néanmoins cette branche d'industrie n'a
pas suivi une marche aussi rapide que la plupart des

(1) Voyez la suite de ce Mémoire, p. 343.

autres, et aujourd'hui même elle n'est pas supérieure
à ce qu'elle était avant la révolution, car en 1786 elle
paraît avoir employé quatre cent cinquante-trois navires, et en 1829, ce nombre n'était que d'environ
quatre cents. Si on remonte à une époque encore
antérieure, on voit que l'importance de cette pêche
était alors encore plus grande qu'à l'époque dont nous
venons de parler. En effet, d'après la relation de la
prise de Louisbourg, par l'armée de la Nouvelle-
Angleterre, en 1745, écrite par le commandant de
ces troupes, sir W. Pipperell, il paraîtrait que la pêche française employait alors sur les côtes de Terre-
Neuve et des îles voisines, 414 navires; et sur le grand
banc environ 150 (1).

Cet état stationnaire, lorsque tout fait des progrès,
et même cette diminution, si elle est réelle, pourrait
bien dépendre en partie de ce qu'aujourd'hui le carème
est observé avec moins de rigueur qu'autrefois, et le
poisson salé, par conséquent, moins employé. Un fait
qui vient à l'appui de cette opinion, est l'état de décadence de la grande pêche du hareng en Hollande; en
1601 elle employa plus de 1,500 bâtimens; et en
1823, seulement 128.

Nous avons déjà fait remarquer que ce n'est pas
seulement à Terre-Neuve et dans les parages voisins
que se rendent les bâtimens expédiés des ports de
France pour la pêche de la morue. Un assez grand

(1) Voici les principaux détails que l'auteur contemporain que nous venons
de citer donne sur ce sujet :

Avant la prise de Louisbourg, les pêcheurs français employaient chaque
année, le long de la côte de l'île du cap Breton, au moins cinq cents waries
(shallops) et soixante brigantins, etc.; le nombre d'hommes affectés à ces divers

Importance relative de la pêche à Terre-Neuve, au grand banc et dans les mers d'Islande.

nombre vont aussi sur les côtes d'Islande, aux iles Schetland et Féroë, et au Dogger-bank. Le tableau suivant, comprenant les dix premières années qui ont suivi le rétablissement de cette branche d'industrie en France, montrera les proportions de ceux qui vont dans ces divers parages, sur le grand banc de Terre-Neuve, ou bien sur les côtes de cette ile et de Saint-Pierre.

Tableau de la destination des armemens effectués pour la pêche de la Morue.

ANNEES.	TERRE-NEUVE, St. Pierre et Miquelon.		GRAND-BANC.		ISLANDE.	
	NOMBRE des NAVIRES.	NOMBRE des HOMMES.	NOMBRE des NAVIRES.	NOMBRE des HOMMES.	NOMBRE des NAVIRES.	NOMBRE des HOMMES.
1816	155	5827	78	1068	78	1035
1817	159	5970	105	1575	104	1415
1818	159	8658	115	1470	64	740
1819	176	6851	91	1248	86	1612
1820	160	5417	78	1051	70	849
1821	200	7780	35	522	74	1096
1822	194	8582	51	670	67	790
1823	157	5087	20	257	68	859
1824	182	7465	46	646	89	1068
1825	157	5510	30	428	89	1104
1826	215	8445	47	648	90	1156

Si l'on cherche quelle est la part que chacune des

bâtimens soit pour la pêche, soit pour la préparation du poisson, s'élevait à environ trois mille quatre cents (cinq par warie et quinze par brigantin). Enfin le transport du produit de leur pêche dans les ports de la métropole nécessitait environ quatre-vingt-treize navires. La pêche de la morue sèche employait aussi environ trois cent vingt-un bâtimens armés dans les ports de la France, et distribués de la manière suivante : six à Gaspay, six à Quadre, six à Port-

principales villes du littoral de la France prend dans ces armemens, on verra que ce ne sont pas les ports les plus fréquentés par les bâtimens de commerce, qui en expédient le plus grand nombre pour la pêche; Dunkerque, Saint-Malo, Granville et Saint-Brieuc, fournissent à eux seuls presque les deux tiers de tous les armemens effectués pour cette destination, tandis qu'au Havre, à Brest, à Nantes, à Bordeaux et à Marseille, on ne s'en occupe que peu ou même point du tout.

Il est aussi à remarquer que c'est presque exclusivement au littoral de la Manche qu'appartient cette branche d'industrie maritime. Les ports de la Méditerranée ne font point d'armement pour Terre-Neuve; le nombre de bâtimens expédiés, pour cette pêche, de Bayonne, de Bordeaux, de Nantes et des autres ports de la côte occidentale de la France, est tout-à-fait insignifiant; enfin les armateurs de Dunkerque dirigent presque toutes leurs spéculations vers l'Islande; en sorte que les départemens de la Manche, de l'Ille-et-Vilaine et des Côtes-du-Nord, sont réellement le foyer principal, sinon unique, du commerce de la pêche à Terre-Neuve.

Les documens suivans, et le tableau figuratif placé en regard de la page 360, fourniront la preuve de ce que nous venons d'avancer.

en-Basque, trois aux îles Toils, et trois cents au Petit-Nord, à Belle-Isle, dans le golfe, etc.; ces derniers appartenaient à Granville et à Saint-Malo, et avaient ainsi que les premiers, terme moyen, soixante hommes d'équipage; total 19,260. Enfin, la pêche de la morue verte était faite sur le grand banc par environ cent cinquante bâtimens d'Olonne, de Bayonne, du Havre, etc., dont les équipages, à vingt hommes par navire, s'élevaient à 3,000 hommes.

Voyez ANDERSON, Hist. du commerce, t. III, p. 247.

Tableau des armemens effectués pour la pêche de la Morue dans chacun des ports de la France dans les années 1827 *et* 1828.

ARRONDISS. MARITIMES.	QUARTIERS MARITIMES.	1827.		1828.	
		NOMBRE de BATIMENS.	NOMBRE D'HOMMES.	NOMBRE de BATIMENS.	NOMBRE D'HOMMES.
CHERBOURG.	Dunkerque.	85	1157	85	823
	Boulogne..	11	119	7	100
	Dieppe....	20	288	25	288
	Fécamp...	21	292	24	294
	Le Havre...	3	75	2	41
BREST.....	Granville..	59	2048	65	2274
	Saint-Malo.	79	5441	78	5331
	Dinan.....	2	54	1	11
	Saint-Brieuc	52	2761	47	2610
	Paimpol...	5	263	8	351
	Morlaix....	2	42	2	43
LORIENT ...	Croisic....	2	49	2	59
	Nantes....	5	214	7	289
ROCHEFORT.	Bordeaux..	3	31	2	23
	Bayonne...	6	215	9	230
TOULON....	»	»	»	»	»

Produits de la pêche.
1° En poisson. Les produits de cette branche d'industrie maritime, dont on a déjà pu apprécier l'importance par le nombre de navires qu'on y emploie, doivent être, comme on le pense bien, très-considérables ; mais il est difficile d'avoir à ce sujet des renseignemens précis ; car l'administration des douanes n'a aucun intérêt direct à vérifier l'exactitude des déclarations faites à ce sujet, lors du retour de la pêche ; néanmoins, le tableau suivant peut servir à nous en don-

ner une idée, sinon exacte, du moins fort rapprochée de la vérité.

*Tableau des quantités de Morues provenant des pêches fran-
çaises, depuis 1816 jusqu'en 1826 (exercice annuel).*

ANNÉES.	QUANTITÉS DE MORUES rapportées en France.	QUANTITÉS DE MORUES exportées directe-ment des lieux de pêche avec primes.	TOTAL présumé DE LA PÊCHE.
	kil.	kil.	kil.
1816	14,570,000	170,800	14,540,800
1817	15,500,000	215,800	15,715,800
1818	14,904,000	412,000	15,316,000
1819	11,614,600	707,800	12,522,400
1820	18,421,000	1,516,100	19,937,100
1821	18,021,169	2,219,400	20,240,569
1822	17,269,001	1,409,400	18,678,401
1823	8,851,469	707,700	9,559,169
1824	22,369,013	1,536,400	23,905,413
1825	23,112,680	3,000,200	26,112,880
1826	24,219,005	3,093,299	27,312,304

Comme nous l'avons déjà dit, les pêcheurs fran- *Quantité de morue verte et de morue sèche.* çais conservent la morue en la salant seulement, ou bien en la desséchant à l'air après l'avoir soumise à l'action du sel. Le tableau suivant montre la quantité proportionnelle de poisson préparé d'après l'un et l'autre de ces procédés, dans les parages où la pêche se fait. Mais la morue verte, c'est-à-dire salée sans avoir été desséchée, ne pouvant se conserver dans les Antilles, on en transforme une partie en morue sèche, dans les ports de la métropole, afin de le réexporter pour ces colonies. C'est ce qui se pratique souvent à Dunkerque ; car les bâtimens armés dans ce port étant destinés pour les mers de l'Islande, où la France n'a aucune possession territoriale, les pêcheurs qui les montent ne peuvent pas préparer de morue sèche. La quantité de morue verte importée est donc un peu au-dessus de celle qui est consommée dans cet état.

Tableau comparatif des quantités de Morues vertes et sèches importées depuis 1823 jusqu'en 1828 (1).

ANNÉES.	MORUES			
	VERTES.		SÈCHES.	
	NOMBRE.	POIDS.	NOMBRE.	POIDS.
		kil.		kil.
1823	1,559,189	4,407,780	7,812,088	4,425.759
1824	2,404,591	7,677,824	27,850,666	14,691,189
1825	2,243,741	7,288,940	33,854,491	15,825,751
1826	3,074,734	8,627,341	37,141,091	15,591,664
1827	3,471,285	9,046,143	35,453,741	15,970,250
1828	4,525,254	12,838,294	35,848,651	17,236,468

Considéra-
tions sur les
produits de la
pêche. L'expérience a appris que la pêche de chaque matelot embarqué à bord des bâtimens expédiés de France s'élève, dans les années médiocres, à environ 1500 kilogrammes de morue sèche, et à 2000 dans les bonnes années ; quelquefois elle atteint 2500 kilog., et même au-delà ; mais, terme moyen, c'est à 2000

(1) Tableau général du commerce de la France, publié par l'administration des douanes, 1828.

kilogrammes qu'on doit l'évaluer (1). Pour la morue
verte, les produits sont beaucoup plus considérables ;
car sa préparation nécessite moins de main-d'œuvre et
le poisson perd moins de son poids. Chaque voyage au
grand banc donne en général environ 1,500 morues
par homme, et on en fait au moins deux par campagne ; souvent les bâtimens de Granville et de Saint-
Malo font une troisième pêche qui fournit à peu près
500 morues par homme, et le poids de ces morues
peut être évalué terme moyen à deux kilogrammes et
demi.

Depuis 1823 jusqu'en 1827 inclusivement, la pêche
sur les côtes de Terre-Neuve, où l'on ne prépare que
de la morue sèche, a été faite par 33,616 matelots embarqués à bord des bâtimens expédiés de nos ports. Si
l'on calcule maintenant les produits probables de leur
pêche d'après les bases que nous venons de poser, on
verra qu'ils ont dû s'élever à 67,232,000 kilogrammes
de morue sèche, ce qui donne, terme moyen, pour produit annuel 13,446,400 kilogrammes ; mais une grande
partie du poisson pêché sur le grand banc est portée
soit à Saint-Pierre, soit à la côte de Terre-Neuve
pour être séchée ; aujourd'hui même la plupart des
bâtimens de Granville et de Saint-Malo disposent ainsi
des produits des deux premiers voyages sur le grand
banc, et ne conservent au vert que la morue de leur
troisième voyage. Il s'en suit que cette évaluation doit
être de beaucoup au-dessous de la réalité. Il faut en-

(1) Renseignemens communiqués par M. Godefroy de Saint-Malo, et par
MM. Fuec, Lemagnionet et Hugon de Granville ; documens transmis par les
commissaires maritimes au ministère de la marine ; Mémoire sur les primes, par
la chambre de commerce de Saint-Malo, etc.

core ajouter à ce total la quantité de morue préparée
par les pêcheurs sédentaires de Saint-Pierre, et par les
passagers qui hivernent chaque année dans cette colonie. Or, l'évaluation officielle des résultats de la pêche, pendant cinq années, telle que nous l'avons rapporté dans les tableaux précédens, donne pour terme
moyen 13,300,114 kilogrammes de morue sèche; et
les exportations qui se font directement de Saint-
Pierre pour les colonies ou l'étranger, ne sont pas
égales aux produits de la pêche dans ces établissemens.

Nous sommes donc portés à croire que la quantité de morue préparée de la sorte est réellement
plus grande que celle indiquée par le chiffre que nous
venons d'indiquer. Toutefois ces calculs montrent
que les évaluations consignées dans ce tableau ne
peuvent pas s'écarter assez de la vérité pour donner
à ce sujet des idées fausses, pourvu toutefois qu'on
ne les adopte que comme des approximations.

2° Quantités d'huile et de rogue fournies par la pêche. Quant aux produits de la pêche en huile de morue
et en rogue, ils sont peut-être moins considérables
qu'on ne devrait s'y attendre. Les exportations effectuées directement des lieux de pêche sont à peu près
nulles; aussi le tableau suivant, qui donne l'évaluation des retours dans les ports de la métropole, mon-
tre-t-il, d'une manière assez exacte, le total de la
production.

Tableau des retours de la pêche de la Morue en huiles,
draches et rogues, effectués dans les ports du royaume,
de 1823 à 1828.

ANNÉES.	HUILES.	DRACHES (1).	ROGUES.
	kil.	kil.	kil.
1823	415,210	156,301	6,843
1824	1,353,898	248,630	10,639
1825	1,294,356	242,960	7,387
1826	1,063,670	249,598	6,331
1827	1,201,623	316,503	3,229
1828	1,395,397	287,362	8,438

Une grande partie de la morue fournie par nos
pêcheurs est consommée dans l'intérieur de la France.
En comparant le tableau que nous venons de rapporter, avec celui qui donne le total des exportations
effectuées pendant les années correspondantes, on
voit que l'excédant des importations sur les exportations est de 18 ou de 19,000,000 kilogrammes, et,
d'après l'évaluation des produits de la pêche par les
armateurs, ce chiffre serait encore trop faible.

Les Antilles françaises, comme nous l'avons déjà
vu, reçoivent une quantité assez considérable de
morue expédiée directement de Saint-Pierre (1):

Exportation
de morue sè-
che.

(1) Voici le tableau des quantités de morues ayant droit aux bénéfices des
primes, expédiées directement des lieux de pêche pour les colonies françaises
de l'Amérique :

            1816. . . . .   97,600 kilogrammes.
            1817.   35,900
            1818.   270,000

cependant ces colonies sont encore un des principaux débouchés pour le commerce de la métropole, et les Américains y trouvent aussi un marché
avantageux pour les produits de leur pêche. Du reste
cette consommation énorme de morue aux Antilles
ne doit pas nous surprendre, car ce poisson constitue
la base de la nourriture des nègres. Nous en expé-
dions aussi pour l'Ile-Bourbon, l'Italie, le Levant et
l'Espagne; mais c'est en quantité bien moins considérable, et il paraîtrait qu'en Espagne, aussi bien qu'en
Italie, on préfère, en général, la morue de l'Islande
à celle de Terre-Neuve. Le tableau suivant donnera
une idée exacte de l'importance des différens marchés
où nous envoyons notre poisson.

1819. . . .	671,600
1820. . . .	1,516,100
1821. . . » .	2,095,000
1822. . . .	1,317,000
1823. . . .	707,000
1824. . . .	1,472,900
1825. . . .	2,402,400
1826. . . .	2,107,757
1827. . . .	1,798,574

Ces exportations, comme on le voit, ont augmenté d'année en année d'une
manière assez régulière, et cette progression montre l'importance croissante
des établissemens sédentaires de Saint-Pierre et Miquelon.

Tableau comparatif des exportations de Morues ayant droit au bénéfice des primes, d'après les certificats transmis par l'administration des douanes au ministère pendant les années 1823, 1824, 1825, 1826, 1827, 1828 (1).

ANNÉES.	DESTINATION.								TOTAUX.
	MARTINIQUE.	GUADELOUPE.	CAYENNE.	SÉNÉGAL.	BOURBON.	ESPAGNE par terre.	ITALIE.	LEVANT et BARBARIE.	
	kilog.	kilog.	kilog.	kilog.	kilog.	kilog.	kilog.	kilog.	kilog.
1823	498,321	571,722	3,272	»	33,349	22,686	686,240	29,665	1,668,595
1824	568,350	305,571	70,733	»	405,623	983	1,226,446	»	2,507,380
1825	900,343	1,034,376	76,482	»	243,893	»	1,674,733	17,125	3,992,952
1826	1,338,356	682,591	276,617	3,129	364,899	134,954	1,224,423	18,410	4,366,878
1827	1,414,138	1,614,526	97,394	3,500	106,609	45,475	1,745,356	92,146	5,035,669
1828	1,955,047	2,594,085	84,745	»	634,935	40,125	3,296,962	137,547	6,561,482

(1) Voyez le tableau général du commerce de la France, déjà cité.

Ports d'où
ces exporta-
tions se font.

Afin de rendre l'exportation des produits et leur transport à l'intérieur plus faciles, ce n'est pas toujours dans les ports d'où ils ont été expédiés que les bâtimens employés à la pêche de la morue viennent décharger leur cargaison. Les navires armés à Dunkerque, y reviennent tous directement ; mais ceux de Granville de Saint-Malo, de Saint-Brieux, etc., se rendent en grande partie à Marseille, à La Rochelle, à Bordeaux, à Nantes et au Havre. Toutes les exportations par terre pour l'Espagne se font de Bayonne ; celles pour le Levant et l'Italie, de Marseille et de Toulon ; et celles pour Cayenne, de Nantes et de Bordeaux. Les ports de Bordeaux, de La Rochelle, de Nantes, de Saint-Malo, du Havre, de Marseille et de Cette expédient la majeure partie de la morue destinée à l'Île-Bourbon ; enfin, les Antilles en reçoivent de Bordeaux, de Nantes, de Lorient, de Saint-Malo, de Saint-Servan, de Granville, de Cherbourg, du Havre, de Dunkerque et de Marseille. On évalue à environ quarante le nombre de bâtimens employés à ces exportations (1).

Le tableau suivant montre la part que chacun des ports de la France prend à ce commerce d'exportation.

(1) Mémoire de la chambre de commerce de Saint-Malo sur les primes, page 6.

État *par destinations et par ports* des exportations de Morue (ayant droit aux primes) *effectués pendant l'année* 1828.(1)

PORTS D'EXPÉDITION.	DESTINATION.							TOTAUX.
	MARTINIQUE.	GUADELOUPE.	CAYENNE.	BOURBON.	ESPAGNE, par terre.	ITALIE.	LEVANT et BARBARIE.	
	kilog.	kilog.	kilog.	kilog.	kilog.	kilog.	kilog.	kilog.
Marseille.	229,805	104,044	»	45,642	»	1,295,852	186,208	4,361,778
Le Havre.	529,067	896,259	»	66,688	»	»	»	1,491,954
Saint-Malo.	182,189	309,208	45,129	533,995	»	»	»	1,097,592
Bordeaux.	524,652	570,375	39,616	52,519	»	»	»	992,935
Nantes.	87,969	71,442	»	126,706	»	»	»	525,052
Dunkerque.	153,796	158,615	»	»	»	»	»	295,411
Granville.	34,266	110,675	»	»	»	»	»	191,879
Saint-Servan.	»	135,459	»	»	»	»	»	138,489
Le Légué.	141,542	»	»	»	»	»	»	141,542
La Rochelle.	»	»	»	22,005	»	»	»	22,005
Cherbourg.	11,851	»	»	»	»	»	»	11,851
Bayonne.	»	»	»	»	40,423	»	»	40,423
Cette.	»	»	»	7,491	»	»	»	7,491
Lorient.	»	7,560	»	»	»	»	»	7,560
Toulon.	»	»	»	»	»	»	4,282	4,282
TOTAUX. .	1,935,047	2,394,083	84,745	684,983	40,423	1,295,852	197,847	6,591,432

(1) Documents publiés par l'administration des douanes.

D'après ce tableau, on voit qu'environ les cinq
sixièmes des exportations se font des ports de Marseille, du Havre, de Saint-Malo et de Bordeaux, tandis que ceux de Nantes, de Dunkerque, de Granville,
de Saint-Servan, de Saint-Brieux (ou Légué), de La
Rochelle, de Cherbourg, de Bayonne, de Cette, de
Lorient et de Toulon, n'y participent collectivement
que pour environ un sixième.

Mouvement
commercial
occasioné par
la pêche de la
morue.

Le mouvement commercial qu'occasione la pêche
de la morue ne s'arrête pas là ; elle exerce aussi une
influence marquée sur le cabotage qui a lieu le long
de nos côtes, et sur le transport des produits colo-
niaux en France, ainsi que sur tout ce qui tient aux
constructions maritimes.

Chaque année la pêche consomme plus de quarante
millions de livres de sel, que les armateurs font prendre
à Bouc, aux îles d'Hières, à La Rochelle, à Marenne,
au Croisic, etc. L'approvisionnement des bâtimens
destinés pour Terre-Neuve fournit un débouché considérable pour les produits des départemens vigno-
bles. Enfin, la construction et l'armement des bâtimens consomment une quantité énorme de matières
premières, et leur emploi occupe un grand nombre
d'ouvriers de toute espèce.

La pêche de la morue exerce donc une grande influence sur l'industrie et la marine française ; son importance ne peut être révoquée en doute ; mais cependant cette branche d'industrie ne paraît pas être
aussi lucrative qu'on pourrait se l'imaginer. Pour s'en
convaincre, il suffira de comparer la valeur de ses
produits avec les dépenses qu'elle occasione.

Comparai-

Depuis quelques années, le prix moyen de la morue

sèche a été, dans nos divers ports, d'environ 40 fr. le
quintal métrique ; mais dans les colonies françaises de
l'Amérique et chez l'étranger, elle ne se vend souvent
que 16 à 20 fr. D'après les travaux de la commission
d'enquête, nommée en 1824 par le ministre de l'intérieur, pour examiner plusieurs questions relatives au
commerce de la morue, le prix moyen auquel on doit
l'évaluer, le poisson ainsi exporté, est de 20 centimes
le kilogramme. Quant à la morue verte, elle ne représente qu'environ 30 centimes le kilogramme.

A l'exception d'une petite quantité de morue verte
que l'on fait sécher à Dunkerque pour la transporter
ensuite aux Antilles, toute celle qui est importée en
France, ainsi préparée, se consomme dans l'intérieur
du royaume. Or, pendant les années 1823, 1824, 1825,
1826 et 1827, la quantité totale de morue verte importée a été de 37,047,989 kilogrammes, ce qui,
d'après l'estimation reportée ci-dessus, correspond à
une valeur de 11,114,396 f.

Toute la morue exportée est préparée au sec ; par
conséquent, pour connaître la quantité consommée en
France, il suffira de déduire le montant de ces exportations de la quantité importée, après avoir ajouté à
celle-ci l'évaluation de la morue verte que l'on fait
sécher sur les côtes de la France. Cette comparaison
donne pour les cinq années sur lesquelles nous avons
établi des calculs rapportés ci-dessus, un excédant d'au
moins 49,202,291 kilogrammes, qui répond à la consommation intérieure et qui, au prix que nous venons
d'indiquer, a dû produire environ 19,681,000 fr.

Enfin l'exportation faite des ports de la part de
la métropole pendant ces cinq années, a été de

17,298,282 kil., et a dû produire, d'après les mêmes
bases d'estimation, un total d'environ 3,460,000.

Le taux d'évaluation adopté par la même commission pour les huiles et rogues de morues importées par
les bâtimens français, est de 60 centimes le kilogramme
pour le premier de ces produits, et de 70 cent. pour
le second. Pendant le laps de temps dont nous venons d'examiner les produits en poisson, les importations d'huiles de draches se sont élevées à 5,328,737
kilogrammes, et celles des draches à 1,193,992. La
valeur des draches est d'environ le tiers de celle des
huiles, par conséquent les graisses de morues ont dû
produire en total à peu près 3,436,040 fr.

Enfin les rogues de morue préparée à Terre-Neuve
ne se vendent guère que 70 centimes le kilogramme.
On en a importé 33,829 kilogr.; on n'en a donc retiré
qu'environ 24,000 fr.

En résumé, nous voyons donc que les retours de la
pêche effectués dans les ports de la France depuis
1823 jusqu'en 1827 inclusivement ont dû produire
une somme totale d'environ 37,715,000, ce qui donne
pour terme moyen annuel à peu près 7,543,000 fr.

2° Dépenses
qu'entraînent
les armemens
pour la pêche.

Si l'on compare maintenant les valeurs que nous venons d'indiquer avec les dépenses qu'entraîne cette
pêche lointaine, on sera surpris de voir que les frais
excéderont les recettes. Les armateurs assurent que
chaque homme embarqué à Granville pour la grande
pêche, représente à peu près 750 fr. de débours, et
qu'à St.-Malo ces frais ne sont pas moins de 810 fr. (1).

(1) Cette différence dépend de la part plus ou moins grande que l'on accorde
à l'équipage sur les produits de la pêche : en effet, à Granville les matelots reçoivent à la fin de la campagne un cinquième de la pêche lorsque celle-ci est

Dans d'autres ports, ces premières dépenses sont un peu moins élevées qu'à Granville, et il paraît que, terme moyen, on peut les évaluer à 750 fr. par homme. Or, pendant les cinq années dont nous avons exposé plus haut les recettes, il a été embarqué pour la côte de Terre-Neuve 33,613 hommes; par conséquent les frais d'armement pour la grande pêche ont dû être d'environ 25,210,000 fr.

La petite pêche a employé pendant ces cinq années 8,242 hommes. Les bâtimens qui reçoivent cette destination nécessitent à Granville et à Saint-Malo les débours d'environ 1,100 à 1,200 fr. par homme; à Dunkerque, ils doivent être beaucoup moins élevés, et on paraît s'accorder à évaluer, terme moyen, ces frais à 1,000 fr. par homme. La dépense totale occasionée par les préparatifs pour cette branche de pêche a par conséquent été d'environ 8,242,000 fr.

Le cinquième du produit de la pêche, qui est absorbé en majeure partie par les lots de matelots, les pratiques aux capitaines, etc., etc., peut être évalué (la prime sur ces produits comprise) à environ 8,612,000 fr. Enfin les frais d'embouquetage, de transport, de commission, etc., etc., pour la morue exportée, paraissent devoir être d'environ 30 fr. pour 500 kilogr.; ce qui donne pour le total de l'exportation 1,037,900 fr.

D'après ces détails, on voit que le total des débours que la pêche de la morue a nécessités de la part des

entière, tandis qu'à Saint-Malo, bien que l'équipage soit encore sensé avoir droit au cinquième de la cargaison, le paiement s'en fait suivant ce que l'on appelle l'*usage du Nord*, c'est-à-dire en évaluant ce poisson au prix qu'il avait il y a plusieurs siècles.

armateurs, a dû être, pour les cinq années déjà men-
tionnées, d'environ 43,102,300 fr., ce qui donne
pour terme moyen annuel une somme de 8,620,446 fr.

Excédant
des dépenses
sur les recet-
tes.
En comparant ces frais avec le résultat de la vente
des produits de la pêche, on voit que les recettes sont
au-dessous des dépenses, et que pendant le laps de
temps dont nous nous sommes occupés, le déficit annuel a dû être, terme moyen, de plus d'un million. Nous
sommes portés à croire que quelques-unes des dépenses
que nous avons indiquées ci-dessus ont été un peu exagérées par les armateurs, et que les recettes peuvent
s'élever un peu plus haut. Il est aussi à remarquer que
toute la morue préparée par les équipages des bâtimens expédiés de France, n'est pas importée dans les
ports de la métropole; une partie de celles expédiées
directement des lieux de pêche provient de cette
source, et n'a pas été comprise dans nos calculs; or,
les produits de sa vente doivent contribuer à diminuer
le déficit en question, mais ils doivent être loin de le
combler.

Nécessité
des encoura-
gemens de la
part de l'État.
Il paraît donc évident que, si le gouvernement
n'encourageait pas d'une manière puissante la pêche
de la morue, elle ne pourrait se soutenir, et l'État
perdrait en même temps une branche importante de
commerce et une école précieuse pour ses marins.
De tous les services maritimes, il n'en est point qui
soit plus propre à former de bons et de nombreux
matelots que la pêche de la morue. Dans le commerce
de grand cabotage, ou dans les voyages de long cours,
un navire de 300 tonneaux n'est ordinairement monté
que par une vingtaine d'hommes d'équipage, et le
nombre d'apprentis ainsi formés est très-faible. Dans la

grande pêche de la morue, au contraire, chaque bâtiment porte de 60 à 100 hommes, et le nombre total
de ces marins est de dix ou douze mille, dont les
mousses forment un dixième, et dont un autre dixième
consiste en jeunes gens de la campagne qui y viennent
contracter les habitudes de la mer et restent attachés
aux classes.

Ces considérations ont déterminé le gouvernement
à accorder à cette pêche de grandes faveurs; ainsi il
frappe la morue pêchée et préparée par les étrangers
d'un droit de 7 fr. par quintal métrique, et il accorde
à nos armemens des primes d'encouragement assez
élevées pour en assurer la prospérité. C'est à cette
mesure qu'on doit attribuer son état florissant vers
la fin du dernier siècle; et aussitôt que la cessa-
tion de la guerre a permis de s'occuper de ces spéculations lointaines, on a senti la nécessité de la re-
nouveler. Si on les abandonnait, la pêche française
ne pourrait plus soutenir la concurrence avec celle de
l'Amérique et de l'Angleterre, ses produits ne trouvant plus de débouchés au dehors, encombreraient nos
marchés, et cette branche de commerce ne tarderait
pas à être frappée d'une ruine complète. Dans l'état
actuel des choses, les primes d'encouragement sont
donc indispensables, et la seule question que l'on
puisse agiter est relative à leur quotité.

Lorsqu'en 1816 on les rétablit pour la première
fois depuis la paix, elles furent fixées de la manière
suivante. On alloua

50 fr. pour chaque homme embarqué pour la grande pêche
(c'est-à-dire celle qui a lieu sur les côtes de Terre-Neuve
et aux îles de Saint-Pierre et Miquelon) :

15 fr. par homme embarqué pour la pêche d'Islande , du
    Dogger's-Banck et du grand-banc de Terre-Neuve, dite
    la petite pêche ;

24 fr. par quintal métrique de morue française exportée de
    France ou directement des lieux de pêche pour les co-
    lonies françaises ;

12 fr. par quintal métrique de morue exportée des ports de
    la Méditerranée pour l'Espagne , le Portugal , l'Italie
    ou le Levant ;

10 fr. par quintal métrique de morue exportée directement
    des lieux de pêche pour l'Espagne , le Portugal , et
    l'Italie ;

10 cent. par kilogrammes d'huile de morue importée (1) ;

20 cent. par kilogrammes de rogues.

En 1818, le tarif des primes subit quelques modifications. La prime de 24 fr. pour la morue exportée
aux colonies, n'étant pas jugée suffisante pour lui faire
soutenir la concurrence avec les produits de la pêche
américaine, elle fut portée à 40 fr. par quintal métrique, du reste tout fut maintenu sur le même pied
qu'en 1816 (2).

L'ordonnance du 1er août 1821 alloue une prime de
10 fr. par quintal métrique à la morue exportée par
terre de France, en Espagne (3). Enfin, en 1822, la
prime de 40 fr. fut maintenue pour la morue exportée
des ports du royaume pour les colonies françaises,
mais celle qu'on allouait à la morue exportée direc-

(1) D'après l'ordonnance du 20 février 1822, les draches ou huiles non pu-
rifiées sont admises aux mêmes bénéfices, mais en les réduisant au tiers de leur
poids.

(2) Ordonnance du Roi relative aux primes d'encouragement pour la pêche
de la morue, 21 oct. 1818.

(3) Ordonnance du 1er août 1821, art. 1er. Cette ordonnance n'a pas été
insérée, comme les précédentes, au Bulletin des Lois.

tement des lieux de pêche, fut réduite à 3o fr. par quintal métrique (1), et cet état de choses n'a été changé qu'en 183o.

Le tableau suivant donnera une idée des diverses sommes allouées depuis quelques années à titre d'encouragement pour cette pêche.

(1) Ordonnance du Roi du 20 février 1822. — Ordonnance du Roi du 24 février 1825.

Tableau du montant présumé des diverses primes d'encouragement allouées à la pêche de la Morue de- puis 1823 jusqu'en 1827 (1).

ANNÉES	PRIMES DES HOMMES		PRIMES SUR LES PRODUITS.							TOTAL des PRIMES.
			EXPORTATIONS FAITES					IMPORTATIONS.		
			DIRECTEMENT des lieux de pêche.		DES PORTS DE FRANCE.					
	Pour la grande pêche.	Pour la petite pêche.	Pour les colonies.	Pour l'Espagne, etc.	Pour les colonies.	Pour la Méditerranée.	Pour l'Espagne, par terre.	HUILES et braches.	ROGUES.	
	fr.	fr.	fr.	fr.	fr.	fr.	fr.	fr.	fr.	fr.
1823	152,830	16,440	212,310	»	579,355	82,424	2,262	46,964	4,588	842,687
1824	585,250	23,029	441,870	6,559	342,401	125,175	96	145,677	2,007	1,535,495
1825	275,500	22,930	722,320	59,080	891,901	209,454	»	157,432	1,477	2,234,743
1826	420,750	26,790	632,523	98,364	1,175,735	416,784	1,495	114,636	1,266	2,352,223
1827	488,500	54,965	559,371	21,171	1,369,996	243,460	1,517	150,712	645	2,377,417

(1) C'est en calculant le montant de chaque prime d'après le nombre des hommes embarqués ou la quantité de produits, que nous avons établi ce tableau, car nous n'avons pas pu obtenir la communication de documents officiels à ce sujet.

D'après ce tableau, on voit que, pour chacune des cinq années sur lesquelles nous avons établi les calculs exposés ci-dessus, le montant des primes d'encouragement accordées à la pêche de la morue, a dû être, terme moyen, d'environ deux millions. D'une autre part, nous avons montré que la valeur approximative du poisson, de l'huile et de la rogue que fournit cette branche d'industrie maritime, est d'environ sept millions et demi. Il s'ensuit que son produit annuel peut être évalué à neuf millions et demi. A l'aide de ces primes, le déficit que nous avons signalé plus haut est donc couvert, et un bénéfice assez considérable est assuré à l'armateur; on se convaincra que ce résultat est atteint, en jetant les yeux sur les divers tableaux rapportés ci-dessus; car si les encouragemens que l'État accorde à la pêche de la morue depuis l'année 1818 étaient insuffisans, elle montrerait une tendance à décliner, et si, au contraire, les primes étaient beaucoup trop fortes, le nombre des armemens se serait accru d'autant plus rapidement, que les bénéfices seraient plus grands. Or, ni l'un ni l'autre de ces changemens n'a eu lieu. Si l'on compare les dernières années qui viennent de s'écouler, avec 1823, on observera une progression croissante très-rapide; mais si l'on remonte un peu plus haut, on verra qu'en 1826, par exemple, il ne s'est guère fait plus d'armemens qu'en 1817. Le terme moyen des trois dernières années est, il est vrai, notablement plus élevé que pour aucune autre période postérieure à la dernière paix; mais l'accroissement qu'on y observe s'est opéré d'une manière graduelle, et n'est pas assez grand pour faire penser que les

primes puissent être, sans inconvénient, beaucoup
réduites; il prouve seulement que cette branche d'industrie maritime, si importante pour la France, est
dans un état florissant.

D'après les recherches entreprises à ce sujet par l'administration, il paraîtrait que la dépense faite par l'armateur pour un bâtiment de moyenne grandeur (c'est-
à-dire pour un navire de 150 tonneaux), s'élève dans
la première année, de 49 à 50,000 fr., abstraction
faite de la valeur du navire, et que la recette totale
des produits d'une pêche moyenne, vendue en France,
est d'environ 28,000 fr.; ce qui laisserait un déficit de
11,000 fr. Dans l'hypothèse où la pêche atteindrait son
maximum, elle ne donnerait qu'environ 56,000 fr. ou
6,000 fr. d'excédant sur les dépenses dont nous venons de parler. Pendant la seconde année, l'armateur
n'ayant plus à se pourvoir ni de bateaux ni d'ustensiles
de pêche, se trouve dans des conditions plus favorables; néanmoins, si le produit n'est encore qu'un produit moyen, et, d'après le calcul des probabilités, on ne
peut guère en attendre d'autre, les avances de la première année seront encore à peine couvertes. Ainsi, ce
ne serait que la troisième année que l'armateur pourrait compter sur un bénéfice réel, si l'exportation pour
les colonies françaises ne lui promettait un retour net
d'environ 28 fr. par quintal, sur les 40 alloués comme
prime d'encouragement. Du reste, comme l'observe
très-bien le ministre de l'intérieur dans son rapport
au roi du 9 décembre 1829 (1), cette dépense, pour
les primes, toute forte qu'elle est, peut être consi-

(1) Voyez le Moniteur du 9 décembre 1829

dérée comme une économie pour l'État, car la pêche
de la morue entretient 12,000 matelots, et ne coûte
pour primes que deux ou trois millions; tandis que
ces matelots, lors même qu'on pourrait les employer
utilement en temps de paix sur les bâtimens de l'État,
coûteraient de six à huit millions, et la nécessité de cette
espéce de réserve ne peut être révoquée en doute,
pour peu que l'on veuille maintenir la marine sur un
pied respectable; aussi le système des primes qui, en
thèse général, est jugé si défavorablement par les éco-
nomistes, parait-il mériter ici plus de faveur que lorsqu'on l'applique à presque toutes les autres branches
d'industrie.

D'après ces considérations le gouvernement s'est
décidé à continuer l'allocation de primes à peu près
comme par le passé, jusqu'en 1832, époque à laquelle
on promet qu'une loi viendra donner à ces dispositions
la stabilité dont elles ont manqué jusqu'ici (1).

(1) Dans le cas où l'on viendrait à s'occuper de nouveau de ce sujet, il serait
bon de chercher si quelques unes des dispositions relatives aux primes ne pour-
ront être modifiées d'une manière avantageuse. Ainsi il faudrait examiner si la
pêche sur le Dogger-Banck et sur les côtes de l'Islande nécessite des primes aussi
élevées que celle pratiquée sur le grand banc, et si elle est aussi utile à la marine
nationale. On pourrait aussi se demander s'il ne conviendrait pas de favoriser
davantage le transport de la morue des lieux de pêche aux colonies, plutôt
que de le faire revenir dans les ports de la métropole pour le réexpédier ensuite
aux Antilles, et s'il ne faudrait pas exiger pour la conservation du poisson ainsi
exporté certaines précautions telles que l'embouquetage. Enfin, si l'on accor-
dait aux exportations qui peuvent se faire pour l'Amérique du Sud les mêmes
primes que celles allouées aux expéditions pour l'Espagne, l'Italie, etc., il nous
parait probable qu'on ouvrirait aux produits de nos pêches un débouché consi
dérable et avantageux. Dans l'état actuel des choses, cette branche de commerce
qui a beaucoup d'importance, est entièrement entre les mains des Américains et
des Anglais (mais surtout des premiers), et au moyen des primes dont nous venons de parler, nos armateurs pourraient probablement soutenir la concur-

D'après la dernière ordonnance à ce sujet (1), la prime d'armement pour la petite pêche dans les parages d'Islande et sur le grand banc de Terre-Neuve, est portée à 30 fr. par homme d'équipage au lieu de 15; mais il n'est rien innové à la prime de 15 fr. par homme, attribuée aux armateurs pour la pêche du Dogger-Banck, et à celle de 40 fr. pour les pêcheurs de Terre-Neuve. Les primes sur les produits sont également maintenues comme par le passé, seulement il n'en sera plus alloué pour les huiles.

Les détails dans lesquels nous venons d'entrer, nous paraissent suffisans pour montrer, jusqu'à l'évidence, la nécessité des primes pour le soutien de la pêche de la morue en France; mais jusqu'ici nous n'avons pas parlé des causes qui la font naître et que l'on doit chercher dans la concurrence des pêcheurs anglais et surtout américains.

Avantages que les pêcheurs anglais ont sur les pêcheurs français.

Depuis long-temps l'Angleterre est en possession des côtes les plus favorables à la pêche de la morue. La Nouvelle-Écosse, le Labrador et la plus belle partie de Terre-Neuve, lui appartiennent, et elle y a établi de nombreuses colonies, dont dépend en majeure partie sa supériorité sur le commerce français. En effet, la pêche étant principalement faite par les habitans de ces côtes ou du moins par des hommes qui y séjournent plusieurs années, elle peut commencer de

rence avec eux. En effet, les navires américains qui portent de la morue à Fernambouc, etc., sont en général obligés de revenir sur lest, ce qui rend le fret très-élevé; les nôtres, au contraire, vont souvent dans ces parages presque sans cargaison, et pourraient y porter notre morue à très-bas prix, tandis que pour les Antilles le contraire a lieu.

(1) Ordonnance du Roi du 7 décembre 1829. Voyez le Moniteur.

bien meilleure heure, et être prolongée plus tard dans
la saison que celle faite par des bâtimens qui, à chaque
campagne, obligés de traverser l'océan Atlantique, ne
peuvent s'aventurer dans ces parages dangereux avant
que les glaces n'en aient disparu. La proximité des
établissemens anglais des lieux de pêche, diminue aussi
beaucoup les frais d'armement ; la plupart des bâtimens qui se rendent à Terre-Neuve ne portent pas
avec eux les hommes destinés à pêcher ou à préparer
le poisson qu'ils vont chercher, et, de plus, ils sont
chargés de denrées dont la vente à Terre-Neuve est
d'un rapport considérable. Enfin, la morue n'est pas
le seul produit de leur pêche, et chaque année ils
préparent sur ces côtes de riches cargaisons de saumon salé et de peaux de phoques (1).

(1) La pêche, ou plutôt la chasse du loup marin, ou phoque, se fait principalement dans les glaces qui environnent Terre-Neuve et le Labrador pendant les
mois de février, de mars et d'avril. D'après la Troisième lettre d'un habitant de
Terre-Neuve, adressée à lord Bathurst, et imprimée à Londres en 1824, il paraît qu'on emploie annuellement à cette chasse, dans cette île, environ 350 goe-
lettes montées chacune de vingt hommes habitués au maniement du fusil. Voici
la manière dont se fait en général la pêche de ces animaux timides et méfians.
Près du rivage de quelques petites baies, les pêcheurs construisent une espèce
de piège avec des filets qu'on appelle en anglais *a frame of nets*. Pour cela, on
commence par tendre parallèlement au rivage un grand filet fixé au fond à
l'aide d'ancres et maintenu dans une position verticale au moyen de barriques
vides qui sont attachées à son bord supérieur ; un certain nombre d'autres filets
plus petits, mais également très-forts, sont fixés au grand filet transversal par
une de leurs extrémités, et s'en séparent à angles droits pour s'étendre vers la
plage ; enfin à l'extrémité libre de chacun de ces filets est attachée une corde
qui à son tour est fixée sur un petit cabestan placé sur le rivage. Les pêcheurs
cherchent ensuite à chasser les phoques de manière à les pousser entre la
plage et le grand filet transversal dont nous avons d'abord parlé, puis à un
signal convenu, d'autres hommes stationnant à terre tournent les cabestans et
tendent ainsi les filets intérieurs, de façon à cerner tout-à-coup les phoques,
qui ne peuvent plus s'échapper de l'enceinte dont ils viennent de se voir tout-

La manière dont les Anglais font la pêche de la morue et préparent ce poisson, ne diffère pas de celle que suivent les Français; aussi ne reviendrons-nous pas sur ce sujet, et nous bornerons-nous à donner quelques détails propres à arrêter les idées sur l'importance de cette branche de leur commerce.

Etat de la colonie anglaise de Terre-Neuve.   En 1815, La population fixe des colonies anglaises à Terre-Neuve s'élevait à 40,568 âmes; il y arriva d'Angleterre, d'Ecosse, de Jersey, etc., à peu près 6,735 âmes, et pendant la saison de la pêche on y comptait 55,284 habitans. Le nombre de navires destinés au commerce ou à la pêche, et qui appartenaient à l'île, ou y venaient de l'Europe, des Antilles, etc., était de 1,036, jaugeant 127,582 tonneaux et montés par 7,981 hommes d'équipages; 3,518 bateaux, et 22,167 hommes étaient employés à la pêche le long des côtes. Enfin, la quantité de morue exportée pour l'Espagne, le Portugal, l'Italie, la Grande-Bretagne, les possessions anglaises de l'Amérique et le Brésil était estimée à 1,180,661 quintaux ordinaires, et les produits en huile étaient de 4,298 tonneaux. Dans le cours de cette année, on exporta aussi 3,425 barriques de saumon salé, et la chasse du loup marin, ou phoque, donna 121,182 peaux, et 1,397 tonneaux d'huile (1). Depuis

---

à-coup entourés, car la peur les empêche de sauter par dessus les filets, et ils cherchent seulement à se frayer une route entre le bord inférieur de ces cloisons et le fond de la mer, ce qui leur est complètement impossible; aussi deviennent-ils alors une proie facile. Lorsqu'on les a tués, et qu'on les a dépouillés de leur peau, on enlève leur graisse qu'on coupe en petits morceaux et que l'on fait fondre dans des chaudières de fonte pour en retirer l'huile. On trouve des détails intéressans à ce sujet dans le voyage de M. Chappell, cité ci-dessus.

(1) *Ar. fisheries supplem. to the Brit. Encyclop.*, vol. 4, p. 274.

la paix, la colonie de Terre-Neuve et la pêche qui s'y
fait ont beaucoup décliné ; en 1826, le tonnage des
bâtimens entrés dans les ports de l'île ne s'est élevé
qu'à 72,000, et celui de la sortie, à 62,000, c'est-
à-dire, le douzième de ce qu'il était en 1815. Les six
années qui ont suivi cette dernière année ont donné,
terme moyen, environ 1,000,000 quintaux de morue
sèche, tandis que pendant les six années suivantes
comprises entre 1821 et 1826, le terme moyen des
produits ne s'est élevé qu'à environ 900,000 quintaux (1), néanmoins, la pêche qui s'y fait est, comme
on le voit, encore très-considérable.

D'après un traité conclu en 1818 entre l'Angle- Pêche faite
terre et les Américains, ces derniers ont le droit de cains.
pêcher concurremment avec les Anglais sur la côte
sud de Terre-Neuve, sur celle des îles de la Magdelaine et sur toute la côte du Labrador, depuis Mont-
Joly jusqu'au détroit de Belle-Ile et de là vers le
nord indéfiniment ; ils ont aussi la faculté de préparer
et de sécher leur poisson dans tous les havres de ces
côtes tant qu'il n'y a point d'établissement anglais ;
mais du moment qu'il s'en forme, ils ne peuvent plus
le faire, à moins d'avoir obtenu le consentement des
habitans ou propriétaires de ces divers points. D'un
autre côté, les Etats-Unis ont renoncé à toute pré-
tention sur le droit de pêche ou de sécherie dans un
rayon de 3 milles marins de toute côte appartenant à
S. M. Britannique, hors des limites que nous venons
d'indiquer.

(1) Note sur la pêche de la morue jointe au rapport déjà cité sur les sels,
p. 12.

I.   23

Le nombre de bâtimens américains employés à la
pêche de la morue dans ces parages est très-grand ;
pendant les dix années comprises entre 1802 et 1813,
le tonnage de ces bâtimens était, terme moyen, de
48,577 tonneaux ; et en 1816, il s'élevait à 68,125 tonneaux (1). Depuis cette époque, la pêche paraît avoir
pris beaucoup plus d'extension. En 1821 on comptait
sur la côte ouest de Terre-Neuve seulement, à peu
près douze cents de leurs goëlettes (2) ; et en 1824,
le tonnage des divers bâtimens affectés à cet usage,
était d'environ 78,000 tonneaux ; enfin les produits
de leur pêche fournissent non-seulement à toute la
consommation intérieure, mais livrent encore à l'exportation plus de 260,000 quintaux qu'on évalue à
3,500,000 fr. (3). Les ports d'où viennent ces bâtimens étant très-voisins de Terre-Neuve, les pêcheurs
profitent du premier moment où les glaces leur permettent d'approcher du havre de Cod-Roy et d'entrer
dans le golfe, et ils séjournent en général, dans
ces parages, environ un mois et demi précisément à
l'époque où le poisson est le plus abondant. Ils font
ordinairement plusieurs voyages et continuent leur
pêche jusque dans l'arrière-saison. Nous avons vu que
lorsque les Français font pêche entière, ils comptent
vingt quintaux métriques par homme ; les Anglais, à
ce qu'on assure, en comptent cinquante, et les Américains soixante-quinze. Mais ce n'est point là le seul
avantage que les pêcheurs des Etats-Unis possèdent

(1) Annales statistiques des Etats-Unis, par M. Seybert, p. 201.

(2) Mémoire manuscrit de M. Letourneur, membre de la commission chargée d'explorer la côte de Terre-Neuve, 1821.

(3) Voy. le rapport déjà cité sur les sels, p. 16.

sur les nôtres. Étant près de leur demeure habituelle, ils n'embarquent en général pas d'hommes pour faire sécher la morue qu'ils pêchent ; en débarquant leur cargaison de morue salée chez eux, leurs femmes et leurs enfans la font sécher, tandis que chez nous les deux cinquièmes des matelots sont employés à ce travail, ce qui augmente d'autant les frais d'armement. La même circonstance fait qu'ils n'emploient ordinairement que des bâtimens de 40 à 100 tonneaux, et l'armement de ces petits navires n'exige que de faibles capitaux. Aussi en résulte-t-il une grande concurrence, et il paraît que le prix moyen de la morue aux États-Unis n'est que d'environ 15 ou 18 fr. le quintal. D'autres causes viennent aussi favoriser la vente de leur morue. La nature du commerce qui se fait continuellement entre leurs ports et les Antilles est telle que le fret pour l'exportation se réduit à presque rien, et la rapidité avec laquelle le transport s'en effectue des côtes de l'Amérique aux Antilles, donne aussi à leur poisson une grande supériorité sous le rapport de la conservation. Aussi, malgré le droit d'entrée dont la morue étrangère est frappée dans les colonies françaises, les Américains peuvent-ils la donner à un prix inférieur à celui qu'il coûte à nos armateurs, et malgré tous les efforts du gouvernement et du commerce français, les États-Unis fournissent encore au moins le tiers de l'approvisionnement des marchés de la Martinique et de la Guadeloupe. Mais il est à espérer que les établissemens de Saint-Pierre et Miquelon prendront de l'accroissement, et que des communications régulières s'établissant entre ces îles et les Antilles, permettront à nos pêcheurs de s'emparer

met dans des barriques pouvant contenir chacune 200
ivres de poisson, et on le sale de nouveau. Il paraît
que le sel de mine est celui qui convient le mieux
pour la préparation de ce poisson.

Les points que la commission, chargée, en 1821,
de procéder à une reconnaissance des havres de
Terre-Neuve, a jugé les plus propres à cette pêche,
sont les suivans : les rivières de Cod-Roy, la baie
de Saint-Georges, celle des îles de Saint-Antoine,
la baie aux Lièvres, celle des Cheminées, et la baie
Blanche.

La pêche et la salaison du hareng serait aussi une
spéculation qui paraîtrait devoir assurer des bénéfices
aux armemens destinés à celle de la morue. Les Anglais en préparent beaucoup qu'ils envoient en Angleterre et dans leurs colonies. Nous avons déjà eu
l'occasion de parler de la grande abondance de ce
poisson, dont on se sert comme d'appât pour prendre la morue. Il est très-gros, un peu plus huileux
que celui d'Europe, et sa pêche, ainsi que sa salaison, ne nécessite que peu de bras. Les filets qu'on
emploie à cet usage sont les mêmes que sur nos
côtes, et les havres les plus fréquentés par les bancs
de harengs sont la baie de Cod-Roy, de Saint-Georges, et de Port-à-Port. Dans la rade même de Saint-
Georges, ce poisson se trouve en nombre si immense,
que le long des navires on en prend quelquefois, d'un
seul coup de filet, presque de quoi charger un bâtiment de cinquante tonneaux. Enfin, les marchés les
plus avantageux pour les produits ainsi obtenus seront
probablement les colonies de Cayenne, de la Guadeloupe et de la Martinique.

Nous terminerons ici cette esquisse de la pêche de la morue, car de plus amples détails auraient été déplacés dans un ouvrage de la nature de celui-ci ; mais nous croyons que ceux que nous avons présentés ne seront ni sans intérêt, ni sans utilité.

ADDITIONS AUX CHAPITRES IV ET V.

LORSQU'ON veut faire ressortir les rapports qui existent entre différentes séries de faits, ou entre les divers faits d'une même série, c'est en général par des moyens graphiques qu'on réussit le plus promptement ; aussi pour rendre plus facile à saisir les résultats qui nous ont été fournis par l'étude de l'état des pêches dans chacun des quartiers maritimes de notre littoral, j'ai cru devoir les présenter sous forme de tableaux figuratifs.

Dans le premier de ces tableaux, on trouve l'indication de la position géographique des divers quartiers dont il a été si souvent question dans les deux chapitres précédens, et on a représenté par des lignes le développement de la petite pêche dans chacune de ces divisions du littoral. La ligne qui limite la teinte brune correspond au nombre de pêcheurs qu'on y compte, et plus ce nombre est grand, plus elle s'élève. L'échelle placée à côté indique la valeur de ces différences de hauteur.

Le tonnage des bâtimens pêcheurs est marqué par la ligne pleine qui est indépendante de la teinte brune,

TABLEAU FIGURATIF
DE L'ÉTAT DE LA PÊCHE
dans les Mers qui baignent
les Côtes de la France

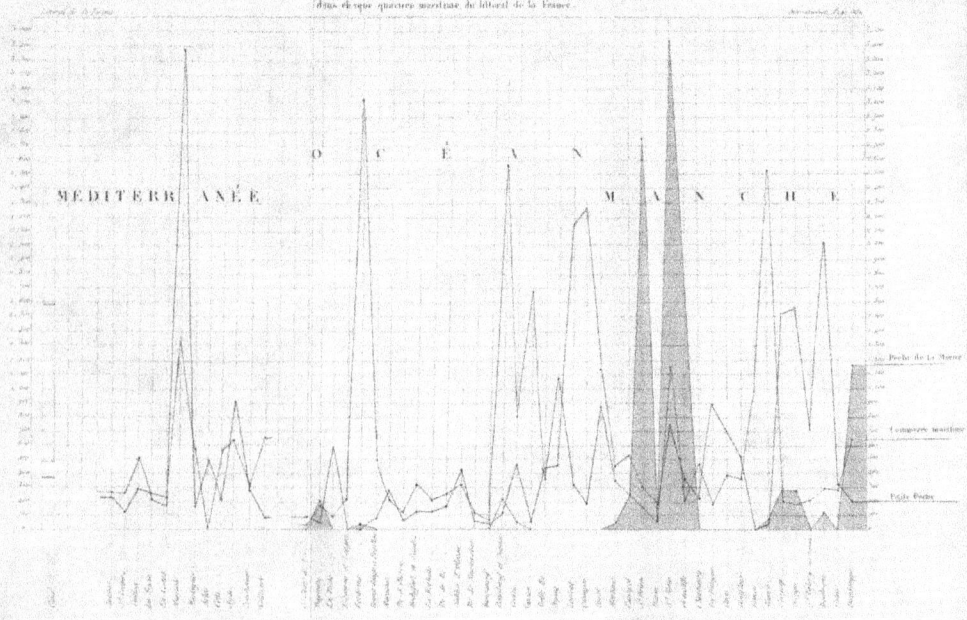

TABLEAU
du développement comparatif de la Pêche de la Morue, de la Petite Pêche, et de la Marine Marchande,
dans chaque quartier maritime du littoral de la France.

et l'évaluation des produits en numéraire est montrée
à l'aide de la ligne ponctuée qui est colorée en rouge.
Enfin les divers chiffres qui servent de base à ce tableau représentent le terme moyen annuel des quatre
années comprises entre 1824 et 1829.

La simple inspection de ce tableau suffit pour faire
voir combien le développement de cette branche d'industrie est inégal dans les différentes parties du littoral,
et pour faire saisir le rapport qui existe entre l'importance qu'elle présente et la nature des pêches qu'on
pratique dans ces mêmes localités. Il ressort également
de ce tableau que la région fréquentée par le hareng est
celle où un nombre donné de pêcheurs emploient le
plus de tonnage, et où les produits de leur travail ont
le plus de valeur.

Le tableau suivant est destiné à montrer les rapports qui existent entre le degré de développement de
la petite pêche (c'est-à-dire la pêche qui se pratique
dans les mers qui baignent nos côtes), la pêche de la
morue qui a lieu dans les mers éloignées et le commerce maritime dans chaque point du littoral ; ici la
ligne qui termine la teinte brune indique le nombre
d'hommes employés à la pêche de la morue pendant
l'année 1827. La ligne ponctuée et colorée en rouge
correspond au nombre d'hommes qui se sont adonnés
à la petite pêche pendant l'année 1826, et la ligne
pleine (qui est indépendante de la teinte brune) donne
le nombre des matelots embarqués à bord des bâtimens
du commerce faisant le cabotage le long de nos côtes
et les voyages de long cours.

Il est évident, d'après ce tableau, que ces diverses
branches d'industrie maritime ne suivent pas du tout

la même marche quant à leur développement dans les
divers quartiers maritimes. On voit que la pêche de la
morue appartient presque exclusivement à la côte nord
de la Bretagne et à la partie la plus voisine de la Normandie, tandis que la petite pêche présente le plus
d'importance à l'est du cap la Hogue, à l'extrémité
occidentale de la Bretagne et à Marseille. On remarquera aussi que dans les ports où le commerce maritime est le plus actif, la pêche est en général plus florissante; on voit même qu'à une ou deux exceptions
près, ces deux branches de l'industrie nautique suivent
une marche inverse; faits qui viennent à l'appui de ce
que nous avons avancé page 355. On serait porté à
croire, d'après ce tableau, que la configuration des
côtes a bien plus d'influence sur le développement du
commerce maritime proprement dit, que sur celui des
pêches qu'on pratique dans leur voisinage.

————

Depuis l'impression du Mémoire précédent sur la
pêche de la morue, il a été présenté à la Chambre des
députés un projet de loi sur les primes qui nous paraît renfermer plusieurs modifications heureuses du
système adopté jusqu'ici. Pour en donner une idée
exacte, et pour compléter ce que nous avons déjà dit
à ce sujet, nous rapporterons ici l'exposé des motifs
fait par M. d'Argout à la Chambre, le 20 août 1831.

Primes.   « L'encouragement à la pêche de la morue embrasse
deux sortes de primes; l'une est payée à l'armateur dès
le départ du navire, à raison du nombre d'hommes de

mer embarqués, l'autre est donnée après la pêche sur les produits importés dans les colonies françaises ou transportés à certaines destinations étrangères.

La prime au départ est aujourd'hui et a toujours été de 5o fr. par homme pour ceux qui vont à la grande pêche, c'est-à-dire à la côte de Terre-Neuve, ou à Saint-Pierre et Miquelon; la morue manipulée à terre en est rapportée *sèche;* elle est susceptible d'une assez longue conservation.

La prime est de *trente francs* par homme embarqué pour la pêche des mers d'Islande ou du *grand banc* de Terre-Neuve, qu'il ne faut pas confondre avec la côte de Terre-Neuve. Là, le poisson n'est pas séché, il est salé à bord; le produit de ces pêches est connu sous le nom de *morue verte.* Quinze francs par homme sont attribués aux matelots qui vont pêcher la morue au Dogger-Bank. Les encouragemens en raison du nombre de matelots n'ont coûté en prime que 4o5,ooo fr. sur les 5 millions dépensés pour l'exercice de 1830. Nous avons cru devoir en proposer le maintien. Mais d'autres encouragemens sont en outre accordés pour faciliter les débouchés des produits de la pêche de la morue.

Dans les années abondantes, les produits s'élèvent à environ trois cent cinquante mille quintaux métriques. La morue verte, essentiellement propre à la consommation du royaume, fournit de quatre-vingt-dix à cent mille quintaux à son approvisionnement; mais la plus grande partie des deux cent cinquante mille quintaux de morue sèche ne peut trouver d'emploi dans l'intérieur; d'autres marchés doivent être recherchés pour son placement.

Or, la Martinique et la Guadeloupe ont besoin de 80,000 quintaux pour leur approvisionnement annuel.

Mais les avantages des Américains, dont les morues sont admises dans ces îles, sont loin d'y être contrebalancés par un droit de 7 fr. par quintal décimal imposé à l'importation. Leurs morues sont préférées pour la nourriture des colons, nos morues ne concourent à l'aliment des esclaves qu'à la faveur du bon marché. On a cru devoir essayer de compenser cette inégalité par une prime.

Dans le principe elle s'élevait à 24 fr. et elle n'opérait aucun résultat : on la porta à 40 fr. à partir de 1819. Alors les introductions aux colonies devinrent considérables et s'accrurent de jour en jour.

Les morues qui, immédiatement après la pêche et la sécherie, vont directement aux Antilles, y arrivent en très-bonne condition, et, sous le rapport de la qualité et de la conservation, elles sont en état de soutenir d'assez près la comparaison des produits Américains. On reconnut, en 1822, que pour *celles-là*, la protection d'une prime de 40 fr. était excessive, on la réduisit à 30 fr., c'est l'état actuel des choses, et il procure aux colonies des arrivages abondans de Terre-Neuve ; l'île de Saint-Pierre et Miquelon sert de dépôt aux produits de ces pêches ; c'est aussi de là qu'on les expédie aux Antilles ; ce débouché et ce mode de placement sont utiles et méritent d'être encouragés. On propose, en conséquence, de conserver la prime de 30 fr. qui y est affectée. En 1810, elle a fait arriver aux colonies des lieux de pêche, 36,700 quintaux métriques de morues, qui forment les neuf vingtièmes de la consommation approximative de la Martinique et de la Guadeloupe.

Nous proposons, au contraire, de supprimer toute prime sur les morues réexportées des ports de France aux colonies.

On a laissé subsister jusqu'aujourd'hui, pour ces réexportations, la prime énorme de 40 fr., fixée par l'ordonnance du 20 février 1822. Cette ordonnance avait été rendue dans la supposition que les pacotilles expédiées en tout temps de France aux colonies, approvisionneraient plus sûrement les Antilles que les envois des pêcheries, qui n'ont qu'une saison pour leur départ. On avait calculé, d'un autre côté, que les morues expédiées de Terre-Neuve en France, et réexpédiées de France en Amérique, ne pouvaient égaler en qualité les arrivages directs de Terre-Neuve, et l'on avait imaginé de compenser cette infériorité par une prime plus considérable.

Mais des inconvéniens graves ne tardèrent pas à signaler les vices de cette combinaison, elle provoqua l'arrivage des morues de rebut à la Martinique et à la Guadeloupe, et surtout à Bourbon. Les morues embarquées partaient en assez bon état de conservation, mais elles se détérioraient considérablement dans le trajet; c'était donc favoriser une spéculation purement fondée sur la prime de 40 fr. souvent double de la valeur vénale de la marchandise. Aussi ce ne sont plus des pacotilles, ce sont des cargaisons entières qu'on a ainsi envoyées aux colonies en désespoir de leur vente dans l'intérieur. Dans l'exercice 1830, on a expédié aux colonies au-delà de soixante-quatre mille quintaux métriques de morues parties de France, lesquels, avec

les trente-six mille sept cent provenant d'envois directs des pêcheries, surpassent de vingt mille sept
cents quintaux, les quatre-vingt mille quintaux qu'on
regardait comme le taux de la consommation de la
Martinique et de la Guadeloupe, et cependant les
Américains n'ont pas cessé d'y fournir, en sus, de vingt
à trente mille quintaux de leurs morues. Il est très-
probable qu'une grande quantité des morues expédiées
de France ont été détruites sans servir à la consommation alimentaire.

Ces motifs nous engagent à proposer la suppression
de cette portion des primes, ce qui procurerait une
économie de 2,565,000 fr. sur les 5 millions que les
primes absorbent aujourd'hui.

Il est inutile, en effet, de continuer à prodiguer les
encouragemens pour qu'un plus grand nombre de matelots pêchent une plus grande quantité de morues,
qui, chèrement payées par le Trésor, ne serviront que
d'engrais aux Antilles, ou seront jetées à la mer. Les
primes, telles qu'elles existent, sont revenues, de 1823
à 1825, à 223 fr. par homme; elles ont coûté, en
1829, 296 fr. par matelot, et en 18˙0, elles se sont
élevées jusqu'à 440 fr. par homme.

Le projet laisse subsister les autres primes qui sont
d'une faible dépense et d'une utilité reconnue. Dix
francs par quintal décimal sont accordés sur les morues expédiées des lieux de pêche en Espagne, en
Portugal et dans les États étrangers de la Méditerranée.
Le commerce a souvent demandé qu'on essayât d'é-
tendre cette prime à d'autres destinations, rien n'a pu
justifier l'espoir de tirer un parti utile de ce surcroît
de dépense.

On a accordé de tout temps douze francs par quintal aux réexportations de France aux ports étrangers de la Méditerranée, encouragement qui n'a rien de commun avec celui qui faisait rétrograder en Amérique le rebut des morues vieillies dans nos magasins. La prime de 12 fr. provoque à expédier chez nos voisins les primeurs de notre pêche, principalement au moyen du cabotage de Marseille. On donne aussi 10 fr. de primes pour les morues expédiées en Espagne par la voie de terre. Enfin, il existe une prime de 20 fr. par quintal pour les œufs de morue que nos armemens rapportent préparés sous le nom de rogues, pour servir d'appât aux autres pêches. Ces dernières primes, comme nous venons de le dire, paraissent devoir être conservées. »

CHAPITRE VI.

Recherches sur les Naufrages qui ont lieu sur les côtes de France, et particulièrement sur celles de la Manche et de l'Océan; par M. V. Audouin.

On ne sera pas étonné que dans nos diverses excursions sur les bords de la mer et dans nos rapports directs soit avec les négocians qui envoient au loin leurs navires, soit avec les pêcheurs qui exposent journellement leur barque et leur vie pour recueillir quelques uns des produits de nos côtes, nous ayons souvent eu l'occasion d'entendre déplorer les malheurs fréque ns occasionnés par l'élément dangereux que l'on affronte. Là ce sont des bénéfices considérables qui, au moment où ils allaient être réalisés, ont été anéantis sans ressource. Ici les pertes sont plus sensibles encore, et l'humanité les déplore davantage; ce sont des femmes, des enfans en bas âge, des familles entières qui, pauvres déjà, se trouvent réduites à la plus affreuse misère, parce qu'elles ont perdu et vu quelquefois périr sous leurs yeux le seul être qui leur servait à tous de soutien. Les récits de ces fréquentes catastrophes, bien faits pour attrister, nous ayant vivement ému dans nos

divers voyages, et l'affection que nous portons à cette
classe si intéressante des pêcheurs, que nous avons
appris à connaître en vivant souvent au milieu d'elle,
et dont nous avons reçu des services si importans,
nous a suggéré l'idée de faire quelques recherches pour
constater l'étendue de ces désastres, et pour communiquer les observations que nous avons été à même
de recueillir aux personnes qui sont spécialement chargées d'y apporter quelques remèdes (1).

Nous avons donc pensé que ce sujet, ne fût-il envi-
sagé que sous ce point de vue, terminerait convenablement cette Introduction ; mais à part cette considération, on ne saurait disconvenir que, traité d'une
manière statistique, il n'est pas étranger aux recherches dont nous nous sommes précédemment occupés ;
d'ailleurs il soulève, ainsi qu'on le verra, plusieurs
questions qui ne laissent pas d'avoir quelque intérêt
pour la physique du globe.

Le premier objet, le seul à la rigueur dont nous au- Nombre des
naufrages.
rions pu nous occuper, était de constater le nombre
des naufrages ; or ce ne pouvait être sur des traditions

(1) Depuis une trentaine d'années, le gouvernement s'est occupé avec plus
ou moins de sollicitude des moyens de diminuer les dangers de la navigation
sur nos côtes ; on a établi à cet effet un grand nombre de signaux et de phares,
et surtout on a fait des recherches hydrographiques qui déjà sont terminées sur
plusieurs points. Ces travaux, qu'on doit pour la plupart au talent et au zèle
infatigable de M. Beautemps Beaupré, membre de l'Institut, ont fait connaître,
même aux pilotes les plus expérimentés de chaque localité, et nous en avons
eu plusieurs fois la preuve, une foule d'écueils dangereux, ou bien des passages
sûrs dont ils ne soupçonnaient pas l'existence. Puisse le tableau des naufrages
que nous allons présenter, engager l'autorité à poursuivre activement ces importans travaux et à accueillir favorablement les demandes qui lui sont adressées
journellement de chaque port, dans le but de diminuer autant que possible les
chances de pertes encore si fréquentes !

1. 24

vagues et sur des ouï dire que devait être basée cette
connaissance. La statistique demande avant tout que
les documens qu'elle emploie soient puisés à des sources certaines, sur l'authenticité desquelles il ne puisse
s'élever aucun doute. Nous croyons avoir satisfait à
cette première exigence en obtenant du ministère de
la marine les élémens de notre travail (1). En effet,
cette administration reçoit annuellement un rapport
sur les naufrages, non pas dans le but d'en constater
le nombre, mais parce que lorsqu'un navire vient à
périr, il y a généralement des intérêts à régler. Ainsi,
les débris d'un vaisseau, ou des marchandises, sont-ils
jetés à la côte, la vente de ces objets a lieu; les propriétaires exercent leur action, ou faute, par eux, de
se présenter, le gouvernement intervient pour les bâtimens français, et les divers consuls, pour les navires
étrangers. Dans l'un ou l'autre cas, il existe un droit de
sauvetage qu'il faut avant tout acquitter. C'est dans
ces états d'une exactitude parfaite, parce qu'ils servent
de base à une comptabilité délicate et très-importante,
que nous avons eu recours pour arriver à connaître le
nombre des naufrages survenus dans toute l'étendue
de notre littoral (2). Ce littoral, c'est-à-dire celui de la

(1) Nous devons ces communications obligeantes à M. Marec, que nous
avons déjà eu plusieurs fois l'occasion de citer.

(2) Tous les navires qui périssent, n'échouent pas directement sur la côte;
souvent leur perte est due aux écueils qui en sont voisins. Mais il est bien rare
qu'on n'en ait pas connaissance dans quelque port, car bientôt les marées et le
vent, qui le plus ordinairement dans ce cas soufflent vers la terre, y apportent
de nombreux débris, et les rapports qui nous ont été communiqués nous ont
fait voir que presque toujours le propriétaire se faisait connaître. Cependant il
doit arriver quelquefois qu'on ignore la perte de quelques navires qui périssent
corps et bien, et dont les restes sont emportés au large.

Manche et de l'Océan, dont nous nous occupons plus spécialement ici, est partagé en quatre grandes circonscriptions qu'on nomme Arrondissemens maritimes, savoir ceux de Cherbourg, de Brest, de Lorient et de Rochefort. Chaque arrondissement est divisé ensuite en un grand nombre de Quartiers maritimes, qui comprennent une certaine étendue de côte et jusqu'aux plus petits ports. C'est entre chacun de ces quartiers maritimes, qui se trouvent distingués par des couleurs sur une carte spéciale (1), que nous avons réparti les naufrages qui ont lieu; nous n'avons pas cru qu'il fût nécessaire de préciser davantage les localités, et d'ailleurs il nous eût été le plus souvent difficile d'obtenir ce degré de précision.

Tous les renseignemens que nous avons pu grouper ainsi pendant l'espace de douze années (2), nous ont permis de dresser le tableau suivant.

(1) Voy. cette carte annexée au chapitre précédent.

(2) Ce n'est qu'à partir de l'année 1817 que l'administration reçoit le rapport exact des ventes auxquelles a donné lieu le sauvetage des marchandises ou des débris des navires; avant cette époque, les documens manquent ou sont incomplets. Au reste, c'est déjà quelque chose que de pouvoir, dans une question de ce genre, comprendre une période de douze années.

TABLEAU *des naufrages qui ont eu lieu dans la Manche et sur...*

ARRONDISSEMENS MARITIMES.	QUARTIERS MARITIMES.	1817.	1818.	1819.	1820.	1821.	1822.
	Dunkerque	1	4	10	6	2	4
	Calais.	8	2	8	20	5	9
	Boulogne	»	6	3	4	5	2
	Saint-Valery-sur-Somme .	8	4	4	6	12	2
CHERBOURG.	Dieppe	»	»	»	»	»	»
	Fécamp.	»	1	1	2	1	»
	Le Havre	4	7	4	3	3	2
	Rouen	2	2	4	»	»	1
	Honfleur	2	»	2	»	»	4
	Caen	1	1	2	»	1	»
	La Hougue	»	2	6	5	1	5
	Cherbourg	1	1	5	2	3	2
	Granville	»	»	»	»	»	»
	Saint-Malo	»	»	»	»	»	»
	Dinan.	»	»	»	»	»	»
BREST.	Saint-Brieuc	1	»	1	1	»	1
	Paimpol	»	»	»	»	»	»
	Morlaix.	5	4	5	8	3	4
	Brest (2)	11	8	10	7	21 (4)	1
	Quimper	9	6	8	9	7	3
	Lorient.	2	2	»	»	3	5
	Auray	2	2	»	»	»	»
LORIENT.	Belle-Isle	»	»	»	1	»	1
	Vannes	»	»	»	»	»	»
	Croisic	5	2	»	1	2	2
	Paimbœuf.	»	1	»	1	»	1
	Bourgneuf.	»	»	»	»	»	»
	Noirmoutier.	2	2	6	1	1	3
	Les Sables	5	11 (3)	6	14	7	7
	Ile de Ré	1	5	1	1	1	2
	La Rochelle.	»	»	»	»	»	»
	Rochefort.	4	»	»	»	»	»
ROCHEFORT.	Ile d'Oléron	2	4	2	3	1	1
	Marennes	3	2	4	2	2 (5)	2
	Royan	8	3	2	3	1	1
	Pauillac.	»	4	8	2	3	5
	Blaye	»	»	2	»	2	1
	La Teste	3	1	»	1	3	»
	Dax.	1	1	»	»	»	2
	Bayonne	5	»	2	5	1	2
	Saint-Jean-de-Luz	1	1	»	1	1	»
	Totaux pour chaque année	97	90	101	109	92	75

(1) Nous avons supprimé dans ce tableau plusieurs quartiers qui ne font pas véritablement partie du littora tels sont ceux de Nantes, Saintes, Angoulême, Libourne, Bordeaux, Langon, Bergerac, Souillac, Cahor Montauban, Villeneuve, Agen, Toulouse et Cazères. Les rapports adressés au ministère de la marine ne fo mention d'aucun naufrage survenu dans ces quartiers situés dans l'intérieur des terres et où la navigation lieu sur des rivières. Toutefois nous avons cru ne pas devoir comprendre dans cette exclusion le quartier Rouen qui, ne commençant qu'à la hauteur de Lillebonne, reçoit une influence très-marquée du voisinage la mer, et où les naufrages sont assez fréquens.

Nous devons aussi faire remarquer que ce tableau des naufrages comprend surtout les navires de long-cou les côtes de l'Océan depuis 1817 jusqu'à 1828 inclusivement (1).

1823.	1824.	1825.	1826.	1827.	1828.	TOTAUX des douze années par quartiers maritimes.	TOTAUX des douze années par arrondissement.	TOTAL GÉNÉRAL pour les douze années.
3	3	8	3	3	3	50		
4	6	9	8	5	8	92		
7	6	8	1	6	5	53		
3	6	3	8	3	4	63		
»	»	1	»	2	1	4		
»	»	»	»	»	1	6		
3	»	»	»	5	9	40	428	
»	»	»	2	2	»	13		
1	4	»	1	1	5	20		
2	1	1	3	1	2	15		
»	3	2	»	»	2	26		
17	6	1	1	2	5	46		
»	»	»	»	»	»	»		
»	1	»	»	»	»	1		
1	1	2	»	»	1	9		
»	»	»	»	1	1	1	210	
7	3	6	5	3	4	57		
3	4	5	6	2	5	83		
4	5	4	2	2	»	59		
5	2	2	3	2	»	26		1058
»	»	»	»	»	»	4		
»	»	4	3	»	»	9		
2	6	3	»	2	2	27	72	
1	»	»	»	1	»	5		
1	»	»	»	»	»	1		
1	1	2	»	5	»	19		
19	10	4	3	5	15	106		
2	2	1	4	2	4	26		
»	1	»	»	»	»	1		
3	»	»	»	»	»	4		
3	4	2	1	3	3	22		
5	1	2	»	3	4	33	346	
3	1	2	»	5	3	32 (6)		
3	1	2	»	5	3	36		
2	2	1	1	1	»	15		
»	»	»	1	»	»	5		
2	4	»	4	1	6	32		
2	2	»	2	»	»	10		
108	85	73	62	70	96			

...eurs qui font le cabotage, la perte des bateaux pêcheurs étant rarement constatée dans les rapports au ministre.
...En nous ferons observer que les chiffres que nous donnons sont les chiffres réels et non ceux qu'on obtien-
...it si on établissait un rapport entre le nombre des naufrages et celui des bâtimens qui ont navigué.
(2) Y compris le Conquet.
(3) De plus un naufrage dont on ignore la date.
(4) De plus un naufrage dont la date est inconnue.
(5) Il y a eu trois naufrages, mais la date de l'un d'eux n'est pas constatée.
(6) Il y en a eu réellement 33, mais on ignore pour l'un d'eux la date du naufrage.

Ce tableau montre que dans le court espace de douze années, il y a eu sur cette partie des côtes de la France, ou près d'elles, 1,058 naufrages, ce qui équivaut, terme moyen, à 88 par an. Nous voyons aussi que tandis que l'on en compte 106 dans le quartier des Sables d'Olonne, il n'y en a plus un seul dans ceux de Granville, de Dinan et de Vannes. Des différences moins grandes, mais encore très-sensibles, se remarquent entre les divers quartiers; on pourrait les reconnaître en étudiant le tableau précédent; mais cette comparaison sera rendue plus facile en en dressant une liste qui placera chacun d'eux dans l'ordre du chiffre le plus fort au chiffre le plus faible.

Répartition des naufrages sur les diverses parties du littoral.

Liste des quarante et un quartiers maritimes dans l'ordre du plus au moins de naufrages.

Sables d'Olonne	106	Caen	*ex æquo*	15
Calais	92	La Teste		
Brest	83	Rouen		13
Saint-Valéry sur Somme	63	Saint-Jean-de-Luz		10
Quimper	59	Saint-Brieuc	*ex æquo*	9
Morlaix	57	Belle-Isle		
Boulogne	53	Blaye		7
Dunkerque	50	Fécamp		6
Cherbourg	46	Paimbeuf	*ex æquo*	5
Le Havre	40	Dax		
Saint-Pouillac	36	Dieppe		
Marennes	33	Auray	*ex æquo*	4
Royan / Bayonne	*ex æquo* 32	Rochefort		
Croisie	27	Saint-Malo		
La Hougue / Lorient / Ile de Ré	*ex æquo* 26	Paimpol / Bourgneuf / La Rochelle	*ex æquo*	1
Ile d'Oléron	22	Granville / Vannes / Dinan	*ex æquo*	0
Honfleur	20			
Noirmoutier	19			

En comparant maintenant entre eux les quatre
grands arrondissemens maritimes, nous remarquons
qu'ils viennent, d'après la valeur de leur chiffre, se
placer de la manière suivante.

Cherbourg	428	Brest	210
Rochefort	346	Lorient	72

Ces derniers résultats, bien qu'ils soient l'expression
exacte des faits, ne permettent cependant pas d'établir
comme une vérité démontrée que, parmi les quatre
arrondissemens, celui de Cherbourg est le plus dangereux pour la navigation; que celui de Rochefort qui
vient ensuite l'est davantage que celui de Brest, et que
l'arrondissement de Lorient est celui de tous qui offre
le plus de sécurité.

Pour qu'on pût tirer rigoureusement cette conséquence, il faudrait qu'il fût prouvé que dans chacune de ces circonspections maritimes, l'étendue de
côte est à peu près la même, qu'il existe un même
nombre de ports, et que dans ces ports, il y a eu un
mouvement semblable dans la navigation.

Cette dernière circonstance est particulièrement
celle à laquelle nous devons nous attacher, car on
conçoit que c'est elle dont le poids devra peser surtout dans la balance; car il est naturel de supposer que
là où la navigation a été plus active, les chances de
naufrages ont dû être, toutes choses égales d'ailleurs,
plus fréquentes.

Il ne suffit donc pas d'avoir constaté le nombre annuel des naufrages dans chaque quartier, et ensuite
dans chaque arrondissement, il nous faut maintenant

Comparaison de la fréquence des naufra-ges et du mou-vement de la navigation.

déterminer s'il existe un rapport entre le nombre des
naufrages et celui des bâtimens qui ont navigué dans
chaque parage.

Pour répondre à cette question, il suffisait de connaître exactement le chiffre de l'entrée et de la sortie
des navires (1); nous avons cherché à le constater dans
chaque arrondissement, et nous en avons trouvé un
tableau assez fidèle dans les états des importations et
des exportations qui sont adressés annuellement au
ministre de la marine (2). Ayant fait un relevé exact
de leur nombre pendant une période de neuf années,
et, d'un autre côté, ayant compté celui des naufrages
survenus dans le même laps de temps, nous sommes
arrivés à pouvoir dresser le tableau suivant :

(1) Nous avons cru pouvoir nous borner à l'examen des quatre arrondissemens maritimes; nous aurions été jetés dans un travail beaucoup trop long
si nous avions voulu établir le même calcul de proportion entre les divers
quartiers.

(2) Le nombre des importations et des exportations ne représente qu'ap-
proximativement le mouvement qui a lieu dans chaque port. Ainsi on n'y
mentionne pas les bâtimens qui entrent ou qui sortent sur leur lest; il n'y est
pas parlé non plus des entrées et des sorties fréquentes des bateaux pêcheurs;
mais cette absence de documens n'est d'aucune importance pour notre objet,
puisqu'elle a lieu pour tous les quartiers, et que d'ailleurs on ne fait généralement pas connaître les bateaux pêcheurs qui ont péri dans chaque localité,
parce qu'il est rare que leur sauvetage entraîne quelque réglement d'affaire.

Tableau comparatif entre le mouvement de la navigation commerciale et les naufrages, pendant neuf années (1817 à 1825 inclusivement).

ARRONDISSEMENS MARITIMES (1).	NOMBRE DES NAVIRES QUI SONT ENTRÉS ET SORTIS.	NOMBRE des NAUFRAGES.
Cherbourg	34,390	326
Rochefort	16,948	266
Brest	5,636	179
Lorient	3,943	59

Si maintenant on cherche à rendre comparatifs les chiffres représentant le nombre des bâtimens qui ont navigué dans chaque arrondissement, et celui des navires qui y ont fait naufrage, on jugera du rapport réel entre les uns et les autres. On y arrivera facilement en prenant le nombre de mille pour représenter le mouvement de la navigation dans chacun des arrondissemens, et en calculant le nombre proportionnel de naufrages qui s'y rapporte. C'est ce qu'on verra à la page suivante.

(1) Nous avons placé ici les arrondissemens comme à la page 375, c'est-à-dire dans l'ordre du plus grand au moins grand nombre des naufrages.

NOMS DES ARRONDISSEMENS (1).	NOMBRE PROPORTIONNEL DE NAUFRAGES SUR MILLE BATIMENS AYANT NAVIGUÉ (2).
Cherbourg	9
Rochefort	16
Brest	32
Lorient	15

Ainsi, en réalité, et toutes choses égales d'ailleurs, nous devons reconnaître que l'arrondissement de Brest offre le plus de chances défavorables pour la navigation, et que sous ce point de vue, les divers arrondissemens devront être classés dans cet ordre,

Brest,

Rochefort,

Lorient,

Cherbourg.

Examen des autres circonstances qui influent sur la fréquence relative des naufrages. Puisque nous avons acquis la preuve qu'il n'existe pas de rapport proportionnel entre le nombre des naufrages qui ont eu lieu sur les côtes, et celui des navires qui y ont tenu la mer, ou, ce qui revient à peu près au même, que les arrondissemens dans lesquels sont entrés et sortis le plus de vaisseaux, ne sont pas ceux où il y a eu le plus grand nombre de pertes ; nous devons rechercher pourquoi ce rapport pro-

---

1) Nous avons placé à dessein les arrondissemens dans l'ordre où on les voit a la p. 375.

(2) C'est-à-dire entrés ou sortis dans chaque arrondissement.

bable se trouve détruit (1). La cause nous paraît
devoir dépendre de la disposition des localités, mais
on conçoit qu'à cette première circonstance, vient s'en
rattacher une seconde, celle de la nature du terrain;
car s'il importe peu, lorsque des écueils existent,

(1) Pour terminer ici ce qui a trait au nombre des naufrages, nous présenterons le tableau comparatif de ceux qui sont arrivés dans le détroit de la Manche
et sur les côtes de l'Océan. Nous comprenons dans la Manche l'arrondissement
de Cherbourg et tout l'arrondissement de Brest, excepté le quartier de Quimper. Là commence ce que nous appelons les côtes de l'Océan, qui sont com-
plétées par les arrondissemens de Lorient et de Rochefort.

TABLEAU comparatif du nombre des naufrages qui ont eu lieu sur les côtes de la
Manche et de l'Océan durant l'espace de douze années.

	1817	1818	1819	1820	1821	1822	1823	1824	1825	1826	1827	1828	TOTAUX des douze années.	TOTAL GÉNÉRAL.
Côtes de la Manche.	44	42	65	64	57	37	51	44	46	38	35	56	579	1058
Côtes de l'Océan.	53	48	36	45	35	38	57	41	27	24	35	40	479	

Il semblerait résulter de ce tableau que sur 100 naufrages arrivés sur les côtes
tant de l'Océan que de la Manche, celles-ci figureraient dans ce nombre pour 55,
et les côtes de l'Océan, proprement dit, pour 45, ou, en d'autres termes, qu'elles
seraient les unes aux autres dans le rapport de 100 à 83. Mais si on a égard au
mouvement de la navigation, bien plus grand dans la Manche que sur le littoral de l'Océan, et si, pour en avoir la preuve, on consulte le tableau comparatif entre le mouvement et la navigation commerciale et les naufrages, pendant
l'espace de neuf années, que nous avons donné précédemment pour les quatre
arrondissemens maritimes, on reconnaîtra que les proportions changent (voyez
pag. 377 et 378).

qu'ils soient formés d'une roche plutôt que d'une autre, il n'en est pas moins certain que leur nature a dû en quelque sorte décider de leur présence, et donner aux localités la physionomie que nous leur remarquons aujourd'hui. En effet, lorsque les eaux de la mer, à une époque très-ancienne qu'il n'est pas possible de déterminer, ont été mises en contact avec des terrains de texture, de consistance et de composition différentes, elles ont dû dissoudre ou délayer ceux qui en étaient susceptibles; au contraire les roches les moins dissolubles et les moins désagrégeables ayant résisté davantage, ont alors formé et, presque à elles seules, les écueils, les îles et les promontoires qui s'avancent aujourd'hui dans la mer (1).

Ce phénomène, qui se continue encore maintenant, quoique son action soit beaucoup moins sensible, paraît avoir été remplacé par le remaniement perpétuel qui se fait des débris, et par leur accumulation en un grand nombre de bancs non moins dangereux pour le navigateur, à cause de leur étendue et de leur déplacement, que les rochers sous-marins.

La nature du terrain n'est donc pas étrangère ni même indifférente à la question qui nous occupe (2); et ce qui d'ailleurs dispose au premier abord à l'admettre, c'est la grande diversité qu'on remarque dans cette

---

(1) Les îles et les récifs uniquement calcaires sont infiniment moins communs que ceux que forment les roches primitives; ces derniers se dégradent bien lentement, tandis que les autres tendent davantage à s'affaisser et à disparaître.

(2) Lors même que l'on admettrait l'hypothèse que l'affaissement et le soulèvement des terrains auraient formé le lit actuel de la mer, on serait toujours obligé de reconnaître que postérieurement l'action immédiate des eaux sur des roches de nature différente a dû exercer une influence très-marquée sur la forme et l'étendue qu'elles présentent.

longueur considérable de côtes qui se déroule depuis
Dunkerque jusqu'à Brest, et depuis là jusqu'aux frontières d'Espagne. Ici ce sont des falaises crayeuses taillées à pic, très-hautes, mais qui se dégradant journellement, ne laissent comme trace de leur destruction
que des cailloux entassés à leur pied, et déplacés
momentanément par la mer qui les roule sans cesse
sur eux-mêmes. Là on voit des rochers calcaires d'une
consistance remarquable. Ailleurs le terrain est aplati,
sablonneux, quelquefois vaseux et bordé de dunes
naturelles peu élevées. Enfin le plus ordinairement,
les limites de la côte sont formées par des roches de
transition ou bien par des roches primitives, telles que
des granites, des micachistes, des gneiss, etc. Ce sont
même celles-ci qui, généralement, constituent les ilots
et les écueils nombreux dont la présence au-dessus ou
dans le fond des eaux rendent la navigation du littoral
si périlleuse.

Mais c'est surtout quand on étudie l'arrangement
qu'ont entre eux ces terrains de diverses natures et la
situation de chaque localité qu'on est porté à reconnaître l'influence plus directe que ces circonstances
topographiques exercent sur le plus ou moins grand
nombre des naufrages. Ainsi telle localité est exposée
aux vents les plus dangereux, à ceux qui accompagnent
presque constamment les tempêtes, et telle autre en
est à l'abri; celle-ci s'avance dans la mer en forme de
promontoire; celle-là, au contraire, est située au fond
d'un golfe. Ici la côte se trouve à découvert; là il existe
au-devant d'elle de grandes ou petites iles. Plus loin, on
trouve des courans rapides, difficiles à éviter, tandis
qu'ailleurs ces obstacles n'existent pas, etc.

Influence de
la configura-
tion des côtes.

Si, comme nous l'avons dit, il faut attribuer en partie à ces causes la plus ou moins grande fréquence des
naufrages, nous devons nécessairement trouver qu'il
existe un rapport entre le nombre de ces naufrages et la
disposition des localités. C'est en effet le résultat auquel
on arrive lorsque venant à grouper soit les chiffres les
plus forts, soit les chiffres les plus faibles de chacun des
quartiers maritimes, on examine ensuite leur position
sur la carte. On voit alors que les nombres les plus élevés correspondent à des quartiers situés sur des caps, ou
placés dans la direction ordinaire des vents dangereux,
et que les chiffres vont ensuite en diminuant jusqu'à o
à mesure qu'on examine comparativement des localités situées dans le fond de quelque golfe, et garanties
par de grandes terres ou des îles.

Ceci est surtout sensible sur les côtes de la Manche (1), où l'on remarque dans toute l'étendue du détroit trois promontoires principaux ou avancemens
assez considérables de terre : le premier à l'entrée
N.-N.-E., ou au Pas-de-Calais ; le deuxième, au milieu, et dont la partie la plus avancée est la pointe
d'Auderville, près de Cherbourg ; enfin, le troisième,
à l'ouverture Ouest, formé presque en totalité par les
côtes du département du Finistère. Or, c'est précisément dans les quartiers maritimes qui correspondent à
ces trois caps, qu'a eu lieu le plus grand nombre de
naufrages (2). Ainsi le premier promontoire qui, en

(1) Nous avons déjà dit précédemment que pour nous les côtes de la Manche
comprenaient l'arrondissement de Cherbourg et celui de Brest, moins le quartier de Quimper.

(2) Non seulement les chiffres sont comparativement les plus forts, mais

s'avançant dans la mer, forme le Pas-de-Calais, se
compose, indépendamment du quartier de Calais, où
il y a eu 92 naufrages, de ceux de Dunkerque et de
Boulogne; dans l'un, on en compte 50, et dans l'autre,
53. Le deuxième promontoire est occupé en partie
par le quartier de Cherbourg qui figure pour 46. Enfin les quartiers de Brest et de Morlaix, qui sont situés
sur le troisième promontoire, offrent un total non
moins élevé, car dans le premier, il y a eu 83 naufrages, et dans le deuxième, 57.

Si ensuite on jette les yeux sur les quartiers, où les
chiffres évidemment moins élevés semblent former une
catégorie intermédiaire entre les plus forts et les plus
faibles, tels que ceux de Honfleur (1), de Caen (2), de
la Hougue (3), on voit que ces quartiers se trouvent
efficacement défendus des vents les plus dangereux
par les promontoires avancés sur les flancs desquels
ils appuient; enfin, si l'on descend à des chiffres plus
bas encore, on trouve qu'ils appartiennent à des quartiers maritimes qui, situés au fond de golfes profonds (4), sont mieux abrités, et d'autant plus qu'ils
ont souvent au-devant d'eux des îles assez étendues

encore le chiffre total du petit nombre de quartiers situés sur des promontoires,
l'emporte de beaucoup sur celui de tous les autres quartiers réunis.

(1) 20 naufrages.

(2) 15 naufrages.

(3) 26 naufrages.

(4) Le quartier du Havre, où l'on compte 40 naufrages, est bien situé dans
une espèce de golfe, mais sa position à l'embouchure d'un grand fleuve, jointe
au grand mouvement de sa navigation, viennent beaucoup augmenter les chances d'accidens. Saint-Valery-sur-Somme, placé à l'entrée de la rivière de ce nom,
paraît être dans le même cas, car on y compte 65 naufrages, tandis que deux
quartiers voisins, placés à peu près de même, un peu plus abrités cependant

qui deviennent alors le siége du danger ; c'est le cas
des quartiers de Saint-Brieuc (1), de Saint-Malo (2),
de Granville et de Dinan (3).

On obtient un résultat semblable quand on fait le
même relevé pour les côtes de l'Océan. Bien que
ces côtes ne présentent pas de grands caps avancés
comme dans la Manche ; on reconnaît cependant
qu'à part les Sables d'Olonne, où en 12 années il y
a eu 106 naufrages, ce qui est en disproportion avec
la plupart des autres totaux, les localités les plus avancées ou les moins garanties sont celles où les chiffres
des naufrages sont les plus forts ; de ce nombre est le
quartier de Quimper, qui forme dans la mer une espèce
de cap non moins avancé que celui de Brest, et qui
figure pour 59 naufrages; tels sont encore les quartiers
de Bayonne, de Royan (4) et de Lorient (5), beaucoup
plus exposés que ceux de Vannes, de Bourgneuf, de
La Rochelle et de Rochefort, où les événemens de
ce genre ont été nuls ou presque nuls. Au contraire les
iles de Noirmoutiers, de Ré et d'Oleron, bien qu'elles
soient dans les mêmes parages, au grand Océan, ont
présenté un nombre assez grand d'accidens.

En voilà sans doute assez sur ce point pour prouver
l'influence de la disposition des localités sur la plus ou
moins grande fréquence des naufrages. On l'appuiéra

---

par la pointe de Cherbourg, ceux de Fécamp et de Dieppe, n'en offrent
qu'un très-petit nombre (le premier 6, et le second 4).

(1) 9 naufrages.
(2) 1 naufrage.
(3) Aucun naufrage.
(4) 32 naufrages.
(5) 26 naufrages.

MÉDITERRANÉE   O C É A   N   M A N C H E

plus facilement en jetant les yeux sur le tableau figuratif ci-joint, indiquant successivement, pour chaque
quartier maritime, le nombre des naufrages. Par
exemple, on remarquera qu'en ce qui a rapport à la
Manche, c'est vers les trois promontoires qui y'existent, et dont deux, ceux de Brest et de Calais, sont à
l'entrée du détroit, et le troisième, celui de Cherbourg, à son milieu, qu'ont eu lieu plus fréquemment
les naufrages ; c'est même ce qui fait que ces promontoires se trouvent en quelque sorte dessinés
par les courbes qui indiquent le nombre des naufrages (1). On ne manquera pas non plus d'être frappé
du chiffre élevé que le quartier maritime des Sables
d'Olonne a atteint, comparativement aux quartiers
voisins, et même aux promontoires si dangereux de
Brest, de Cherbourg et du Pas-de-Calais. Nous ne
pouvions saisir la raison de cette énorme différence
dans une localité où la côte, peu découpée, ne nous
avait offert aucun ilot ou écueil apparent, et où du
reste la navigation n'est pas journellement si active
qu'on puisse attribuer la fréquence des naufrages
cette dernière circonstance, lorsque M. Beautemps
Beaupré, que nous avons consulté sur ce fait, nous
en a donné de suite l'explication en nous apprenant

---

(1) Nous avons compris dans ce tableau figuratif les naufrages qui ont eu lieu
sur nos côtes de la Méditerranée, en en faisant également le relevé pour une
période de douze années ; ce sont donc les chiffres réels qui, de même que pour
le tableau de l'Océan et de la Manche, déterminent ici l'élévation des courbes.
Si le temps et les matériaux ne nous avaient pas manqué, nous aurions, en comparant le nombre des naufrages avec celui des bâtimens qui ont navigué sur
chaque côte, obtenu des résultats plus complets, basés sur des données propor-
tionnelles.

que si toute cette rade était aussi dangereuse, c'était
à cause de la nature de son fond formé par une multitude d'écueils, et parce que de nombreux courans très-
dangereux, par leur rapidité et leur disposition, y
régnaient sans cesse.

Influence des
Saisons.   Enfin, pour compléter ce chapitre, nous avons cru
devoir faire un relevé mensuel des naufrages, afin
d'apprécier plus exactement qu'on ne l'a fait jusqu'ici
le rapport qu'il y a entre leur nombre et chacune des
douze divisions de l'année. Ainsi on sait d'une manière
générale que dans la mauvaise saison, par exemple en
hiver et dans les derniers mois de l'automne, la navigation est plus périlleuse que durant la belle saison;
mais on ne connaît pas exactement dans quelle proportion les divers mois, envisagés sous ce point de vue,
se trouvent être les uns aux autres. On n'ignore pas
non plus que les mois de mars et de septembre, dans
lesquels ont lieu les équinoxes, sont ordinairement
marqués par de nombreuses catastrophes; mais on
serait très-embarrassé de préciser leur quantité pro-
portionnellement avec celle de toute autre époque.
C'est pour arriver à découvrir ces rapports intéressans
que nous avons dressé pour la Manche et pour l'Océan
le tableau suivant.

Tableau *offrant le total des naufrages qui ont eu lieu chaque mois, sur les côtes de la Manche et de l'Océan, pendant le cours de douze années (de 1817 à 1828.)*

Arrondissements maritimes.	QUARTIERS MARITIMES.	JANVIER.	FÉVRIER.	MARS.	AVRIL.	MAI.	JUIN.	JUILLET.	AOUT.	SEPTEMBRE.	OCTOBRE.	NOVEMBRE.	DÉCEMBRE.	Total annuel pour chaque quartier maritime.	TOTAL GÉNÉRAL pour les douze années.
CHERBOURG.	Dunkerque	5	2	7	8	3	»	1	7	2	8	3	4	50	
	Calais	7	9	30	4	2	1	2	5	4	13	7	8	92	
	Boulogne	8	3	13	2	2	»	»	1	7	5	5	7	53	
	St.-Valéry sur S.	8	1	5	7	»	3	2	3	5	9	6	14	63	
	Dieppe	»	1	»	»	»	»	»	1	»	»	»	2	4	
	Fécamp	»	»	2	»	»	»	1	»	1	1	»	1	6	
	Le Havre	9	3	4	1	1	2	6	1	»	2	2	9	40	
	Rouen	»	1	2	4	»	1	1	1	»	»	3	»	13	
	Honfleur	3	1	4	3	»	2	1	»	1	»	1	4	20	
	Caen	3	2	1	1	»	»	»	»	»	1	4	3	15	
	La Hougue	3	4	5	2	»	»	1	3	»	2	2	4	26	
	Cherbourg	10	3	2	2	2	2	»	»	»	10	8	7	46	
BREST.	Granville	»	»	»	»	»	»	»	»	»	»	»	»		
	Saint-Malo	»	»	1	»	»	»	»	»	»	»	»	»	1	
	Dinan	»	»	»	»	»	»	»	»	»	»	»	»		
	Saint-Brieuc	1	3	»	»	»	»	»	»	1	1	2	1	9	
	Paimpol	»	1	»	»	»	»	»	»	»	»	»	»	1	
	Morlaix	7	9	5	4	5	1	1	1	1	5	8	10	57	
	Brest (1)	11	3	7	5	2	1	1	4	7	16	6	20	83	
	Quimper	11	5	5	6	3	3	4	1	4	4	5	8	59	
LORIENT.	Lorient	5	3	»	2	1	1	2	3	2	»	»	6	26	1056
	Auray	1	3	»	»	»	»	»	»	»	»	»	»	4	
	Belle-Isle	1	1	4	»	»	»	»	»	»	»	»	3	9	
	Vannes	»	»	»	»	»	»	»	»	»	»	»	»		
	Croisic	5	2	2	4	»	»	»	1	1	1	4	7	27	
	Paimbœuf	»	1	»	»	»	1	»	»	1	1	1	»	5	
	Bourgneuf	»	»	»	»	1	»	»	»	»	»	»	»	1	
	I. de Noirmoutier	3	1	3	»	1	2	»	2	1	1	3	2	19	
	Sables d'Olonne	26	12	9	4	4	1	5	6	4	9	13	13	106	
	Ile de Ré	5	9	1	1	»	»	»	1	1	5	1	2	26	
	La Rochelle	»	»	»	1	»	»	»	»	»	»	»	»	1	
ROCHEFORT.	Rochefort	1	»	»	»	»	»	»	»	1	»	»	2	4	
	Ile d'Oléron	1	1	4	2	2	1	2	»	1	3	2	3	22	
	Marennes	3	4	4	»	3	2	»	2	3	2	3	7	33	
	Royan	9	1	3	1	2	4	1	»	2	2	5	2	32	
	Pauillac	8	3	5	»	1	5	»	1	»	3	4	4	36	
	Blaye	»	1	»	»	»	1	1	»	»	»	2	2	7	
	La Teste	3	»	1	1	1	»	»	1	»	2	1	5	15	
	Dax	1	»	»	»	»	»	»	»	»	»	»	»	5	
	Bayonne	3	6	3	»	»	3	1	»	2	5	4	5	32	
	St.-Jean-de-Luz	2	1	»	1	»	»	»	»	»	3	1	»	10	
	Totaux pour chaque mois	163	100	135	65	37	37	32	44	53	113	110	167		

(1) Nous comprenons dans cet arrondissement celui du Conquet, qui, d'abord séparé, lui a été réuni depuis.

Si l'on recherche les résultats de ce tableau, on voit d'abord qu'en classant dans l'ordre du plus au moins grand nombre des naufrages chacun des mois de l'année, ceux-ci viennent se placer de la manière suivante :

Décembre,	Avril,
Janvier,	Septembre,
Mars,	Août,
Octobre,	Mai et Juin, *ex æquo*,
Novembre,	Juillet.
Février,	

Ainsi le mois de décembre occupe le haut de l'échelle, et celui de juillet est placé tout au bas.

En divisant ensuite les douze mois de l'année par trois, c'est-à-dire comme le sont les saisons, on reconnait qu'il y a eu

1° en hiver (janvier, février, mars), 398 naufrages.
2° en automne (octobre, novembre, décembre), 390.
3° au printemps (avril, mai, juin), 139.
4° en été (juillet, août, septembre), 129.

Ainsi la quantité des naufrages survenus en hiver et en automne est à peu près la même, et on peut en dire autant des deux autres saisons comparées entre elles.

On voit aussi quelle disproportion considérable il y a entre le nombre des naufrages des saisons d'hiver et d'automne, et celui des saisons du printemps et de l'été. Cette disproportion est telle, que les premières, comparées séparément aux deux secondes réunies,

TABLEAU FIGURATIF
de la distribution des Naufrages
suivant les Saisons.

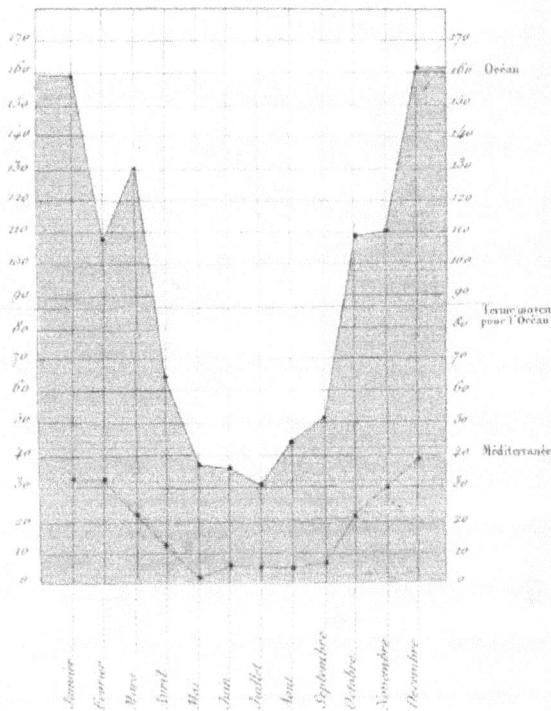

offrent un chiffre encore de beaucoup plus élevé (1).

Pour exprimer autrement ces divers rapports, nous avons dressé, au moyen de lignes, un tableau figuratif qui les rendra plus sensibles.

En jetant les yeux sur ce tableau, on reconnaît qu'aux deux mois qui terminent l'année, la colonne est très-élevée, et qu'elle s'abaisse au contraire excessivement au mois de juillet.

Mais un autre résultat très-important nous est fourni par ce tableau; c'est l'accroissement du nombre des naufrages aux deux équinoxes du printemps et de l'automne. On sait que ces deux époques correspondent à la fin des mois de mars et de septembre. Or il est à remarquer, pour le mois de septembre, que la colonne qui n'est encore qu'au chiffre 53, arrive immédiatement au chiffre 110 pour monter encore bien davantage; ainsi, aussitôt l'équinoxe arrivée, il y a un accroissement brusque dans la quantité de naufrages. Cette influence est encore plus prononcée pour l'équinoxe de mars. En effet, on peut voir que le nombre des naufrages, beaucoup moins considérable en février qu'en janvier, au lieu de continuer à descendre dans le mois de mars, s'élève tout à coup, et que la tendance qu'il avait vers la diminution ne reprend son cours, mais alors d'une manière rapide, qu'après cette époque équinoxiale écoulée (2).

De nouvelles recherches fourniront sans doute sur ce sujet intéressant des résultats plus complets; car

(1) Les deux chiffres 139 et 129 des saisons de printemps et d'été réunis donnent un total de 268. Or ce chiffre est à celui de 398 et de 390, à peu près comme 10 est à 29.

(2) Nous avons été curieux aussi de connaître le nombre des naufrages sur-

nous ne nous dissimulons pas combien d'élémens importans ont manqué aux nôtres. Aussi notre but, en les publiant, a-t-il été surtout de solliciter de plus amples travaux. La science et l'humanité les réclament.

venus chaque mois sur nos côtes de la Méditerranée pendant le même espace de temps, c'est-à-dire de 1817 à 1828, et voici le résultat général que nous avons obtenu.

JANVIER.	FÉVRIER.	MARS.	AVRIL.	MAI.	JUIN.	JUILLET.	AOUT.	SEPTEMBRE.	OCTOBRE.	NOVEMBRE.	DÉCEMBRE.
34	34	22	11	2	6	5	5	6	21	30	39

Ces chiffres divers se trouvent aussi exprimés par des lignes ascendantes et descendantes sur le même tableau qui nous a servi pour l'Océan et la Manche; ils montrent que le nombre des naufrages, beaucoup moins considérable que dans l'Océan et dans la Manche, n'est pas pour chaque mois dans le même rapport. Ainsi, en classant ceux-ci d'après le plus ou moins grand nombre des naufrages, on obtient pour la Méditerranée l'ordre suivant : décembre, janvier et février *ex æquo*, novembre, mars, octobre, avril, juin et septembre *ex æquo*, juillet et août *ex æquo*, et mai.

On remarquera aussi que l'influence des équinoxes est ici bien moins sensible que dans l'Océan ou la Manche. Ainsi le nombre des naufrages, assez élevé en janvier et février, descend sensiblement en mars, et le mois de septembre, comparé aux trois mois qui précèdent, offre très-peu ou point d'augmentation; cependant il faut observer que c'est aussi à dater de ce dernier mois, à la fin duquel a lieu l'équinoxe, que le chiffre commence à s'élever sensiblement pour atteindre au mois de décembre le *maximum*, comme cela s'est vu aussi pour l'Océan et la Manche.

FIN DE L'INTRODUCTION.

TABLE DES MATIÈRES

PAR ORDRE ALPHABÉTIQUE.

FIN DE LA TABLE DES MATIÈRES DE L'INTRODUCTION.

FAUTES ESSENTIELLES A CORRIGER.

Page 76, ligne 2, *supprimez* dans certaines vorticelles.

140, ligne 4, turbots, *lisez* turbos.

142, *note*, ligne 8, si sensible, *lisez* si peu sensible.

160, ligne 14, *supprimez* le renvoi.

181, ligne 2, banc de la Rage, *lisez* banc de la Raye.

194, *note*, au lieu de voyez p. 155, *lisez* voyez page 156.

213, ligne 18, Porionace, *lisez* Porionaie.

263, ligne 22, vielles, *lisez* vieilles.

www.ingramcontent.com/pod-product-compliance
Lightning Source LLC
Chambersburg PA
CBHW060955220326
41599CB00023B/3722